U0170796

# 500把
# 设计非凡
# 的椅子

Chair: 500 Designs that Matter

英国费顿出版社 编著　黄晓迪 译

中信出版集团　｜　北京

图书在版编目（CIP）数据

500 把设计非凡的椅子 / 英国费顿出版社编著；黄
晓迪译 . -- 北京：中信出版社，2024.8
书名原文：Chair：500 Designs that Matter
ISBN 978-7-5217-6168-9

Ⅰ . ① 5… Ⅱ . ①英… ②黄… Ⅲ . ①椅－设计 Ⅳ .
① TS665.4

中国国家版本馆 CIP 数据核字 (2023) 第 226413 号

Original title: Chair: 500 Designs That Matter © 2018 Phaidon Press Limited
This Edition published by CITIC Press Corporation under licence from Phaidon Press Limited,
Regent's Wharf, All Saints Street, London, N1 9PA, UK, © 2018 Phaidon Press Limited.
Simplified Chinese translation copyright ©2024 by CITIC Press Corporation
ALL RIGHTS RESERVED
本书仅限中国大陆地区发行销售

500 把设计非凡的椅子
编著者： 英国费顿出版社
译者： 黄晓迪
出版发行：中信出版集团股份有限公司
（北京市朝阳区东三环北路 27 号嘉铭中心 邮编 100020）
承印者： 北京利丰雅高长城印刷有限公司

开本：787mm×1092 mm 1/32　　印张：20.75　　字数：318 千字
版次：2024 年 8 月第 1 版　　印次：2024 年 8 月第 1 次印刷
京权图字：01-2019-4581　　书号：ISBN 978-7-5217-6168-9
定价：158.00 元

# 目录

# 椅子: 500把设计非凡的椅子

椅子无处不在。在我们清醒着的大部分时间里，我们使用过无数把形态各异的椅子。根据我们的具体需求，这些椅子发挥着迥然不同的功能。

如果要定义一把椅子，你可能会说，椅子从传统意义上来讲是为了坐而设计的物体，包括椅座、椅背和椅腿。但这一定义只能部分地描述椅子。

椅子可以有四条腿或三条腿，甚至可以采用悬臂结构。椅子可以有两个扶手、一个扶手，或是根本没有扶手；可以是低背椅或高背椅；可以由各种各样的材料制成，包括从木材、钢材、塑料、大理石到纸张或织物等不结实的材料。椅子可以是软的，也可以是硬的；可以是奢华的，也可以是极简主义的；可以轻到用一根手指就能举起来，也可以重得挪不动。椅子已经成为现代生活的方方面面不可或缺的一部分——无论是吃饭、写作、阅读、工作、休息还是交谈，甚至在睡觉的时候，我们都会用到椅子。椅子可以设计成折叠式的、堆叠式的或可拆卸式的。椅子既可以是便宜的，也可以是昂贵的；既可以工业化生产，也可以手工制作；既可以数以百万计地批量生产，也可以是手工制造的孤品。椅子有无限的可能，自从它成为日用品以来，人们设计和生产的椅子不计其数。

但最重要的是，一把好的椅子需要经过好的设计才能实现它的主要功能，即为人体这一复杂的机器提供足够的支撑。

本书包含了 500 把我们认为设计非凡的椅子。它们之所以被收录其中，或是因其创新的设计，或是因其在生产过程中使用的开创性材料或技术，或是因其不同寻常的形状、颜色或质地。其中一些椅子标志着椅子设计史上的转折点，催生了更符合人体工程学或更舒适的新型座椅；另一些椅子引入了全新的、有时是意想不到的材料和生产技术；还有几把椅子仅仅是完美地诠释了传统设计。

精挑细选出收录的椅子之后，我们用成对展示的方式呈现这些椅子的相似或不同之处、和谐或不和谐之处，将不同时期、不同文化或不同功能的椅子放在一起，以强调这个简单的物品在追求同一目标的同时可以丰富我们的生活。

正如家具设计大师查尔斯·伊姆斯（Charles Eames）所言，设计师"就像一位非常优秀、设想周到的主人，他把所有精力都花在事先考虑客户的需求上"。没有任何物品能比椅子更完美地诠释这一点。椅子对我们生活和工作的方式至关重要，本书中的500把椅子（包括这些椅子背后的设计师）在很大程度上改变了我们所有人的生活方式。

注：本书中500把椅子的说明部分按照生产日期编排。"限量版"（limited edition）或指仅为某个特定的场景或展览而制作的椅子，或指生产数量有限的椅子。"独特的作品"（unique work）指以特定方式创作的独一无二的椅子。

# 设计图例

**贝壳椅 ( Tom Vac Chair )**

罗恩·阿拉德 ( Ron Arad, 1951 年— )

维特拉 ( Vitra, 1999 年至今 )

**1997**

**飘带椅**

1966

皮埃尔·鲍林（Pierre Paulin, 1927—2009 年）

荷兰家具品牌爱迪佛脱（1966 年至今）

## 邮政储蓄银行的扶手椅

奥托·瓦格纳 (Otto Wagner, 1841—1918 年)

索耐特兄弟 (Gebrüder Thonet, 1906—1915 年)

索耐特 (Thonet, 1987 年至今)

维也纳索耐特兄弟 (Gebrüder Thonet Vienna, 2003 年至今)

**1906**

**中国马蹄形交椅**

设计师佚名

各式马蹄形交椅（约 1640—1911 年）

约**1640**

**鼹鼠扶手椅**

塞尔吉奥·罗德里格斯（Sérgio Rodrigues, 1927—2014 年）

Oca（1961 年）

林巴西尔（LinBrasil, 2001 年至今）

**1961**

**大象座椅（Elephant Seating）**

宫城龙纪（1970 年— ）

宫城龙纪设计事务所（2003 年至今）

**2003**

## 椰子椅

**1955**

乔治·尼尔森（George Nelson, 1908—1986 年）
美国家具品牌赫曼米勒（Herman Miller, 1955—1978 年、2001 年至今）
维特拉（1988 年至今）

## 锥形椅（Cone Chair）

坎帕纳兄弟（Campana Brothers）

费尔南多·坎帕纳（Fernando Campana, 1961 年— ）

翁贝托·坎帕纳（Humberto Campana, 1953 年— ）

意大利家具品牌 Edra（1997 年）

**意大利面条椅**

詹多梅尼克·贝洛蒂（Giandomenico Belotti, 1922—2004 年）

普鲁里（Pluri, 1970 年）

意大利家具品牌 Alias（1979 年至今）

# 1960

**拉图雷特椅（La Tourette Chair）**

贾斯珀·莫里森（Jasper Morrison, 1959 年— ）
限量版

**2008**

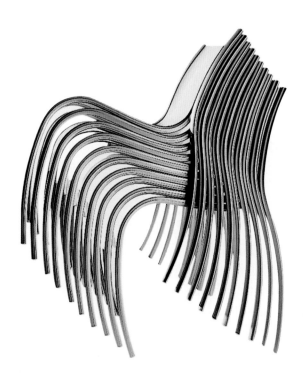

**FPE椅**

罗恩·阿拉德

意大利家具品牌卡特尔（Kartell, 1997 年至今）

**1997**

**大框架椅（Bigframe Chair）**

阿尔贝托·梅达（Alberto Meda，1945 年— ）
意大利家具品牌 Alias（1994 年至今）

**1994**

**P110躺椅（P110 Lounge Chair）**

阿尔贝托·罗塞利（Alberto Rosselli, 1921—1976 年）

意大利家具品牌 Saporiti （1972—1979 年）

**1972**

**密斯椅（Mies Chair）**

阿齐组公司（Archizoom Associati）

意大利家具品牌 Poltronova（1969 年至今）

# 1969

**椅子1号（Chair_One）**

康斯坦丁·格尔齐茨（Konstantin Grcic, 1965 年— ）

意大利家具品牌玛吉斯（Magis, 2003 年至今）

**2003**

**艺术综合展览椅（Synthèse des Arts Chair）**

夏洛特·贝里安（Charlotte Perriand, 1903—1999 年）

限量版（1954 年）

意大利家具品牌卡西纳（Cassina, 2009 年至今）

**1954**

**扶手椅42**

阿尔瓦·阿尔托（Alvar Aalto, 1898—1976 年）

阿泰克公司（Artek, 1935 年至今）

**1935**

**MR10椅**

路德维希・密斯・凡・德・罗（Ludwig Mies van der Rohe, 1886—1969 年）

柏林约瑟大・穆勒五金公司（Berliner Metallgewerbe Joseph Müller, 1927—1931 年）

班贝格五金公司（Bamberg Metallwerkstätten, 1931 年）

索耐特兄弟（1932—1976 年）

诺尔（Knoll, 1967 年至今）

索耐特（1976 年至今）

**1927**

**铝椅**

赫里特·里特维德（Gerrit Rietveld, 1888—1964 年）
限量版

约 **1942**

**开放式座椅（Open Chair）**

詹姆斯·欧文（James Irvine，1958—2013 年）

意大利家具品牌 Alias（2007 年至今）

**2007**

## 马车椅（Chaise）

**1947**

亨德里克·凡·凯佩尔（Hendrik Van Keppel, 1914—1987 年）

泰勒·格林（Taylor Green, 1914—1991 年）

VKG 公司（Van Keppel-Green, 1947—1970 年）

美国家具品牌 Modernica（1999 年至今）

**PK24躺椅**

保罗·克耶霍尔姆（Poul Kjærholm, 1929—1980 年）

丹麦家具制造商埃文德·科尔德·克里斯滕森（Ejvind Kold Christensen, 1965—1980 年）

丹麦家具品牌弗里茨·汉森（Fritz Hansen, 1982 年至今）

# 1965

**.03椅（.03 Chair）**

**1998**

马尔滕·凡·塞维恩（Maarten van Severen，1956—2005 年）

维特拉（1998 年至今）

28

**7系列椅**

阿尔内·雅各布森（Arne Jacobsen, 1902—1971 年）

丹麦家具品牌弗里茨·汉森（1955 年至今）

**1955**

**PP 250侍从椅**

**1953**

汉斯·韦格纳（Hans Wegner, 1914—2007 年）

约翰内斯·汉森（Johannes Hansen, 1953—1982 年）

丹麦细木工坊 PP Møbler（1982 年至今）

**T1椅**

贾斯珀·莫里森

日本家具品牌马鲁尼（Maruni Wood Industry, 2016 年至今）

**2016**

## 糖果椅

**1967**

艾洛·阿尼奥（Eero Aarnio, 1932 年—　）

家电品牌雅士高（Asko, 1967—1980 年）

德国家具品牌阿德尔塔（Adelta, 1991 年至今）

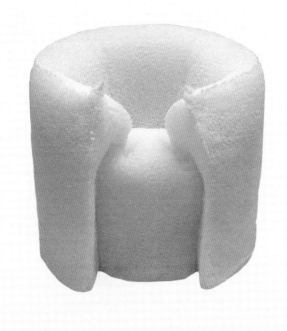

**面包椅 (Pane Chair)**

吉冈德仁 (1967 年一   )

限量版

**2006**

**大安乐椅（Big Easy Chair）**

罗恩·阿拉德
One Off 公司（1989 年）
莫罗索（Moroso, 1990 年至今）

**1989**

**疲惫男人的安乐椅（Tired Man Easy Chair）**

弗莱明·赖森（Flemming Lassen，1902—1984 年）

A. J. 伊弗森（A. J. Iversen，1935 年）

赖森（Lassen，2015 年至今）

**1935**

**阅读椅**

**1953**

芬·居尔（Finn Juhl, 1912—1989 年）

丹麦家具品牌 Bovirke（1953—1964 年）

丹麦家具品牌 Onecollection（2015 年至今）

**椅子**

柳宗理（1915—2011 年）

日本家具品牌天童木工（1972 年）

**1972**

**莲花椅**

**1958**

埃尔温·拉维恩（Erwine Laverne, 1909—2003 年）
埃斯特勒·拉维恩（Estelle Laverne, 1915—1997 年）
拉维恩国际（Laverne International, 1958—1972 年）

**DAF椅**

乔治·尼尔森

美国家具品牌赫曼米勒（1958 年至今）

**扶手椅**

埃托雷·布加迪（Ettore Bugatti, 1881—1947 年）

限量版

约**1930**

**剪刀椅（Scissor Chair）**

沃德 • 班尼特（Ward Bennett, 1917—2003 年）

布里克尔联合公司（Brickel Associates, 1968—1993 年）

盖革（Geiger, 1993 年至今）

# 1968

## 标准椅

**1934**

让·普鲁维（Jean Prouvé, 1901—1984 年）

让·普鲁维工厂（Ateliers Jean Prouvé, 1934—1956 年）

斯蒂芬·西蒙画廊（Galerie Steph Simon, 1956—1965 年）

维特拉（2002 年至今）

**食堂用餐椅（Canteen Utility Chair）**

**2009**

克劳泽和卡彭特（Klauser & Carpenter）
埃德 • 卡彭特（Ed Carpenter, 1975 年— ）
安德烈 • 克劳泽（André Klauser, 1972 年— ）
英国家具制造商 Very Good & Proper（2009 年至今）

**MK折叠椅**

**1932**

穆根思·库奇（Mogens Koch, 1898—1992 年）

Interna 公司（1960—1971 年）

卡多维乌斯（Cadovius, 1971—1981 年）

卡尔·汉森父子公司（Carl Hansen & Søn, 1981 年至今）

**萨伏那洛拉椅**

设计师佚名

各式萨伏那洛拉椅（15世纪末—19世纪）

**Lambda椅**

**1963**

理查德 • 萨帕（Richard Sapper, 1932—2015 年）

马可 • 扎努索（Marco Zanuso, 1916—2001 年）

加维纳 / 诺尔（Gavina / Knoll, 1963 年至今）

**碳纤维椅（Carbon Fiber Chair）**

**2008**

马克·纽森（Marc Newson, 1963 年— ）

限量版

## 都市扶手椅（Cité Armchair）

让·普鲁维

让·普鲁维工厂（1930 年）

维特拉（Vitra，2002 年至今）

**1930**

**摇椅**

**1963**

山姆·马洛夫（Sam Maloof, 1916—2009 年）

山姆·马洛夫木工坊（Sam Maloof Woodworker, 1963 年至今）

**I Feltri 椅**

盖塔诺·佩思（Gaetano Pesce, 1939 年— ）

意大利家具品牌卡西纳（1987 年至今）

**1987**

**褶裥扶手椅（Ruché Armchair）**

印加·桑佩（Inga Sempé, 1968 年— ）

法国家具品牌 Ligne Roset（2013 年至今）

**2013**

**P4卡蒂利娜·格兰德椅（P4 Catilina Grande Chair）**

路易吉·卡西亚·多米尼奥尼（Luigi Caccia Dominioni, 1913—2016 年）

意大利家具品牌 Azucena（1958 年至今）

**1958**

**黑色别墅椅（Black Villa Chair）**

伊利尔·沙里宁（Eliel Saarinen, 1873—1950 年）

限量版（1908 年）

德国家具品牌阿德尔塔（约 1985 年）

# 1908

**低垫椅（Low Pad Chair）**

贾斯珀·莫里森

意大利家具品牌卡佩里尼（Cappellini, 1999 年至今）

**1999**

**密斯躺椅**

路德维希·密斯·凡·德·罗

德意志制造联盟（Deutscher Werkbund,约 1927 年）

诺尔（1977 年至今）

约**1927**

**复古影院椅**

设计师佚名

各种复古影院椅（19 世纪 90 年代—20 世纪 60 年代）

## 双人吊椅（Tandem Sling Chair）

查尔斯·伊姆斯（Charles Eames, 1907—1978 年）
蕾·伊姆斯（Ray Eames, 1912—1988 年）
美国家具品牌赫曼米勒（1962 年至今）
维特拉（1962 年至今）

**1962**

**钻石椅（Diamond Chair）**

**2008**

nendo 建筑与设计工作室

佐藤大（1977 年一   ）

限量版

**水仙花椅（Daffodil Chair）**

埃尔温·拉维恩（Erwine Laverne, 1909—2003 年）

埃斯特勒·拉维恩（Estelle Laverne, 1915—1997 年）

拉维恩国际（1957—约 1972 年）

**1957**

**普拉特纳休闲椅**

沃伦·普拉特纳（Warren Platner, 1919—2006 年）

诺尔（1966 年至今）

**1966**

**606桶背椅**

弗兰克·劳埃德·赖特（Frank Lloyd Wright, 1867—1959 年）

限量版（1937 年）

意大利家具品牌卡西纳（1986 年至今）

**1937**

**清友椅（Chair for Kiyotomo）**

仓俣史朗（1934—1991年）

日本制造商Furnicon（1988年）

**1988**

**扇背无扶手单人椅**

设计师佚名

各式扇背无扶手单人椅（18世纪80年代至今）

约**1780**

## 等候椅（Wait Chair）

马修·希尔顿（Matthew Hilton, 1957 年— ）
德国设计公司 Authtics（1999 年至今）

**1999**

**皮尔卡椅（Pirkka Chair）**

伊玛里·塔佩瓦拉（Ilmari Tapiovaara, 1914—1999 年）

劳坎普公司（Laukaan Puu, 1955 年）

阿泰克公司（2011 年至今）

**1955**

**弹簧椅 (Spring Chair)**

埃尔万·布劳莱克 (Erwan Bouroullec, 1976 年— )

罗南·布劳莱克 (Ronan Bouroullec, 1971 年— )

意大利家具品牌卡佩里尼 (2000 年至今)

**2000**

**蜈蚣椅**

保罗·沃尔德 (Poul Volther, 1923—2001 年)

丹麦家具品牌埃里克·约尔根森 (Erik Jørgensen, 1961 年至今)

**1961**

## 木椅（Wood Chair）

马克·纽森

Pod 公司（1988 年）

意大利家具品牌卡佩里尼（1992 年至今）

**1988**

## 波纹瓦楞椅（Wiggle Side Chair）

弗兰克•盖里（Frank Gehry, 1929 年— ）

杰克•布罗根（Jack Brogan, 1972—1973 年）

藏羚羊（Chiru, 1982 年）

维特拉（1992 年至今）

# 1972

**托加椅（Toga Chair）**

塞尔吉奥·马扎（Sergio Mazza, 1931 年— ）

意大利灯具品牌阿特米德（Artemide, 1968—1980 年）

**1968**

**904型椅（名利场椅）**

柏秋纳·弗洛设计团队（Poltrona Frau Design Team）

柏秋纳·弗洛（Poltrona Frau, 1930—1940 年、1982 年至今）

**1930**

**震颤派无扶手单人椅**

约**1840**

美国震颤派

各式震颤派无扶手单人椅（约1840—1870年）

**轻木椅（Lightwood Chair）**

贾斯珀·莫里森

日本家具品牌马鲁尼（2016 年至今）

**2016**

## 卡尔维特椅（Calvet Chair）

安东尼·高迪（Antoni Gaudí, 1852—1926 年）

Casa y Bardés 公司（1902 年）

BD 巴塞罗那设计公司（BD Barcelona Design, 1974 年至今）

**1902**

**蚂蚁椅**

阿尔内·雅各布森（Arne Jacobsen, 1902—1971 年）

丹麦家具品牌弗里茨·汉森（1952 年至今）

**1952**

### 海螺椅（Teneride Chair）

马里奥·贝里尼（Mario Bellini, 1935 年— ）

原型设计（Prototype）

**1970**

**Sitzgeiststuhl椅**

**1927**

博多·拉施（Bodo Rasch, 1903—1995 年）
海因茨·拉施（Heinz Rasch, 1902—1996 年）
原型设计

## 桌子、长凳、椅子（Table, Bench, Chair）

工业设施工作室（Industrial Facility）

金姆·科林（Kim Colin, 1961 年— ）

萨姆·赫特（Sam Hecht, 1969 年— ）

英国家具品牌 Established & Sons（2009 年至今）

**2009**

**堆叠椅**

柳宗理（1915—2011 年）

秋田木工（Akita Mokko, 1967 年）

**1967**

## 花园椅（Garden Chair）

设计师佚名

各式此类花园椅（20 世纪至今）

**缝线椅（Stitch Chair）**

亚当·古德鲁姆（Adam Goodrum, 1972 年— ）

意大利家具品牌卡佩里尼（2008 年至今）

**2008**

## 卡塞塞椅（Kasese Chair）

赫拉·约格利乌斯（Hella Jongerius, 1963 年—　）
限量版

**1999**

**西格蒙得·弗洛伊德的办公椅**

菲利克斯·奥根菲尔德（Felix Augenfeld, 1893—1984 年）

卡尔·霍夫曼（Karl Hofmann, 1896—1933 年）

独特的作品

# 1930

### 海葵椅 (Anemone Chair)

**2001**

坎帕纳兄弟

费尔南多·坎帕纳

翁贝托·坎帕纳

意大利家具品牌 Edra (2001 年)

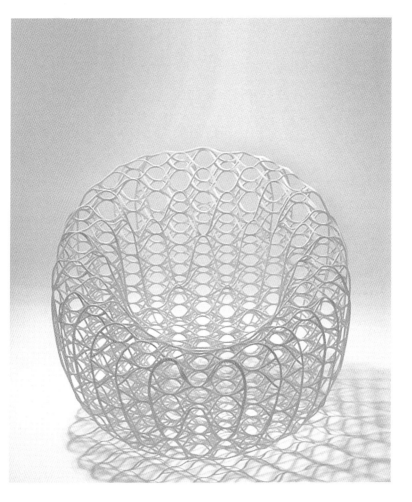

**丝瓜藤2号椅（Hechima 2 Chair）**

中村龙治（1972 年— ）

限量版

**2006**

**鹈鹕椅**

**1940**

芬·居尔（Finn Juhl, 1912—1989 年）

尼尔斯·沃戈尔（Niels Vodder, 1940—1957 年）

丹麦家具品牌 Onecollection（2001 年至今）

**拥抱椅（Catch Chair）**

**2014**

亚米·海因（Jaime Hayón, 1974 年— ）

丹麦家具品牌 &tradition（2014 年至今）

**玻璃椅（Glass Chair）**

仓俣史朗
限量版

# 1976

**椅子**

吉尔伯特·罗德（Gilbert Rohde, 1894—1944 年）
原型设计

约**1938**

**咖啡博物馆椅**

**1898**

阿道夫·卢斯（Adolf Loos, 1870—1933 年）

J. & J. 柯恩（J. & J. Kohn, 1898 年）

维也纳索耐特兄弟（1898 年至今）

**豇豆椅（Vigna Chair）**

马蒂诺·甘珀（Martino Gamper, 1971 年— ）
意大利家具品牌玛吉斯（2011 年至今）

**2011**

**钻石椅**

哈里·伯托埃（Harry Bertoia, 1915—1978 年）

诺尔（1952 年至今）

**1952**

**网椅（Net Chair）**

桥本淳（1971 年— ）

桥本设计（Junio Design, 2010 年至今）

**2010**

**1号摇椅（Rocking Chair, Model No. 1）**

约 **1860**

迈克·索耐特（Michael Thonet, 1796—1871 年）
索耐特兄弟（Gebrüder Thonet, 约 1860 年—19 世纪 80 年代）

**RAR椅**

查尔斯·伊姆斯

蕾·伊姆斯

真时利塑料（Zenith Plastics, 1950—1953 年）

美国家具品牌赫曼米勒（1953—1968 年、1998 年至今）

维特拉（1957—1968 年、1998 年至今）

**1950**

### 马苏里拉椅（Mozzarella Chair）

山本达雄（1969 年—  ）
Books（2010 年至今）

**2010**

**花园椅**

威利·古尔 (Willy Guhl, 1915—2004 年)

埃特尼特 (Eternit, 1954 年至今)

**1954**

**弯曲木胶合板扶手椅（Bent Plywood Armchair）**

杰拉尔德·萨默斯（Gerald Summers, 1899—1967 年）

简易家具制造（Makers of Simple Furniture, 1934—1939 年）

Alivar 公司（1984 年至今）

**1934**

98

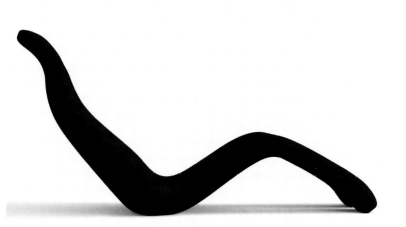

**博鲁姆椅（Bouloum Chair）**

奥利维尔·莫格（Olivier Mourgue, 1939 年— ）

Airborne 国际航空公司 /Arconas 机场家具制造商（1974 年至今）

**1974**

**棉绳椅 (Vermelha Chair)**

**1998**

坎帕纳兄弟

费尔南多·坎帕纳

翁贝托·坎帕纳

意大利家具品牌 Edra (1998 年至今)

**天鹅椅**

**1958**

阿尔内·雅各布森

丹麦家具品牌弗里茨·汉森（1958 年至今）

**无印良品索耐特14号椅**

詹姆斯·欧文

索耐特（2009 年至今）

**2009**

**14号椅**

迈克·索耐特
索耐特兄弟（1859—1976 年）
索耐特（1976 年至今）
维也纳索耐特兄弟（Gebrüder Thonet Vienna，1976 年至今）

# 1859

## 普克斯多夫椅

**1904**

约瑟夫·霍夫曼（Josef Hoffmann, 1870—1956 年）

柯洛曼·莫泽（Koloman Moser, 1868—1918 年）

弗朗茨·维特曼家具工坊（Franz Wittmann Möbelwerkstätten, 1973 年至今）

**胚胎椅（Embryo Chair）**

马克·纽森（Marc Newson, 1963 年— ）

日本家居品牌 IDÉE（1988 年至今）

意大利家具品牌卡佩里尼（1988 年至今）

**1988**

**Tripp Trapp儿童餐椅（Tripp Trapp High Chair）**

彼得·奥普斯维克（Peter Opsvik，1939 年— ）

思多嘉儿（Stokke，1972 年至今）

**1972**

**儿童高脚椅**

约尔根·迪泽尔（Jørgen Ditzel, 1921—1961 年）

纳娜·迪泽尔（Nanna Ditzel, 1923—2005 年）

Kolds Savværk 公司（1955—约 1970 年）

日本家具品牌 Kitani（2010 年至今）

**1955**

**阿卡普科椅**

约**1950**

设计师佚名

各式阿卡普科椅（约 1950 年至今）

**热带风暴椅（Tropicalia Chair）**

帕特里夏·乌尔基奥拉（Patricia Urquiola, 1961 年— ）
莫罗索（2008 年至今）

**2008**

**好脾气椅**

罗恩·阿拉德
维特拉（1986—1993 年）

**1986**

**蛋椅**

阿尔内·雅各布森

丹麦家具品牌弗里茨·汉森（1958 年至今）

**1958**

### 袋背温莎椅

设计师佚名
各式袋背温莎椅（约 18 世纪 60 年代至今）

**休闲椅**

中岛乔治（George Nakashima, 1905—1990 年）

中岛乔治木工坊（George Nakashima Woodworker, 1962 年至今）

# 1962

### 融化椅（Melt Chair）

**2012**

nendo 建筑与设计工作室
佐藤大
新加坡家具品牌 K%（2012—2014 年）
意大利家具品牌 Desalto（2014 年至今）

**极简空背椅（Ply-Chair Open Back）**

贾斯珀·莫里森（Jasper Morrison, 1959 年— ）

维特拉（1989 年至今）

**1988**

**托斯卡椅（Tosca Chair）**

理查德·萨帕

意大利家具品牌玛吉斯（2007 年至今）

**2007**

**格林街椅（Greene Street Chair）**

盖塔诺·佩思

维特拉（1984—1985 年）

**1984**

## 吊椅

**1957**

约尔根·迪泽尔

纳娜·迪泽尔

R. 温格勒（R. Wengler, 1957 年）

博纳奇纳（Bonacina, 1957—2014 年）

丹麦品牌 Sika 设计（Sika Design, 2012 年至今）

**花园蛋椅**

彼得·吉奇 (Peter Ghyczy, 1940 年— )

路透 (Reuter, 1968—1973 年)

民主德国维布·施瓦热德 (VEB Schwarzheide DDR, 1973—1980 年)

盖奇·诺沃 (Ghyczy NOVO, 2001 年至今)

# 1968

**孔雀椅**

设计师佚名
各式孔雀椅（20 世纪初至今）

**20**
世纪初

**孔雀椅**

汉斯·韦格纳（Hans Wegner, 1914—2007 年）

约翰内斯·汉森（Johannes Hansen, 1947—1991 年）

丹麦细木工坊 PP Møbler（1991 年至今）

**1947**

**卡里美特892椅（Carimate 892 Chair）** 1963

维科·马吉斯特雷蒂（Vico Magistretti, 1920—2006 年）

意大利家具品牌卡西纳（1963—1985 年）

意大利家具品牌德·帕多华（De Padova, 2001 年至今）

122

**钢木椅（Steelwood Chair）**

埃尔万·布劳莱克

罗南·布劳莱克

意大利家具品牌玛吉斯（2008 年至今）

**2008**

**公牛椅**

汉斯·韦格纳

AP Stolen（1960—约 1975 年）

丹麦家具品牌埃里克·约尔根森（Erik Jørgensen, 1985 年至今）

**1960**

**普鲁斯特扶手椅**

亚历山德罗·门迪尼 (Alessandro Mendini, 1931 年— )

阿尔奇米亚工作室 (Studio Alchimia, 1979—1987 年)

意大利家具品牌卡佩里尼 (1994 年至今)

意大利家具品牌玛吉斯 (2011 年至今)

**PP 512折叠椅（PP 512 Folding Chair）**

**1949**

汉斯·韦格纳

约翰内斯·汉森（1949—1991 年）

丹麦细木工坊 PP Møbler（1991 年至今）

**布塔克椅（Butaque Chair）**

克拉拉·波塞特（Clara Porset, 1895—1981 年）

阿泰克－帕斯科（1959 年）

**1959**

**凯维2533椅（Kevi 2533 Chair）**

**1958**

伊布·拉斯穆森（Ib Rasmussen, 1931 年— ）

约尔根·拉斯穆森（Jørgen Rasmussen, 1931 年— ）

凯维（Kevi, 1958—2008 年）

丹麦家具品牌 Engelbrechts（2008 年至今）

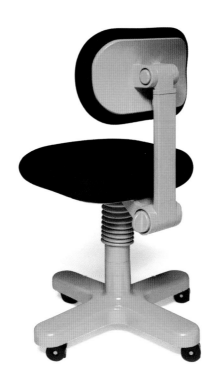

## 可调节打字员椅（Adjustable Typist Chair）

埃托雷·索特萨斯（Ettore Sottsass, 1917—2007 年）

意大利奥利维蒂公司（Olivetti, 1973 年）

**1973**

## 祖母摇椅（Nonna Rocking Chair）

保罗·塔特尔（Paul Tuttle, 1918—2002 年）
瑞士家具制造商 Strässle（1972 年至今）

**1972**

**现代巴西豆摇椅（Modern Brazilian Feijão Rocking Chair）**

罗德里戈·西芒（Rodrigo Simão, 1976 年— ）

制造商 Marcondes Serralheria / Funilaria Esperanca（2015 年）

**2015**

## 地标椅（Landmark Chair）

沃德·班尼特（Ward Bennett, 1917—2003 年）

布里克尔联合公司 （Brickel Associates, 1964—1993 年）

盖革（Geiger, 1993 年至今）

**1964**

**赛博格俱乐部椅（Cyborg Club Chair）**

马塞尔·万德斯（Marcel Wanders, 1963 年— ）
意大利家具品牌玛吉斯（2012 年至今）

**2012**

## 潘顿椅

**1967**

维尔纳·潘顿（Verner Panton, 1926—1998 年）

美国家具品牌赫曼米勒／维特拉（Herman Miller/Vitra, 1967—1979 年）

家具品牌 Horn/WK-Verband （1983—1989 年）

维特拉（1990 年至今）

**舌头椅**

皮埃尔·鲍林

荷兰家具品牌爱迪佛脱（1967 年至今）

**1967**

135

## 盗梦空间椅（Inception Chair）

薇薇安·邱（Vivian Chiu，1989 年— ）
原型设计

**2011**

**路易莎椅（Luisa Chair）**

佛朗科·阿尔比尼（Franco Albini, 1905—1977 年）

意大利厂商波吉（Poggi, 20 世纪 50 年代）

# 1950

**提普顿椅（Tip Ton Chair）**

巴布尔与奥斯戈比公司（Barber & Osgerby）

爱德华·巴布尔（Edward Barber, 1969 年— ）

杰·奥斯戈比（Jay Osgerby, 1969 年— ）

维特拉（2011 年至今）

**2011**

**震颤派摇椅**

美国震颤派

各式震颤派摇椅（约 1820 年—19 世纪 60 年代）

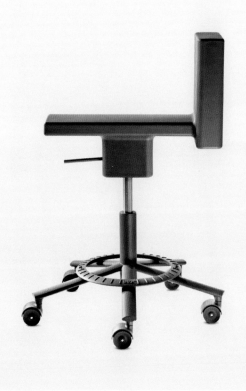

**360度椅（360° Chair）**

康斯坦丁·格尔齐茨（Konstantin Grcic, 1965 年— ）

意大利家具品牌玛吉斯（2009 年至今）

**2009**

## 拉金公司行政大楼办公室的旋转扶手椅

弗兰克·劳埃德·赖特

凡·多恩钢铁加工公司（Van Dorn Iron Works Company, 1904—约 1906 年）

# 1904

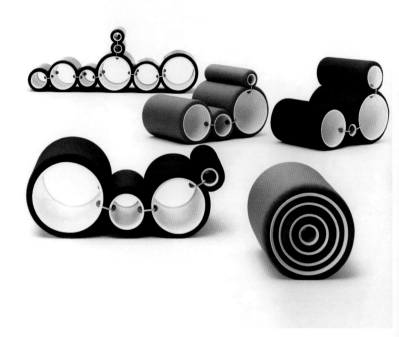

## 管状椅（Tube Chair）

乔·科伦坡（Joe Colombo, 1930—1971 年）

意大利家具品牌 Flexform（1970—1979 年）

意大利家具品牌卡佩里尼（Cappellini, 2016 年至今）

**1970**

**必比登椅**

艾琳·格雷(Eileen Gray, 1878—1976 年)

阿兰姆设计(Aram Designs, 1975 年至今)

联合工坊(Vereinigte Werkstätten, 1984—1990 年)

经典公司(ClassiCon, 1990 年至今)

**1925—1926**

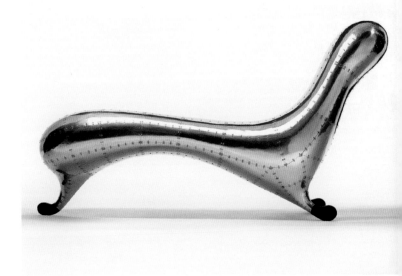

**洛克希德躺椅 (Lockheed Lounge)**

马克·纽森
限量版

1990

**敲打椅（Do Hit Chair）**

马林·凡·德·波尔（Marijn van der Poll, 1973 年— ）

楚格设计（Droog Design, 2000 年至今）

**2000**

## LC1巴斯库兰椅

**1928**

勒·柯布西耶（Le Corbusier, 1887—1965 年）

皮埃尔·让纳雷（Pierre Jeanneret, 1896—1967 年）

夏洛特·贝里安（Charlotte Perriand, 1903—1999 年）

索耐特兄弟（1930—1932 年）

海蒂·韦伯（Heidi Weber, 1959—1964 年）

意大利家具品牌卡西纳（1965 年至今）

**信封椅**

1966

沃德·班尼特

布里克尔联合公司（1966—1993 年）

盖革（1993 年至今）

**绳椅**

渡边力（1911—2013 年）
限量版

**1952**

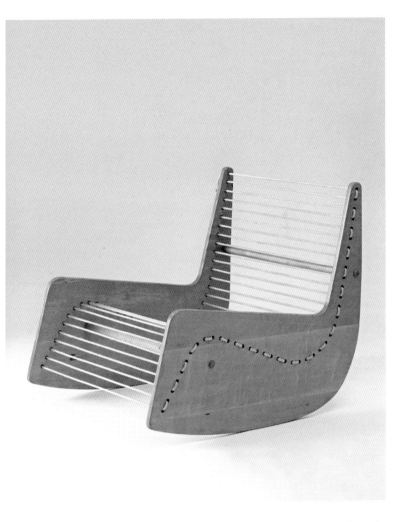

## 1211-C型号地板椅（Floor Chair，Model 1211-C）

阿列克谢·布罗多维奇（Alexey Brodovitch，1898—1971 年）

限量版

约 **1950**

**羚羊椅（Gacela Chair）**

霍安·卡萨斯·奥尔蒂内斯（Joan Casas i Ortínez, 1942 年— ）

西班牙制造商印地卡萨（Indecasa, 1978 年至今）

**1978**

150

**条纹椅（Striped Chair）**

埃尔万·布劳莱克

罗南·布劳莱克

意大利家具品牌玛吉斯（2005 年至今）

**2005**

## 女士扶手椅

马可·扎努索（Marco Zanuso, 1916—2001 年）
意大利家具品牌 Arflex（1951 年至今）

**1951**

**俱乐部椅**

让－米歇尔·弗兰克（Jean-Michel Frank, 1895—1941 年）

查诺公司（Chanaux & Co., 1926—1936 年）

国际差距公司（Écart International, 1986 年至今）

# 1926

**刚果Ekurasi椅**

设计师佚名

各式刚果 Ekurasi 椅（约 1900 年至今）

约**1900**

## 波罗的海桦木两件式椅（Baltic Birch Two Piece Chair）

**2017**

西蒙·勒孔特（Simon LeComte, 1992 年— ）

洛杉矶新制造公司（NewMade LA, 2017 年至今）

**大麻椅（Hemp Chair）**

沃纳·艾斯林格（Werner Aisslinger, 1964 年— ）
原型设计

**2011**

**蟒蛇椅（Anaconda Chair）**

保罗·塔特尔（Paul Tuttle, 1918—2002 年）

瑞士家具制造商 Strässle（1972 年）

**1972**

**竹条椅（Basket Chair）**

剑持勇（1912—1971 年）

野口勇（1904—1988 年）

限量版

158

**1950**

**辐条椅（Spoke Chair）**

丰口胜平（1905—1991 年）

日本家具品牌天童木工（1965—1973 年、1995 年至今）

**1965**

**蜂巢椅（Honey-Pop Chair）**

吉冈德仁（1967 年— ）

限量版

**2001**

**纳米椅（Nami Chair）**

中村龙治

限量版

**2006**

**冈崎椅（Okazaki Chair）**

内田繁（1943—2016 年）

日本建业有限公司（Build Co., Ltd, 1996 年）

**1996**

## 向后倾斜椅84（Backward Slant Chair 84）

### 1982

唐纳德·贾德（Donald Judd, 1928—1994 年）

塞莱多尼奥·梅迪亚诺（Celedonio Mediano, 1982 年）

吉姆·库珀和加藤一郎（Jim Cooper and Ichiro Kato, 1982—1990 年）

杰夫·贾米森和鲁伯特·迪斯（Jeff Jamieson and Rupert Deese, 1990—1994 年）

杰夫·贾米森和唐纳德·贾德家具公司（Jeff Jamieson and Donald Judd Furniture, 1994 年至今）

**云朵椅**

**1948**

查尔斯·伊姆斯
蕾·伊姆斯
维特拉（1989 年至今）

164

**倾斜的躺椅**

本特 • 温格（Bendt Winge, 1907—1983 年）

比雅恩 • 汉森 • 维克斯特德（Bjarne Hansens Verksteder, 1958 年）

# 1958

**Myto椅（Myto Chair）**

康斯坦丁·格尔齐茨

意大利家具品牌 Plank（2008 年至今）

**2008**

**ST14椅**

**1929**

汉斯·勒克哈特（Hans Luckhardt, 1890—1954 年）

瓦西里·勒克哈特（Wassili Luckhardt, 1889—1972 年）

德斯塔（DESTA, 1930—1932 年）

索耐特兄弟（1932—1940 年）

索耐特（2003 年至今）

**卷心菜椅**

nendo 建筑与设计工作室

佐藤大（1977 年— ）

限量版

**2008**

## 旗绳椅（Flag Halyard Chair）

汉斯·韦格纳

盖塔玛（Getama, 1950—1994 年）

丹麦细木工坊 PP Møbler（2002 年至今）

**1950**

## 单身汉椅（Bachelor Chair）

维尔纳·潘顿（Verner Panton, 1926—1998 年）

丹麦家具品牌弗里茨·汉森（1955 年）

丹麦家具品牌 Montana（2013 年至今）

**1955**

三脚架椅（Tripod Chair）

**1948**

丽娜·柏·巴蒂（Lina Bo Bardi, 1914—1992 年）

帕尔马设计事务所（Studio de Arte Palma, 1948—1951 年）

奥托核心公司（Nucleo Otto, 约 20 世纪 90 年代）

埃特尔（Etel, 2015 年至今）

## 枯山水椅（Sekitei Chair）

**2011**

nendo 建筑与设计工作室
佐藤大
意大利家具品牌卡佩里尼（2011—2014 年）

**钢丝椅**

查尔斯·伊姆斯

蕾·伊姆斯

美国家具品牌赫曼米勒（1951—1967 年、2001 年至今）

维特拉（1958 年至今）

**1951**

### 孟买手编椅（Bombay Bunai Kursi）

青年公民设计（Young Citizens Design）
西昂·帕斯卡尔（Sian Pascale, 1983 年— ）
限量版

**2013**

**莱萨尔克餐椅**

设计师佚名,被认为是夏洛特·贝里安设计

意大利家具品牌 DalVera（约 20 世纪 60 年代）

## 小奥兰椅（Lilla Åland Chair）

卡尔·马尔姆斯滕（Carl Malmsten, 1888—1972 年）
瑞典家具制造商 Stolab（1942 年至今）

**1942**

花园椅（Bloemenwerf Chair）

**1895**

亨利·凡·德·维尔德（Henry van de Velde, 1863—1957 年）

亨利·凡·德·维尔德协会（Société Henry van de Velde, 1895—1900 年）

凡·德·维尔德（Van de Velde, 1900—1903 年）

德国家具品牌阿德尔塔（2002 年至今）

**红蓝扶手椅**

赫里特·里特维德（Gerrit Rietveld, 1888—1964 年）

杰拉德·凡·德·格罗内坎公司（Gerard van de Groenekan, 1924—1973 年）

意大利家具品牌卡西纳（1973 年至今）

约 **1918**

**板条椅**

马歇尔·布劳耶（Marcel Breuer, 1902—1981 年）

包豪斯金属工坊（1922—1924 年）

**1922**

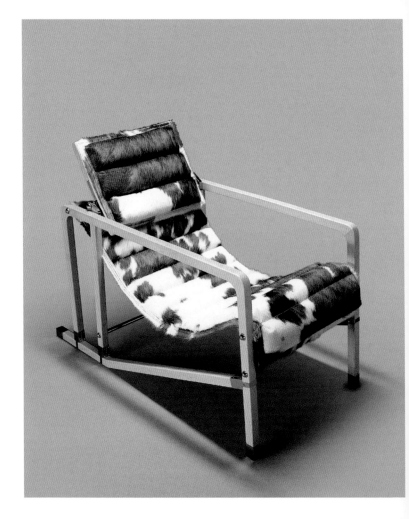

**甲板扶手躺椅（Transat Armchair）**

艾琳·格雷（Eileen Gray, 1878—1976 年）
让·德赛尔（Jean Désert, 约 1924—1930 年）
国际差距公司（Écart International, 1986 年至今）

**400号扶手椅**

阿尔瓦·阿尔托

阿泰克公司（1936 年至今）

**1936**

## LC7旋转扶手椅

**1930**

勒·柯布西耶

皮埃尔·让纳雷

夏洛特·贝里安

索耐特兄弟（1930—约 1932 年）

意大利家具品牌卡西纳（1978 年至今）

**震颤派转椅**

美国震颤派
各式震颤派转椅（约 1840—1870 年）

约**1840**

## 阿埃隆椅 (Aeron chair)

唐纳德 • T. 查德威克 (Donald T. Chadwick, 1936 年— )
威廉 • 斯顿夫 (William Stumpf, 1936—2006 年)
美国家具品牌赫曼米勒 (1994 年至今)

**1994**

**惟体椅（Vertebra Chair）**

埃米利奥·安柏兹（Emilio Ambasz, 1943 年— ）

贾恩卡洛·皮雷蒂（Giancarlo Piretti, 1940 年— ）

美国家具品牌 KI（1976 年至今）

卡斯泰利（Castelli, 1976 年至今）

日本家具品牌伊藤喜（1981 年至今）

**1976**

## 草坪椅（Pratone Chair）

风暴集团（Gruppo Strum）

乔治·切雷蒂（Giorgio Ceretti, 1932 年— ）

彼得罗·德罗西（Pietro Derossi, 1933 年— ）

里卡多·罗索（Riccardo Rosso, 1941 年— ）

意大利家具制造商 Gufram（1971 年至今）

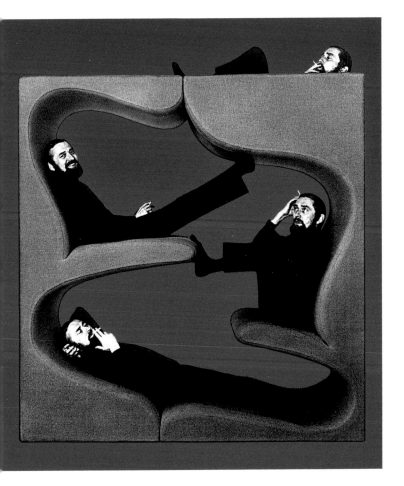

## 生活塔（Living Tower Chair）

维尔纳·潘顿

美国家具品牌赫曼米勒／维特拉（1969—1970 年）

丹麦家具品牌弗里茨·汉森（1970—1975 年）

斯泰加（Stega, 1997 年）

维特拉（1999 年至今）

# 1969

## Conoid椅

中岛乔治

中岛乔治木工坊（1960 年至今）

**1960**

**B33椅**

马歇尔·布劳耶

索耐特兄弟（1929 年）

**1929**

**666 WSP椅**

简斯·里松（Jens Risom, 1916—2016 年）
诺尔（1942—1958 年、1995 年至今）

**奥姆克斯塔克椅（Omkstak Chair）**

罗德尼·金斯曼（Rodney Kinsman, 1943 年— ）

金斯曼联合公司 /OMK 设计（Kinsman Associates/OMK Design, 1972 年至今）

**1972**

## 406号扶手椅

阿尔瓦·阿尔托

阿泰克公司（1939 年至今）

**1939**

**AC1椅**

안東尼奥·奇特里奥 (Antonio Citterio, 1950 年— )

维特拉 (1990—2004 年)

**1990**

193

**路易幽灵椅（Louis Ghost Chair）**

菲利普·斯塔克（Philippe Starck, 1949 年— ）

意大利家具品牌卡特尔（2002 年至今）

**2002**

**Plia折叠椅**

贾恩卡洛·皮雷蒂

卡斯泰利（1970 年至今）

**1970**

**阿迪朗达克椅**

托马斯·李（Thomas Lee，生卒年不详）

哈利·邦内尔（Harry Bunnell，1905—约 1930 年）

**1905**

**美第奇躺椅（Medici Lounge Chair）**

康斯坦丁 • 格尔齐茨

意大利家具品牌 Mattiazzi（2012 年至今）

**2012**

**Gubi 1F椅**

**2003**

Komplot 设计

鲍里斯 • 柏林（Boris Berlin, 1953 年— ）

波尔 • 克里斯蒂安森（Poul Christiansen, 1947 年— ）

丹麦家具品牌 Gubi（2003 年至今）

198

**LCM / DCM椅**

查尔斯·伊姆斯

蕾·伊姆斯

美国家具品牌赫曼米勒 (1946 年至今)

维特拉 (2004 年至今)

**1946**

## 巴塞罗那椅（Barcelona Chair）

路德维希·密斯·凡·德·罗

柏林约瑟夫·穆勒五金公司（1929—1931 年）

班贝格五金公司（1931 年）

诺尔（1948 年至今）

**1929**

## 阿尔塔椅（Alta Chair）

奥斯卡·尼迈耶（Oscar Niemeyer, 1907—2012 年）

家具品牌 Mobilier de France （20 世纪 70 年代）

矣特尔（2013 年至今）

**1971**

**2号椅（Chair No. 2）**

马尔滕·凡·塞维恩（Maarten van Severen, 1956—2005 年）

马尔滕·凡·塞维恩家居公司（Maarten van Severen Meubelen, 1992—1999 年）

Top Mouton（1999 年至今）

1992

202

**弹性椅**

塞缪尔·格拉格（Samuel Gragg, 1772—1855 年）
塞缪尔·格拉格商店（约 1808—约 1825 年）

约**1808**

**哥本哈根椅（Copenhague Chair）**

**2013**

埃尔万·布劳莱克
罗南·布劳莱克
丹麦家具品牌 Hay（2013—2016 年）

**无脚座椅（Zaisu Chair）**

藤森健二（1919—1993 年）

日本家具品牌天童木工（1966 年至今）

**1966**

**躺椅**

马歇尔·布劳耶

伦敦伊索康家具公司（Isokon, 1936 年、1963—1997 年）

伦敦伊索康 Plus 家具公司（Isokon Plus, 1997 年至今）

**1936**

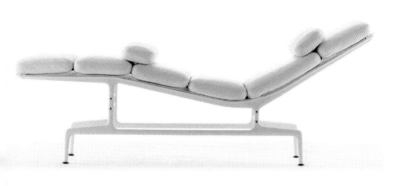

**软垫躺椅（Soft Pad Chaise）**

查尔斯·伊姆斯

蕾·伊姆斯

美国家具品牌赫曼米勒（1968 年至今）

维特拉（1968 年至今）

# 1968

**A56椅**

让·保查德（Jean Pauchard,生卒年不详）

泽维尔·保查德（Xavier Pauchard, 1880—1948 年）

法国家具品牌 Tolix（1956 年至今）

**1956**

**托莱多椅（Toledo Chair）**

豪尔赫·彭西（Jorge Pensi, 1946 年— ）

AMAT-3（1988 年至今）

**1988**

**玛莫特儿童椅（Mammut Child Chair）**

莫滕·谢尔斯特鲁普（Morten Kjelstrup, 1959 年— ）

阿伦·厄斯特（Allan Østgaard, 1959 年— ）

宜家（1993 年至今）

1993

**万能椅（Sedia Universale）**

乔·科伦坡

意大利家具品牌卡特尔（1967—2012 年）

**1967**

## 瓦西里椅

**1926**

马歇尔·布劳耶

德国标准家具公司（Standard-Möbel, 1926—1928 年）

索耐特兄弟（1928—1932 年）

加维纳 / 诺尔（1962 年至今）

**回旋镖椅 ( Boomerang Chair )**

理查德·诺伊特拉 ( Richard Neutra, 1892—1970 年 )

门景公司 ( Prospettiva, 1990—1992 年 )

住宅工业 ( House Industries ) 和奥托设计集团 ( Otto Design Group ) 】( 2002 年至今 )

S 公司 ( 2013 年至今 )

**1942**

**教堂椅**

凯尔·柯林特（Kaare Klint, 1888—1954 年）

丹麦家具品牌弗里茨·汉森（Fritz Hansen, 1936 年）

A/S 伯恩斯托夫堡公司（Bernstorffsminde A/S, 2004 年再版）

A/S 伯恩斯托夫堡公司与 dk3 公司合作（2004 年至今）

**1936**

**古董教堂椅**

约**1860**

设计师佚名

各式古董教堂椅（约 1860—1890 年）

**交叉编织椅（Cross Check Chair）**

弗兰克·盖里

诺尔（1992 年至今）

# 1992

**施特尔特曼椅（Steltman Chair）**

赫里特·里特维德

里特维德原创公司（1963 年、2013 年）

**1963**

**高脚椅K65**

阿尔瓦·阿尔托

阿泰克公司（1935 年至今）

**1935**

**阿盖尔椅**

查尔斯·雷尼·麦金托什（Charles Rennie Mackintosh，1868—1928 年）
限量版

**1897**

## 扶手椅（Poltrona Chair）

亚米 • 海因（Jaime Hayón, 1974 年— ）
BD 巴塞罗那设计公司（2006 年至今）

**2006**

**球椅**

艾洛·阿尼奥(Eero Aarnio, 1932 年— )

家电品牌雅士高(1966—1985 年)

德国家具品牌阿德尔塔(1991 年至今)

艾洛·阿尼奥原创家具公司(Eero Aarnio Originals, 2017 年至今)

# 1966

**4103号三脚椅（Tripod Chair No. 4103）**

汉斯·韦格纳

丹麦家具品牌弗里茨·汉森（1952—1964 年）

**1952**

**半径椅（Radice Chair）**

工业设施工作室

金姆·科林

萨姆·赫特

意大利家具品牌 Mattiazzi（2013 年至今）

**2013**

## 2号椅（Chair No. 2）

唐纳德·贾德（Donald Judd, 1928—1994 年）

莱尼（Lehni, 1988 年至今）

唐纳德·贾德家具（Donald Judd Furniture, 1988 年至今）

**1988**

**充气椅**

乔奥纳坦·德·帕斯（Gionatan De Pas, 1932—1991 年）

多纳托·德乌尔比诺（Donato D' Urbino, 1935 年— ）

保罗·洛马齐（Paolo Lomazzi, 1936 年— ）

卡拉·斯科拉里（Carla Scolari, 1930 年— ）

意大利家具公司扎诺塔（Zanotta, 1967—2012 年）

**1967**

## Ko-Ko椅

**1985**

仓俣史朗

石丸（Ishimaru，1985 年）

日本家居品牌 IDÉE（1987—1995 年）

意大利家具品牌卡佩里尼（2016 年至今）

## CH24叉骨椅（Y Chair CH 24）

汉斯·韦格纳

卡尔·汉森父子公司（1950 年至今）

**1950**

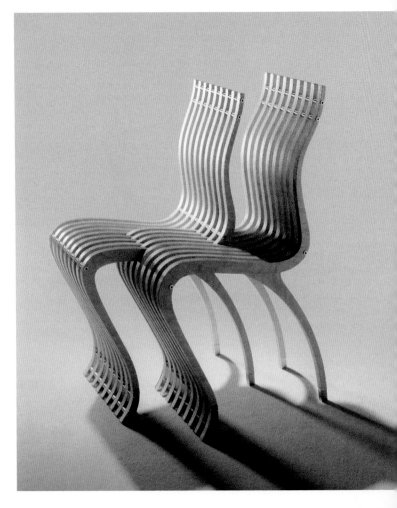

**速写椅（Schizzo Chair）**

罗恩·阿拉德
维特拉（1989 年）

**1989**

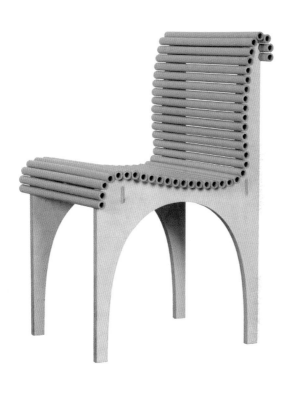

**氏椅（Carta Chair）**

阪茂（1957 年— ）

意大利家具品牌卡佩里尼（1998 年）

b form 公司（2015 年至今）

**1998**

**埃尔达椅**

乔·科伦坡

意大利家具品牌 Fratelli Longhi（1965 年至今）

**1965**

**灵长类跪坐椅（Primate Kneeling Chair）**

阿希尔·卡斯蒂廖尼（Achille Castiglioni, 1918—2002 年）

意大利家具公司扎诺塔（1970 年至今）

**1970**

**布兰奇小姐椅**

仓俣史朗

石丸（1988 年至今）

**1988**

**吊椅**

查尔斯・霍利斯・琼斯（Charles Hollis Jones，1945 年— ）

查尔斯・霍利斯・琼斯设计（CHJ Designs，1968—1991 年、2002—2005 年）

# 1968

**伊斯特伍德椅（Eastwood Chair）**

古斯塔夫·斯蒂克利（Gustav Stickley, 1858—1942 年）

斯蒂克利（Stickley, 1901 年、1989 年至今）

约 **1901**

**温斯顿扶手椅（Winston Armchair）**

**1963**

托比约恩·阿夫达尔（Torbjørn Afdal, 1917—1999 年）

内斯杰斯特兰达纺织家具（Nesjestranda Møbelfabrikk, 1963 年）

**奈良椅**

安积伸（1965 年— ）

弗雷德里西亚家具（Fredericia Furniture, 2009 年至今）

**2009**

**为丽莎·蓬蒂设计的椅子（Chair designed for Lisa Ponti）**

卡罗·莫里诺（Carlo Mollino, 1905—1973 年）

限量版

**1950**

**旋转椅（Spun Chair）**

托马斯·赫斯维克（Thomas Heatherwick, 1970 年— ）

意大利家具品牌玛吉斯（2010 年至今）

**2010**

**碗椅**

莉娜·柏·巴蒂

意大利家具品牌 Arper（1951 年至今）

**1951**

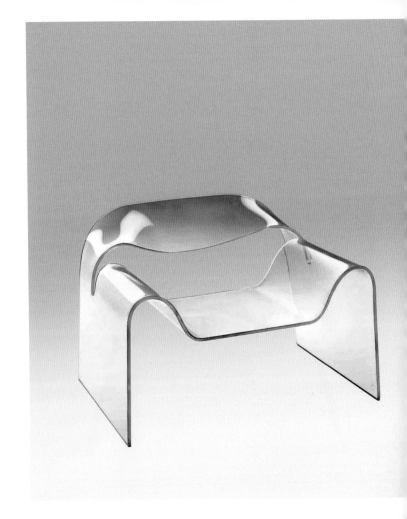

**幽灵椅（Ghost Chair）**

奇尼·博埃里（Cini Boeri, 1924 年— ）

片柳吐梦（1950 年— ）

意大利家具品牌 Fiam Italia（1987 年至今）

**1987**

隐形椅（Invisible Chair）

**2010**

吉冈德仁

意大利家具品牌卡特尔（2010 年）

**希尔住宅梯背椅**

**1902**

查尔斯·雷尼·麦金托什

限量版（1902 年）

意大利家具品牌卡西纳（Cassina, 1973 年至今）

**阴影椅（Shadowy Chair）**

托德·布歇尔（Tord Boontje, 1968 年— ）

莫罗索（2009 年至今）

**2009**

**543百老汇椅**

盖塔诺·佩思

意大利家具品牌贝尔尼尼（Bernini, 1993—1995 年）

**1993**

**马里奥纳椅（Mariolina Chair）**

恩佐·马里（Enzo Mari, 1932—2020 年）

意大利家具品牌玛吉斯（2002 年至今）

**2002**

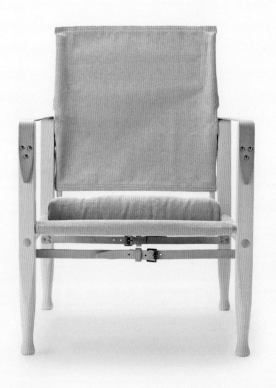

**狩猎椅**

**1933**

凯尔·柯林特（Kaare Klint, 1888—1954 年）

鲁德·拉斯穆森斯工木坊（Rud Rasmussens Snedkerier, 1933 年）

卡尔·汉森父子公司（2011 年至今）

**躺椅**

夏洛特·贝里安

斯蒂芬·西蒙画廊（1935 年）

**1935**

**1006海军椅**

美国海军工程队（US Navy Engineering Team）、电机设备公司设计团队（Emeco Design Team）
和美国铝业设计团队（Alcoa Design Team）
电机设备公司（Emeco, 1944 年至今）

**1944**

**哈德逊椅（Hudson Chair）**

菲利普·斯塔克

飞机设备公司（2000 年至今）

**2000**

## LC1大康福椅

1928

勒·柯布西耶

皮埃尔·让纳雷

夏洛特·贝里安

索耐特兄弟（1928—1929 年）

海蒂·韦伯（1959—1964 年）

意大利家具品牌卡西纳（1965 年至今）

**250**

**模型RZ 62号椅**

迪特·拉姆斯（Dieter Rams, 1932 年— ）

维松 + 扎普夫（Vitsoe + Zapf, 1962 年）

德国家具品牌维松（Vitsoe, 2013 年至今）

**1962**

**哥德堡椅**

艾瑞克·古纳尔·阿斯普隆德（Erik Gunnar Asplund, 1885—1940 年）

意大利家具品牌卡西纳（1983 年至今）

**1934—1937**

**家庭椅**

石上纯也（1974 年— ）

意大利家具品牌 Living Divani（2010 年至今）

**2010**

**巴塞尔椅（Basel Chair）**

贾斯珀·莫里森

维特拉（2008 年至今）

**2008**

**似曾相识椅（Déjà-vu Chair）**

深泽直人（1956 年— ）

意大利家具品牌玛吉斯（2007 年至今）

**2007**

# 罗伊克罗夫特厅椅（Roycroft Hall Chair）

罗伊克罗夫特社区（Roycroft Community）
罗伊克罗夫特工作室（19 世纪 90 年代—20 世纪 30 年代）

**1903—1905**

**小姐躺椅（Mademoiselle Lounge Chair）**

伊玛里·塔佩瓦拉

家电品牌雅士高（Asko，1956 年—20 世纪 60 年代）

阿泰克公司（1956 年至今）

**1956**

**邦芬格椅BA 1171**

赫尔穆特·巴茨纳（Helmut Bätzner, 1928—2010 年）

德国家具品牌邦芬格（Bofinger, 1966 年）

**1966**

**凯伯椅（Cab Chair）**

**1977**

马里奥·贝里尼
意大利家具品牌卡西纳（1977 年至今）

**长颈鹿椅（Girafa Chair）**

丽娜·柏·巴蒂

马塞洛·费拉兹（Marcelo Ferraz, 1955 年— ）

马塞洛·铃木（生卒年不详）

巴西家具品牌马塞纳里亚·巴拉乌纳（Marcenaria Baraúna, 1987 年至今）

**古董农家椅**

设计师佚名

式古董农家椅（约 1835 年至今）

**约 1835**

**西班牙椅**

1958

布吉・莫根森（Børge Mogensen, 1914—1972 年）

埃尔哈德・拉斯穆森（Erhard Rasmussen, 1958 年）

丹麦家具品牌弗雷德里西亚家具（Fredericia Furniture, 1958 年至今）

**小松鼠扶手椅（Kilin Armchair）**

塞尔吉奥·罗德里格斯

Oca（1973 年）

林巴西尔（2001 年至今）

# 1973

263

### 1535号餐椅（Dining Chair Model No. 1535）

保罗·麦科布（Paul McCobb, 1917—1969 年）

温彻顿家具公司（Winchendon Furniture Company, 1951—1953 年）

**1951**

**草座椅**

中岛乔治（George Nakashima, 1905—1990 年）

中岛乔治木工坊（George Nakashima Woodworker, 1944 年至今）

# 1944

**132U型号椅（Model No. 132U）**

**1950**

唐纳德·诺尔（Donald Knorr, 1922—2003 年）

诺尔联合公司（Knoll Associates, 1950 年）

266

**杰森椅（Jason Chair）**

**1951**

卡尔·雅各布斯（Carl Jacobs，生卒年不详）

次迪亚有限公司（Kandya Ltd, 1951—约 1970 年）

**柜椅/柜桌**

设计师佚名

各式柜椅 / 柜桌(约 1650—1710 年)

约翰逊 · 瓦克斯椅 （Johnson Wax Chair）

韦兰克·劳埃德·赖特

限量版（1939 年）

意大利家具品牌卡西纳（1985 年—约 20 世纪 90 年代）

**神灵椅**

奥利维尔·莫尔吉（Olivier Mourgue, 1939 年— ）

国际航空公司（Airborne International, 1965—1986 年）

**1965**

**无人椅（Nobody Chair）**

omplot 设计

同里斯·柏林

艾尔·克里斯蒂安森

丹麦家具品牌 Hay（2007 年至今）

**2007**

## 伊姆斯铝椅

查尔斯·伊姆斯

蕾·伊姆斯

美国家具品牌赫曼米勒（1958 年至今）

维特拉（1958 年至今）

## 每达椅（Meda Chair）

**1996**

阿尔贝托·梅达

维特拉（1996 年至今）

**GJ椅**

**1963**

格蕾特·雅尔克（Grete Jalk, 1920—2006年）

家具制造商波尔·耶珀森（Poul Jeppesen, 1963年）

丹麦家具品牌 Lange Production（2008年至今）

**274**

**NXT 椅**

彼得·卡尔夫（Peter Karpf, 1940 年— ）

制造商 Iform（1986 年至今）

# 1986

**塔特林扶手椅（Tatlin Armchair）**

弗拉基米尔·塔特林（Vladimir Tatlin, 1885—1953 年）

尼可尔国际公司（Nikol Internazionale, 1927 年）

**1927**

**1929**

布尔诺椅

路德维希·密斯·凡·德·罗

莉莉·瑞希（Lilly Reich, 1885—1947年）

柏林约瑟夫·穆勒五金公司（1929—1930年）

贝格五金公司（1931年）

诺尔（1960年至今）

**MVS躺椅（MVS Chaise）**

马尔滕·凡·塞维恩

维特拉（2000 年至今）

**2000**

**柯布西耶躺椅**

勒·柯布西耶

皮埃尔·让纳雷

夏洛特·贝里安

索耐特兄弟（1930—1932 年）

海蒂·韦伯（1959—1964 年）

意大利家具品牌卡西纳（1965 年至今）

**1930**

**小鹿斑比椅（Bambi Chair）**

泽田武志（1977 年— ）

丹麦家具品牌 elements optimal（2015 年至今）

**2015**

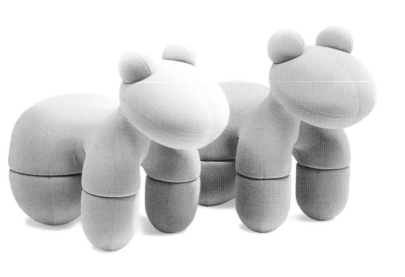

**小马椅（Pony Chair）**

艾洛·阿尼奥

家电品牌雅士高（1973—1980 年）

德国家具品牌阿德尔塔（2000 年至今）

**1973**

**郁金香椅（Tulip Chair）**

埃尔温·拉维恩

埃斯特勒·拉维恩

拉维恩国际（1960—1972 年）

**1960**

**水滴椅**

可尔内·雅各布森

丹麦家具品牌弗里茨·汉森（2014 年至今）

# 1958

## Go椅

**1998**

洛斯·拉古路夫（Ross Lovegrove, 1958 年— ）

伯恩哈特设计公司（Bernhardt Design, 1998 年至今）

**安乐椅（Easy Chair）**

乔·科伦坡（Joe Colombo, 1930—1971 年）

意大利家具品牌卡特尔（1965—1973 年、2011 年至今）

**1965**

**古董改良哥特式箱式椅（Antique Reformed Gothic Box Seat）**

设计师佚名

各式古董改良哥特式箱式椅（19 世纪 60—70 年代）

**儿童椅**

查尔斯·伊姆斯

雷·伊姆斯（Ray Eames, 1912—1988 年）

尹文斯产品公司（Evans Products Company, 1945 年）

**1945**

**菠萝椅（Piña Chair）**

亚米·海因

意大利家具品牌玛吉斯（2011 年至今）

**201**

斯特林椅（Stelline Chair）

亚历山德罗·门迪尼

米兰（Elam, 1987 年）

**1987**

**Tric椅（Tric Chair）**

1965

阿希尔·卡斯蒂廖尼

皮埃尔·加科莫·卡斯蒂廖尼（Pier Giacomo Castiglioni, 1913—1968 年）

意大利家具品牌贝尔尼尼（1965—1975 年）

家具品牌 BBB Bonacina（1975—2017 年）

**E 18折叠椅**

埃贡・艾尔曼（Egon Eiermann, 1904—1970 年）

威尔德 + 斯皮斯（Wilde + Spieth, 1953 年至今）

# 1953

**发光椅（Luminous Chair）**

1969

仓俣史朗（1934—1991 年）

限量版

**泡泡椅**

艾洛·阿尼奥

艾洛·阿尼奥原创家具公司（1968 年至今）

**1968**

**板条箱椅 (Crate Chair)**

赫里特·里特维德
梅茨公司 (1935 年)
里特维德原创公司 (Rietveld Originals, 1935 年至今)
意大利家具品牌卡西纳 (约 1974 年)

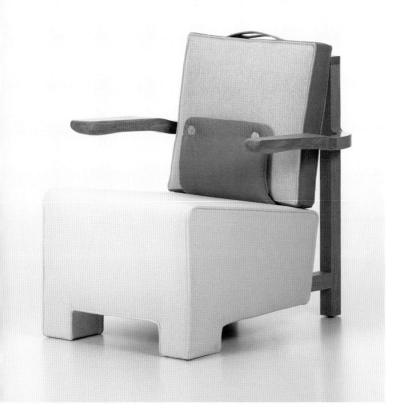

**工人扶手椅（The Worker Armchair）**

赫拉·约格利乌斯

维特拉（2006—2012 年）

**2006**

## DSC系列椅（DSC Series Chair）

贾恩卡洛·皮雷蒂（Giancarlo Piretti, 1940 年— ）

卡斯泰利（Castelli, 1965 年至今）

**1965**

**伯托埃无扶手单人椅**

哈里·伯托埃（Harry Bertoia, 1915—1978 年）

若尔（1952 年至今）

**涅槃椅（Nirvana Chair）**

内田繁（1943—2016 年）

限量版

**1981**

**Lassù 椅**

亚历山德罗·门迪尼

限量版

**1974**

**轻慢椅（Slow Chair）**

埃尔万·布劳莱克
罗南·布劳莱克
维特拉（2008 年至今）

**2008**

**DAR椅**

查尔斯·伊姆斯

蕾·伊姆斯

美国家具品牌赫曼米勒（1950 年至今）

维特拉（1958 年至今）

**1950**

**超轻椅（Light Light Chair）**

**1987**

阿尔贝托·梅达（Alberto Meda，1945 年— ）

意大利家具品牌 Alias（1987—1988 年）

**巴黎椅 (Paris Chair)**

安德烈·杜布雷伊尔 (André Dubreuil, 1951 年— )

独特的作品 (1988 年)

**1988**

**馄饨椅（Ravioli Chair）**

**2005**

格雷戈·林恩（Greg Lynn，1964 年— ）
维特拉（2005 年）

**心形圆锥椅**

维尔纳·潘顿

丹麦普拉斯－林杰公司（Plus-linje, 1959—约 1965 年）

维特拉（20 世纪 60 年代至今）

**1959**

**音乐沙龙椅**

理查德·里默施密德（Richard Riemerschmid, 1868—1957 年）

德意志手工艺作坊（Vereinigten Werkstätten für Kunst im Handwerk, 1898 年）

利伯提百货（Liberty & Co, 1899 年）

**骨骼椅（Bone Chair）**

**2006**

约里斯·拉尔曼（Joris Laarman, 1979 年— ）

限量版

## 多功能椅（Multi-Use Chair）

弗雷德里克·基斯勒（Frederick Kiesler, 1890—1965 年）

限量版

**1942**

**佐克椅（Zocker Chair）**

路易吉・克拉尼（Luigi Colani, 1928—2019 年 ）

伯克哈德・勒布克顶级系统（Top-System Burkhard Lübke, 1972 年 ）

# 1972

**罗孚椅（Rover Chair）**

罗恩·阿拉德（Ron Arad, 1951 年— ）

One Off 公司（1981—1989 年）

维特拉（2008 年）

**1981**

**伊姆斯躺椅**

查尔斯·伊姆斯

蕾·伊姆斯

美国家具品牌赫曼米勒（1956 年至今）

维特拉（1958 年至今）

**1956**

## 波昂椅（Poäng Chair）

中村登（Noboru Nakamura, 1938 年— ）

瑞典家具制造商宜家（1976 年至今）

**1976**

**拉米诺椅**

英格夫・埃克斯特伦（Yngve Ekström, 1913—1988 年）

瑞典人（Swedese, 1956 年至今）

**1956**

椅子

**1940**

马格努斯·莱索斯·斯蒂芬森（Magnus Læssøe Stephensen, 1903—1984 年）

A. J. 伊弗森（1940 年）

**大奖赛椅（Grand Prix Chair）**

阿尔内·雅各布森

丹麦家具品牌弗里茨·汉森（1957 年至今）

**1957**

**白桦 41 号扶手椅**

阿尔瓦·阿尔托（Alvar Aalto, 1898—1976 年）

阿泰克公司（Artek, 1932 年至今）

**1932**

圣保罗椅（Paulistano Chair）

保罗•门德斯•达•洛查（Paulo Mendes da Rocha, 1928—2021 年 ）

法国制造商奥比克托（Objekto, 1957 年至今）

**1957**

## S椅（S Chair）

汤姆·迪克森（Tom Dixon, 1959 年— ）
限量版（1987 年）
意大利家具品牌卡佩里尼（1991 年至今）

**1987**

**郁金香椅**

矢罗·沙里宁（Eero Saarinen, 1910—1961 年）

若尔（1956 年至今）

**1956**

### 103型儿童椅（Children's Chair Model 103）

阿尔瓦·阿尔托

制造商 O. Y. Huonekalu-ja Rakennustyötehdas Ab（20 世纪 40 年代）

**儿童椅**

理查德·萨帕

马可·扎努索

意大利家具品牌卡特尔（Kartell, 1964—1979 年）

**1964**

**阿克斯拉扶手椅（Aksla Armchair）**

格哈德·伯格（Gerhard Berg, 1927 年— ）
挪威家具品牌思多嘉儿（Stokke, 1960 年）

**1960**

**副驾驶椅（Copilot Chair）**

阿斯格·索伯格（Asger Soelberg, 1978 年— ）

丹麦家具品牌 Dk3（2010 年至今）

**2010**

**无扶手单人吊索椅（Fionda Side Chair）**

贾斯珀·莫里森

意大利家具品牌 Mattiazzi（2013 年至今）

**2013**

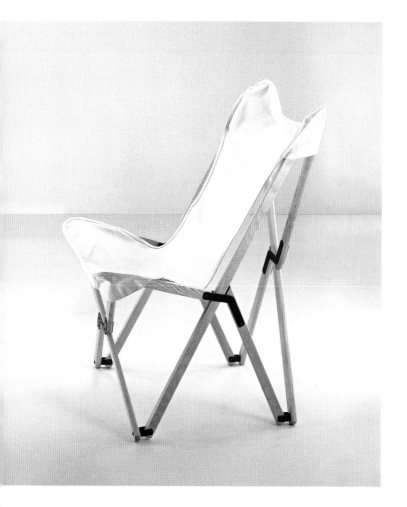

# Tripolina折叠椅

约瑟夫·贝弗利·芬比（Joseph Beverly Fenby,生卒年不详）

各式 Tripolina 折叠椅（20 世纪 30 年代）

加维纳 / 诺尔（Gavina / Knoll, 1955 年至今）

奇特里奥（Citterio, 20 世纪 60 年代至今）

约 **1855**

**菲奥伦扎椅**

**1952**

佛朗科·阿尔比尼（Franco Albini, 1905—1977 年）

意大利家具品牌 Arflex（1952 年至今）

**旅行者户外扶手椅（Traveler Outdoor Armchair）**

斯蒂芬·伯克斯（Stephen Burks, 1969 年— ）

法国家具品牌罗奇堡（Roche Bobois, 2015 年至今）

**2015**

**都铎王朝椅（Tudor Chair）**

亚米·海因

英国家具品牌 Established & Sons（2008 年至今）

**DSR椅**

查尔斯·伊姆斯

蕾·伊姆斯

真利时塑料（Zenith Plastics, 1950—1953 年）

美国家具品牌赫曼米勒（1953 年至今）

维特拉（1957 年至今）

# 1950

**畳座**

原研哉（1958 年— ）

限量版

**2008**

**手形椅**

佩德罗·弗里德伯格（Pedro Friedeberg, 1936 年— ）

何塞·贡萨雷斯（José González, 1962 年）

**1962**

**811号椅（穿孔椅背）**

约瑟夫·霍夫曼
索耐特兄弟（1930 年）

**1930**

**兰迪椅**

**1939**

又斯·科劳（Hans Coray, 1906—1991 年）

& W. 布拉特曼金属制品厂（P. & W. Blattmann metallwarenfabrick, 1939—1999 年）

METAlight 公司（1999—2001 年）

意大利家具公司扎诺塔（1971—2000 年）

维特拉（2013 年至今）

**椒盐卷饼椅（Pretzel Chair）**

**1957**

乔治·尼尔森
美国家具品牌赫曼米勒（1957—1959 年）
维特拉（2008 年）

334

**翻边椅（Revers Chair）**

安德里亚·布兰齐（Andrea Branzi, 1938 年— ）
意大利家具品牌卡西纳（1993 年）

# 1993

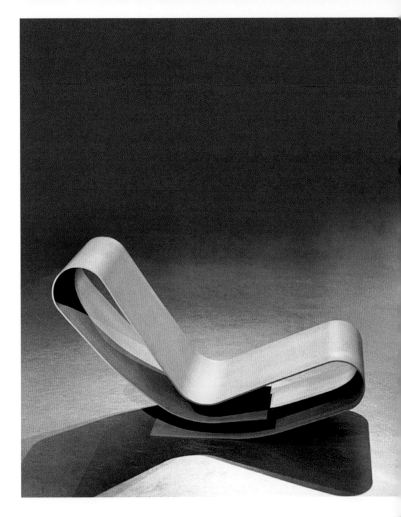

**LC95A椅（LC95A Chair）**

马尔滕·凡·塞维恩

马尔滕·凡·塞维恩家居公司（1995—1999 年）

Top Mouton（1999 年至今）

**1995**

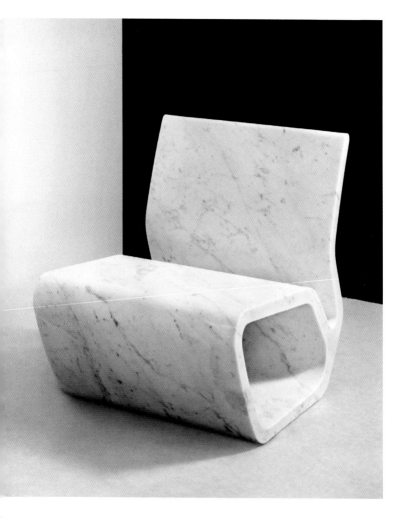

**齐压椅 ( Extruded Chair )**

马克·纽森

限量版

**2007**

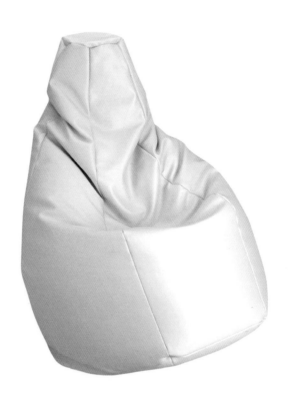

## 萨科豆袋椅

皮耶罗·加蒂（Piero Gatti, 1940 年— ）

切萨雷·保利诺（Cesare Paolino, 1937—1983 年）

弗兰科·特奥多罗（Franco Teodoro, 1939—2005 年）

意大利家具公司扎诺塔（1968 年至今）

**1968**

338

**杰特森椅（Jetson Chair）**

布鲁诺·马松（Bruno Mathsson，1907—1988 年）

瑞典家具品牌 Dux（1969 年至今）

# 1969

**蝴蝶椅**

**1938**

安东尼奥·博内特（Antonio Bonet, 1913—1989 年）

乔治·法拉利 – 哈多伊（Jorge Ferrari-Hardoy, 1914—1977 年）

胡安·库昌（Juan Kurchan, 1913—1975 年）

阿泰克 – 帕斯科（Artek-Pascoe, 1938 年）

诺尔（1947—1973 年）

库埃罗设计（Cuero Design, 2017 年至今）

**纺织花园折叠椅**

设计师佚名

各式纺织花园折叠椅（19 世纪 50 年代至今）

**马拉泰斯塔椅（Malatesta Chair）**

埃托雷·索特萨斯（Ettore Sottsass, 1917—2007 年）

意大利家具品牌 Poltronova（1970 年）

**1970**

## 马格丽塔椅 (Margherita Chair)

弗朗科·阿尔比尼

博纳奇纳 (Bonacina, 1951 年至今)

**1951**

**波茨坦花园椅**

**1825**

卡尔·弗里德里希·申克尔（Karl Friedrich Schinkel, 1781—1841 年）

塞纳胡特皇家铸铁厂（Royal cast-iron works Saynerhütte, 1825—1900 年）

**PK22 椅**

保罗·克耶霍尔姆

丹麦家具制造商埃文德·科尔德·克里斯滕森（Ejvind Kold Christensen, 1956—1982 年）

丹麦家具品牌弗里茨·汉森（1982 年至今）

**1956**

**伊娃躺椅（Eva Lounge Chair）**

**1934**

布鲁诺·马松（Bruno Mathsson, 1907—1988 年）

卡尔·马松公司（Firma Karl Mathsson, 1934—1966 年）

瑞典家具品牌 Dux（1966 年）

布鲁诺·马松国际公司（Bruno Mathsson International, 1942 年至今）

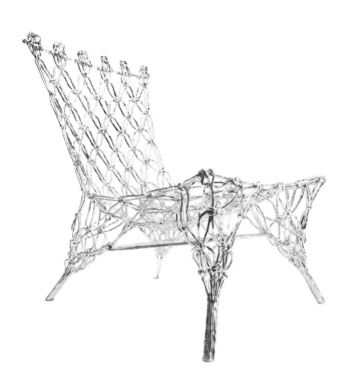

**结绳椅（Knotted Chair）**

马塞尔·万德斯（Marcel Wanders, 1963 年— ）

楚格设计（1996 年）

意大利家具品牌卡佩里尼（1996 年至今）

**1996**

**BA椅**

欧内斯特·雷斯（Ernest Race, 1913—1964 年）

雷斯家具（Race Furniture, 1945 年至今）

**1945**

**绳索椅 ( Cord Chair )**

endo 建筑与设计工作室

藤大

本家具品牌马鲁尼 ( 2009 年至今 )

**2009**

**UP 系列扶手椅**

**1969**

盖塔诺·佩思（Gaetano Pesce, 1939 年— ）

意大利家具制造商 B&B Italia（1969—1973 年、2000 年至今）

**子宫椅**

埃罗·沙里宁

诺尔（1948 年至今）

**1948**

**银椅（Silver Chair）**

维科·马吉斯特雷蒂

意大利家具品牌德·帕多华（1989 年至今）

1989

**盒椅（Box Chair）**

恩佐·马里

开斯泰利（1976—1981 年）

意大利家具品牌德里亚德（Driade, 1996—2000 年）

**1976**

**折叠椅**

**1929**

让·普鲁维（Jean Prouvé, 1901—1984 年）

让·普鲁维工厂（Ateliers Jean Prouvé, 1929 年）

**克里斯莫斯椅**

特伦斯 • 罗布斯约翰 – 吉宾斯（Terence Robsjohn-Gibbings, 1905—1976）

雅典的萨里迪斯（Saridis of Athens, 1961 年至今）

**1937**

**库布斯扶手椅**

约瑟夫 · 霍夫曼

弗朗茨 · 维特曼家具工坊（1973 年至今）

**月亮有多高扶手椅**

仓俣史朗

日本家具品牌 Terada Tekkojo（1986 年）

日本家居品牌 IDÉE（1987—1995 年）

维特拉（1987 年至今）

**1986**

**整体花园椅（Monobloc Garden Chair）**

**1981**

设计师佚名

各式整体花园椅（1981 年至今）

**植物堆叠椅（Vegetal Stacking Chair）**

矣尔万·布劳莱克

罗南·布劳莱克

维特拉（2009 年至今）

**2009**

**664号喜来登椅（Sheraton Chair 664）**

罗伯特 • 文丘里（Robert Venturi, 1925 年— ）

诺尔（1984—1990 年）

**1984**

**斯卡贝罗椅**

被认为是朱利亚诺·达·马亚诺（Giuliano da Maiano，1432—1490 年）

和贝内代托·达·马亚诺（Benedetto da Maiano，1442—1497 年）工作室所作

制作者佚名

约 **1489—1491**

**月神椅（Selene Chair）**

维科·马吉斯特雷蒂

意大利灯具品牌阿特米德（1969—1972 年）

赫勒公司（Heller, 2002—2008 年）

**1969**

**朱诺椅（Juno Chair）**

詹姆斯·欧文

意大利家具品牌 Arper（2012 年至今）

**2012**

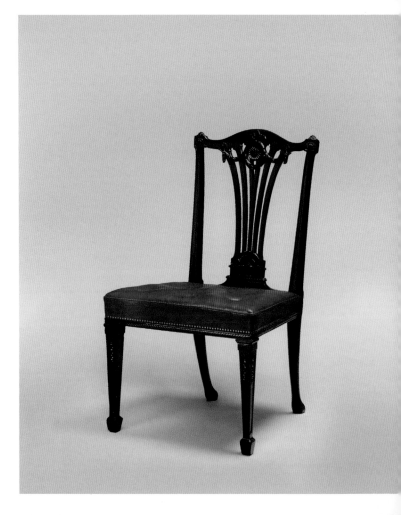

**无扶手单人椅**

托马斯·奇彭代尔（Thomas Chippendale, 1718—1779 年）

各式无扶手单人椅（18 世纪中期至今）

00 天 100 把椅子（100 Chairs in 100 Days）

**2006**

蒂诺·甘珀（Martino Gamper, 1971 年— ）

特的作品（2006 年至今）

**黏土无扶手单人椅**

2006

马尔滕·巴斯（Maarten Baas, 1978 年— ）

荷兰 Den Herder Production House 公司（2006 年至今）

**银杏椅(Ginkgo Chair)**

克劳德·拉兰纳(Claude Lalanne, 1925 年— )

限量版

**1997**

**聚丙烯堆叠椅（Polypropylene Stacking Chair）**

罗宾·戴（Robin Day, 1915—2010 年）

英国制造商 Hille Seating（1963 年至今）

**1963**

亚麻椅（Flax Chair）

克里斯蒂安·梅因德斯玛（Christien Meindertsma, 1980 年— ）

荷兰家具品牌 Label Breed（2016 年至今）

**2016**

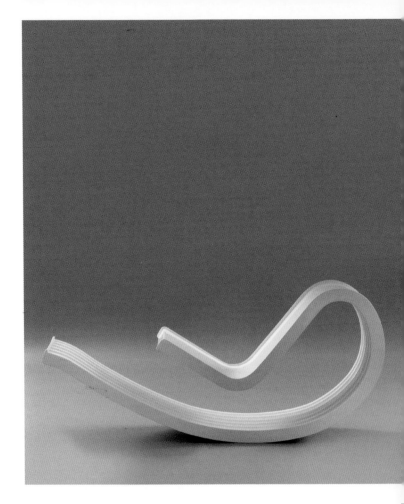

**唐多洛摇椅（Dondolo Rocking Chair）**

**196** 7

切萨雷·列奥纳迪（Cesare Leonardi, 1935 年— ）

弗兰卡·斯塔吉（Franca Stagi, 1937—2008 年）

意大利家具品牌贝尔尼尼（1967—1970 年）

贝拉托（Bellato, 1970—约 1975 年）

**36号躺椅**

布鲁诺·马松

布鲁诺·马松国际公司（1936 年—20 世纪 50 年代、20 世纪 90 年代至今）

## 1936

**939 型号椅（Model No. 939）**

雷·科迈（Ray Komai, 1918—2010 年）

J. G. 家具系统（J. G. Furniture Systems, 1950—1955 年、1987—1988 年）

**1950**

**桶椅 (Tonneau Chair)**

皮埃尔·瓜里切 (Pierre Guariche, 1926—1995 年)

斯泰纳 (Steiner, 1953—1954 年)

# 1953

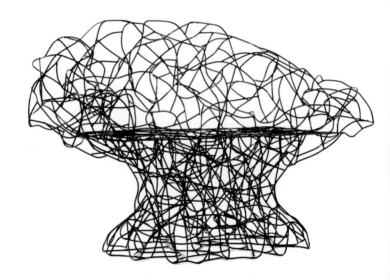

**珊瑚椅（Corallo Chair）**

**2006**

坎帕纳兄弟

费尔南多·坎帕纳

翁贝托·坎帕纳

意大利家具品牌 Edra（2006 年）

**鸟椅**

哈里·伯托埃

诺尔（1952 年至今）

**1952**

**种植园椅**

设计师佚名
各式种植园椅（19 世纪晚期至今）

**变形图书馆椅**

设计师佚名

各种变形图书馆椅（18 世纪末—19 世纪末）

约**1870**

**LCW椅**

查尔斯·伊姆斯

蕾·伊姆斯

伊文斯产品公司（1945—1946年）

美国家具品牌赫曼米勒（Herman Miller, 1946—1957年、1994年至今）

维特拉（1958年至今）

**1945**

**堆叠椅**

马歇尔·布劳耶

风车家具公司（Windmill Furniture, 1937 年）

**1937**

**舌头椅**

阿尔内·雅各布森

丹麦家具品牌 Howe（2013 年至今）

**1955**

**莫里诺办公室椅（Chair for Mollino Office）**

卡罗·莫里诺

阿佩利和瓦雷西奥（Apelli & Varesio, 1959 年）

意大利家具品牌扎诺塔（1985 年）

**1959**

**布拉格椅**

**1930**

约瑟夫·霍夫曼

索耐特兄弟（1930—1953 年）

捷克弯曲木家具公司 TON （Továrna Ohýbaného Nábytku, 1953 年至今）

382

**米拉椅（Milà Chair）**

亚米 · 海因

意大利家具品牌玛吉斯（2016 年至今）

**2016**

**超自然椅**

洛斯·拉古路夫

莫罗索(2005年至今)

**铝制椅(Aluminum Chair)**

乔纳森·奥利瓦雷斯(Jonathan Olivares, 1981 年— )

若尔(2012 年至今)

**2012**

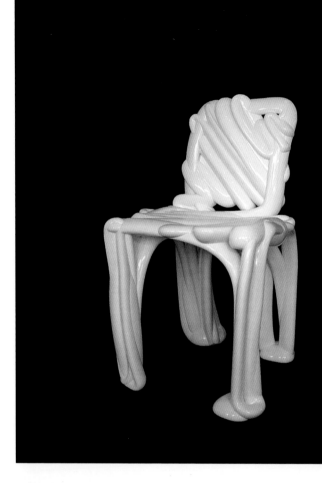

## 草图椅（Sketch Chair）

**2005**

Front 设计工作室（Front Design）
索菲娅·拉格科威斯特（Sofia Lagerkvist, 1972 年— ）
安娜·林德格林（Anna Lindgren, 1974 年— ）
限量版

**386**

**铸铁花园椅**

设计师佚名

各式铸铁花园椅（19 世纪中期至今）

## 霍迪尼椅（Houdini Chair）

史蒂芬·迪兹（Stefan Diez, 1971 年— ）

德国家具品牌 e15（2009 年至今）

**2009**

**儿童椅**

尹隆卡·卡拉斯 (Ilonka Karasz, 1896—1981 年)

限量版

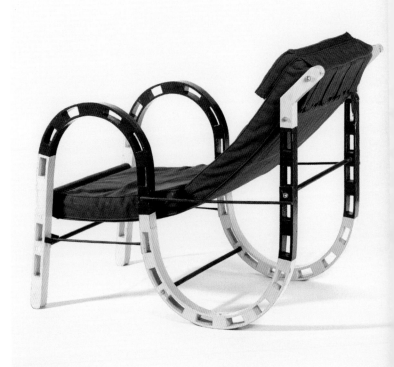

**折叠吊床椅**

艾琳·格雷
原型设计

**1938**

**Teodora 椅**

埃托雷·索特萨斯

维特拉（1984 年）

# 1984

**藤椅（Rattan Chair）**

剑持勇

日本山川藤公司（Yamakawa Rattan, 1961 年至今）

**1961**

**Equipale 椅**

设计师佚名

墨西哥式 Equipale 椅（约 13 世纪至今）

**空气椅（Air Chair）**

贾斯珀·莫里森

意大利家具品牌玛吉斯（2000 年至今）

**2000**

**每里贝尔椅（Méribel Chair）**

夏洛特·贝里安

斯蒂芬·西蒙画廊（20 世纪 50 年代）

约 **1950**

### 锥形椅

维尔纳·潘顿

丹麦普拉斯－林杰公司（Plus-linje, 1958—1963 年）

多特玛（Polythema, 1994—1995 年）

维特拉（2002 年至今）

1958

**玫瑰椅（Rose Chair）**

梅田正德（1941 年— ）

意大利家具品牌 Edra（1990 年至今）

**1990**

## 切斯特菲尔德扶手椅

设计师佚名

各式切斯特菲尔德扶手椅（18 世纪至今）

**滑动椅（Slip Chair）**

美国 Snarkitecture 设计工作室

丹尼尔·阿尔沙姆（Daniel Arsham, 1980 年— ）

亚历克斯·穆斯顿（Alex Mustonen, 1981 年— ）

葡萄牙 UVA 公司（2017 年至今）

**2017**

**青铜保利椅（Bronze Poly Chair）**

马克斯·兰姆（Max Lamb, 1980 年— ）

独特的作品（2006 年至今）

**2006**

**斯卡诺椅（Scagno Chair）**

朱塞佩·特拉尼（Giuseppe Terragni, 1904—1943 年）

意大利家具品牌扎诺塔（1972 年至今）

**1936**

**纸鹤椅（Orizuru Chair）**

奥山清行（1959 年— ）
日本家具品牌天童木工（2008 年至今）

**Z形椅**

赫里特·里特维德

杰拉德·凡·德·格罗内坎公司（1934—1973 年）

梅茨公司（Metz & Co., 1935—约 1955 年）

意大利家具品牌卡西纳（1973 年至今）

**1934**

**Saiba无扶手单人椅（Saiba Side Chair）**

深泽直人
盖革（2016 年至今）

**2016**

**有机椅**

# 1940

查尔斯·伊姆斯（Charles Eames, 1907—1978 年）

埃罗·沙里宁（Eero Saarinen, 1910—1961 年）

［哈斯克精英制造公司（Haskelite Manufacturing Corporation）、海伍德－韦克菲尔德公司（Heywood-Wakefield Company）和玛丽·埃尔曼（Marli Ehrman）］（1940 年）

维特拉（2005 年至今）

**震颤派板条椅**

罗伯特·瓦贡弟兄（Brother Robert Wagon, 1833—1883 年）

RM Wagan 公司（约 19 世纪 60 年代—1947 年）

**预言者餐椅** 4009（Predictor Dining Chair 4009）

**1951**

保罗·麦科布

奥赫恩家具（O' Hearn Furniture, 1951—1955 年）

**肯尼椅（Kenny Chair）**

2013

伦敦 Raw Edges 设计工作室
谢伊·阿尔卡莱（Shay Alkalay, 1976 年— ）
雅艾尔·梅尔（Yael Mer, 1976 年— ）
莫罗索（2013 年至今）

**橘瓣椅**

皮埃尔·鲍林（Pierre Paulin, 1927—2009 年）

荷兰家具品牌爱迪佛脱（1960 年至今）

**1960**

**表演椅（Showtime Chair）**

亚米·海因

BD 巴塞罗那设计公司（2007 年至今）

**2007**

**特龙库椅（Tronco Chair）**

**2016**

工业设施工作室

金姆·科林

萨姆·赫特

意大利家具品牌 Mattiazzi（2016 年至今）

## 眨眼椅（Wink Chair）

喜多俊之（1942 年— ）

意大利家具品牌卡西纳（1980 年至今）

**1980**

## 宴会椅（Banquete Chair）

坎帕纳兄弟

费尔南多·坎帕纳

翁贝托·坎帕纳

限量版

**2002**

**40/4型椅**

戴维·罗兰（David Rowland, 1924—2010 年）

通用防火公司（General Fireproofing Company, 1964 年—约 20 世纪 70 年代）

丹麦家具品牌 Howe（1976 年至今）

**牛津椅**

阿尔内·雅各布森

丹麦家具品牌弗里茨·汉森（1965 年至今）

**1965**

## 安东尼椅

让·普鲁维

让·普鲁维工厂（1954—1956 年）

斯蒂芬·西蒙画廊（1954—约 1965 年）

维特拉（2002 年至今）

**1954**

**贝壳椅CH07**

义斯·韦格纳

尔·汉森父子公司（1998 年至今）

**1963**

417

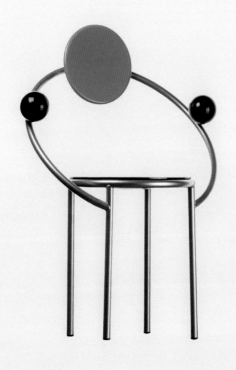

## 第一把椅子（First Chair）

米歇尔·德·卢奇（Michele De Lucchi, 1951 年— ）

孟菲斯（Memphis, 1983—1987 年）

**1983**

**B32塞斯卡椅**

马歇尔·布劳耶

索耐特兄弟（1929—1976 年）

加维纳 / 诺尔（1962 年至今）

维也纳索耐特兄弟（1976 年至今）

**1929**

**小河狸椅（Little Beaver Chair）**

弗兰克·盖里

维特拉（1987 年至今）

**1987**

**破布椅（Rag Chair）**

特霍·雷米（Tejo Remy, 1960 年— ）

楚格设计（Droog Design, 1991 年至今）

**1991**

**折叠导演椅**

约**1900**

设计师佚名

各式折叠导演椅（约 1900 年至今）

422

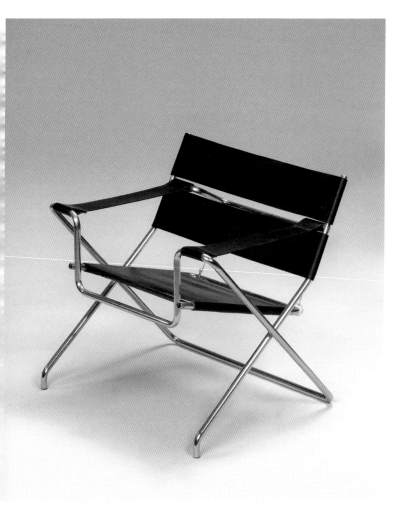

**B4 折叠椅**

马歇尔·布劳耶

德国标准家具公司（1927—1928 年）

**1927**

**布兰卡椅（Branca Chair）**

**2010**

工业设施工作室
金姆·科林
萨姆·赫特
意大利家具品牌 Mattiazzi（2010 年至今）

**羚羊椅**

欧内斯特·雷斯

雷斯家具（1951 年至今）

**1951**

### 圣卢卡椅（Sanluca Chair）

阿希尔·卡斯蒂廖尼

皮埃尔·加科莫·卡斯蒂廖尼

加维纳 / 诺尔（1960—1969 年）

意大利家具品牌贝尔尼尼（1990 年至今）

柏秋纳·弗洛（2004 年至今）

**1960**

**PP 19熊爸爸椅**

汉斯·韦格纳

AP Stolen（1951—1969 年）

丹麦细木工坊 PP Møbler（1953 年至今）

**1951**

**Stak-A-Bye椅**

哈里·塞贝尔 (Harry Sebel, 1915—2008 年)

塞贝尔家具有限公司 (Sebel Furniture Ltd, 1947—1958 年)

**1947**

**堆叠椅**

罗伯特·马莱特 – 史蒂文斯（Robert Mallet-Stevens, 1886—1945 年）

Tubor 公司（20 世纪 30 年代）

德·考塞（De Causse, 约 1935—1939 年）

国际差距公司（1980 年至今）

# 1930

**43号躺椅**

阿尔瓦·阿尔托

阿泰克公司（1937 年至今）

**1937**

**61 型蚱蜢椅（Grasshopper Chair, Model 61）**

埃罗·沙里宁

诺尔（1946—1965 年）

美国家具品牌 Modernica（1995 年至今）

**1946**

**无扶手单人椅**

弗兰克·劳埃德·赖特

约翰·W.艾尔斯（John W. Ayers, 1901 年）

**1901**

**奇子**

欠内斯特・吉姆森（Ernest Gimson, 1864—1919 年）

欠内斯特・吉姆森工作室（Ernest Gimson Workshop, 1895—1904 年）

爱德华・加德纳（Edward Gardiner, 约 1904 年—20 世纪 50 年代）

约维尔・尼尔（Neville Neal, 20 世纪 50—70 年代）

**1895**

## CL9飘带椅（Ribbon Chair CL9）

切萨雷·列奥纳迪（Cesare Leonardi, 1935 年— ）
弗兰卡·斯塔吉（Franca Stagi, 1937—2008 年）
意大利家具品牌贝尔尼尼（1961—1969 年）
宜科（Elco, 1969 年）

434

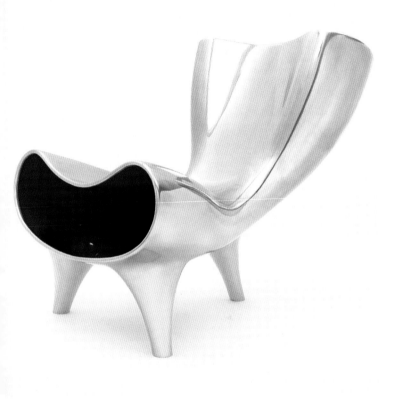

**生命力椅（Orgone Chair）**

马克·纽森

力夫勒公司（Löffler GmbH, 1993 年至今）

**1993**

**的里雅斯特折叠椅（Trieste Folding Chair）**

皮兰杰拉・达尼洛（Pierangela D' Aniello, 1939 年— ）

阿尔多・雅各布（Aldo Jacober, 1939 年— ）

巴扎尼（Bazzani, 1966 年）

**1966**

**皮亚纳椅（Piana Chair）**

戴维·奇普菲尔德（David Chipperfield, 1953 年— ）

阿莱西（Alessi, 2011 年至今）

**2011**

**休闲椅**

**1957**

坂仓准三（1901—1969 年）

日本家具品牌天童木工（1957 年—约 20 世纪 60 年代）

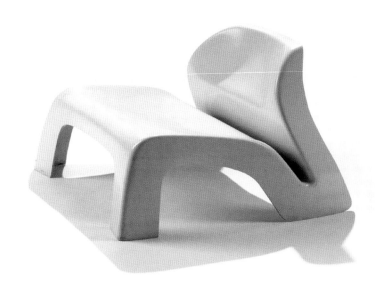

**花园派对椅（Garden Party Chair）**

路易吉·克拉尼（Luigi Colani, 1928—2019 年）

海因茨·埃斯曼 KG（Heinz Essmann KG, 1967 年）

**1967**

## 反叛椅（Revolt Chair）

弗里索·克莱默（Friso Kramer, 1922—2019 年）

荷兰阿伦特·德·切克尔公司（Ahrend de Cirkel, 1953 年、1958—1982 年）

阿伦特（Ahrend, 2004 年至今）

## 贝壳椅（Shell Chair）

**2004**

巴布尔与奥斯戈比公司（Barber & Osgerby）
爱德华·巴布尔（Edward Barber, 1969 年— ）
杰·奥斯戈比（Jay Osgerby, 1969 年— ）
伦敦伊索康 Plus 家具公司（2004 年）

**海费利椅（haefeli Chair）**

马克斯·恩斯特·海费利（Max Ernst Haefeli, 1901—1976 年）

瑞士家具制造商 horgenglarus（1926 年至今）

**1926**

**卢西奥・科斯塔椅（Lúcio Costa Chair）**

**1956**

塞尔吉奥・罗德里格斯（Sérgio Rodrigues，1927—2014 年）

Oca（1956 年）

林巴西尔（LinBrasil，2001 年至今）

**Distex躺椅**

**1953**

吉奥·蓬蒂（Gio Ponti, 1891—1979 年）

意大利家具品牌卡西纳（1953—1955 年）

**访客扶手椅（Visiteur Armchair）**

让·普鲁维

让·普鲁维工厂（1942 年）

**1942**

445

**波洛克老板椅**

查尔斯·波洛克（Charles Pollock, 1930—2013 年）

诺尔（1965 年至今）

**1965**

446

**Ypsilon 椅**

克劳迪奥·贝里尼（Claudio Bellini, 1963 年— ）
马里奥·贝里尼
维特拉（1998—2009 年）

**1998**

**帕里什椅(Parrish Chair)**

康斯坦丁·格尔齐茨

电机设备公司(2012 年至今)

**2012**

**劳埃德织机 64 型扶手椅（Lloyd Loom Model 64 Armchair）**

约 **1930**

吉姆·勒斯蒂（Jim Lusty，生卒年不详）

勒斯蒂的劳埃德织机（Lusty's Lloyd Loom，约 1930 年至今）

**思想者椅（Thinking Man's Chair）**

贾斯珀·莫里森

意大利家具品牌卡佩里尼（1988 年至今）

**1988**

450

**机器座椅**

约瑟夫 • 霍夫曼

J. & J. 柯恩(约 1905—1916 年)

弗朗茨 • 维特曼家具工坊(1997 年至今)

**PP 501椅**

**1949**

汉斯·韦格纳

约翰内斯·汉森（1949—1991年）

丹麦细木工坊 PP Møbler（1991年至今）

452

**广岛扶手椅**

**2008**

深泽直人

日本家具品牌马鲁尼（Maruni Wood Industry, 2008 年至今）

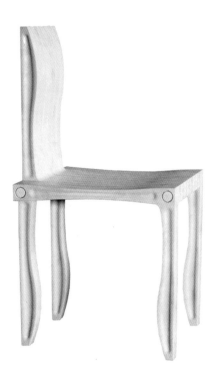

**10单元系统椅（10-Unit System Chair）**

坂茂

阿泰克公司（2009年至今）

**2009**

454

**合成 45 椅（Synthesis 45 Chair）**

埃托雷·索特萨斯

意大利奥利维蒂公司（Olivetti，1972 年）

**1972**

**剪刀椅（Scissor Chair）**

皮埃尔·让纳雷

诺尔（1948—1966 年）

**1948**

**藤椅**

设计师佚名

印度加尔各答的中国木匠（20 世纪初）

**贝尔维尤椅（Bellevue Chair）**

安德烈·布洛克（André Bloc, 1896—1966 年）

限量版

**碳椅（Carbon Chair）**

贝特扬 • 波特（Bertjan Pot, 1975 年— ）

马塞尔 • 万德斯

荷兰设计品牌 Moooi（2004 年至今）

**2004**

### Costes椅

菲利普·斯塔克（Philippe Starck, 1949 年— ）

意大利家具品牌德里亚德（1985 年至今）

**儿童椅**

克里斯蒂安·维德尔 (Kristian Vedel, 1923—2003 年)

丹麦家具制造商托本·奥尔斯科夫 (Torben Orskov, 1957 年)

建筑师制造 (Architectmade, 2008 年至今)

**1957**

**45号椅**

**1945**

芬·居尔

尼尔斯·沃戈尔（1945—1957 年）

丹麦家具品牌 Onecollection（2003 年至今）

462

**B35 躺椅**

马歇尔·布劳耶

索耐特兄弟（1929—约 1939 年、约 1945—1976 年）

索耐特（1976 年至今）

**1929**

**371号椅（Chair No. 371）**

约瑟夫 • 霍夫曼

J. & J. 柯恩（1906—1910 年）

**1906**

**素莱之家的椅子**（Chair from Casa del Sole）

卡罗·莫里诺

埃托雷·卡纳利（Ettore Canali, 1953 年）

**1953**

**德拉沃尔美术馆椅(De La Warr Pavilion Chair)**

**2006**

巴布尔与奥斯戈比公司

爱德华·巴布尔

杰·奥斯戈比

英国家具品牌 Established & Sons(2006 年至今)

**中国四出头官帽椅**

设计师佚名

各式四出头官帽椅（约 11 世纪至今）

约 **11** 世纪

**联合国躺椅（UN Lounge Chair）**

赫拉·约格利乌斯

维特拉（2013 年）

**2013**

**无扶手单人椅**

亚历山大·吉拉德（Alexander Girard, 1907—1993 年）

美国家具品牌赫曼米勒（1967—1968 年）

**1967**

**詹尼躺椅 (Genni Lounge Chair)**

加布里埃莱·穆基 (Gabriele Mucchi, 1899—2002 年)

克列斯比,埃米利奥·皮纳 (Crespi, Emilio Pina, 1935 年)

意大利家具公司扎诺塔 (Zanotta, 1982 年至今)

**1935**

**雪橇椅**

沃德·班尼特

布里克尔联合公司（1966—1993 年）

盖革（1993 年、2004 年至今）

**1966**

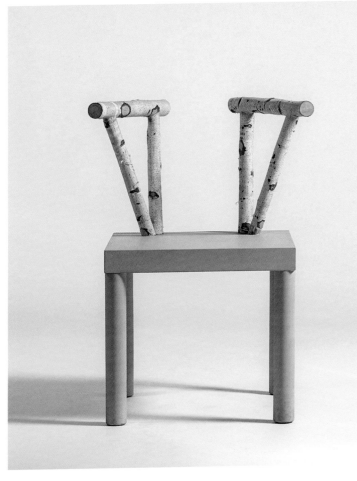

**驯养动物椅（Domestic Animal Chair）**

安德里亚·布兰齐

Zabro（1985 年）

**贫民窟椅**

坎帕纳兄弟

费尔南多·坎帕纳

翁贝托·坎帕纳

意大利家具品牌 Edra（2002 年）

**2002**

**安乐椅（Fauteuil de Salon Chair）**

让·普鲁维

让·普鲁维工厂（1939 年）

维特拉（约 2002 年至今）

**474**

**尼可拉椅（Niccola Chair）**

安德里亚·布兰齐

意大利家具公司扎诺塔（1992—2000 年）

**1992**

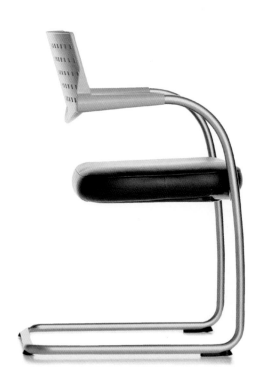

**面对面椅（Visavis Chair）**

安东尼奥·奇特里奥

格伦·奥利弗·勒夫（Glen Oliver Löw, 1959 年— ）

维特拉（1992 年至今）

476

**1992**

**圣·埃利亚椅（Sant' Elia Chair）**

朱塞佩·特拉尼

意大利家具品牌扎诺塔（1970 年至今）

**1936**

**4875椅(4875 Chair)**

卡洛·巴托利(Carlo Bartoli, 1931 年一　)
意大利家具品牌卡特尔(1974—2011 年)

**1974**

**奥索椅（Osso Chair）**

埃尔万·布劳莱克
罗南·布劳莱克
意大利家具品牌 Mattiazzi（2011 年至今）

**2011**

**托尼塔椅（Tonietta Chair）**

**1985**

恩佐·马里

意大利家具公司扎诺塔（1985 年至今）

**ga椅（ga chair）**

汉斯·贝尔曼（Hans Bellmann, 1911—1990 年）
瑞士家具制造商 horgenglarus（1954 年至今）

**1954**

**躺椅**

皮埃尔·让纳雷
当地工匠（1955 年）

**1955**

**286纺锤式长椅（286 Spindle Settee）**

古斯塔夫·斯蒂克利

斯蒂克利（1905—约 1910 年、1989 年至今）

**1905**

**699型超轻椅**

吉奥·蓬蒂

意大利家具品牌卡西纳（1957年至今）

**拉莱格拉椅（Laleggera Chair）**

里卡多·布鲁默（Riccardo Blumer, 1959 年— ）

意大利家具品牌 Alias（1996 年至今）

**1996**

**软椅（Soft Chaise）**

沃纳·艾斯林格（Werner Aisslinger, 1964 年— ）

意大利家具公司扎诺塔（2000 年）

**2000**

**桑多椅（Sandows Chair）**

勒内·赫布斯特（René Herbst, 1891—1982 年）

勒内·赫布斯特商行（Établissements René Herbst, 1929—1932 年）

新形式公司（Formes Nouvelles, 1965—约 1975 年）

**1929**

**Sedia 1椅**

恩佐·马里（Enzo Mari, 1932—2020 年）

原型设计（1974 年）

阿泰克公司（2010 年至今）

**488**

**1974**

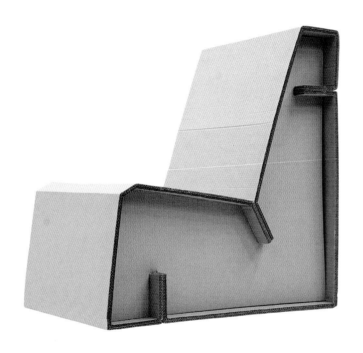

**纸板椅（Cardboard Chair）**

**1975**

亚历山大·埃尔莫拉耶夫（Alexander Ermolaev, 1941 年— ）

全苏工业设计科学研究院（VNIITE, 1975 年）

**竖琴椅**

**1968**

约尔根·赫维尔斯科夫（Jørgen Høvelskov, 1935—2005 年）

克里斯滕森和拉森手工模型制造（Christensen & Larsen Møbelhåndværk, 1968—2010 年）

科赫设计（Koch Design, 2010 年至今）

## 脊体椅（Spine Chair）

安德烈·杜布雷伊尔（André Dubreuil, 1951 年— ）

安德烈·杜布雷伊尔装饰艺术（André Dubreuil Decorative Arts, 1986 年）

塞科蒂·科莱齐奥尼（Ceccotti Collezioni, 1988 年至今）

**1986**

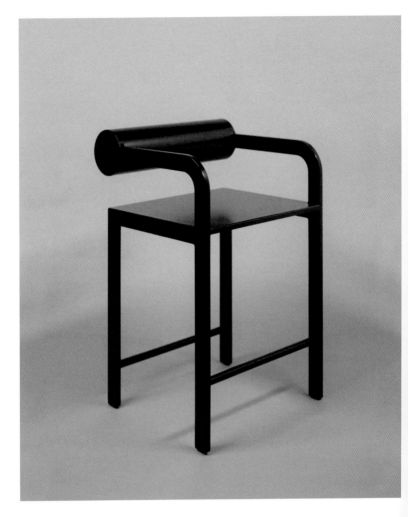

**圆筒椅背扶手椅（Cylinder Back Armchair）**

**2015**

奥田慎（1971 年— ）
Waka Waka 设计工作室（2015 年至今）

## Due Più椅（Due Più Chair）

南达·维戈（Nanda Vigo, 1936 年—　）
康科尼（Conconi, 1971 年）

**1971**

**桑登椅（Thornden Chair）**

古斯塔夫·斯蒂克利

斯蒂克利（1901 年）

**1901**

**米兰椅（Milano Chair）**

阿尔多·罗西（Aldo Rossi, 1931—1997 年）

意大利家具品牌 Molteni&C（1987 年至今）

**1987**

**叔叔椅（Uncle Chair）**

弗朗兹·韦斯特（Franz West, 1947—2012 年）

独特的作品（2002—2010 年）

**2002**

# 美国草坪椅（American Lawn Chair）

设计师佚名

各式美国草地椅（20 世纪 40 年代至今）

**锤柄椅（Hammer Handle Chair）**

沃顿·埃谢里克（Wharton Esherick, 1887—1970 年）

沃顿·埃谢里克工作室（Wharton Esherick Studio, 1938 年—约 20 世纪 50 年代）

**1938**

**弗雷·埃吉迪奥椅（Frei Egidio Chair）**

**1987**

丽娜·柏·巴蒂

马塞洛·费拉兹（Marcelo Ferraz, 1955 年— ）

马塞洛·铃木（生卒年不详）

巴西家具品牌马塞纳里亚·巴拉乌纳（Marcenaria Baraúna, 1987 年至今）

### 313号躺椅

马歇尔·布劳耶

Embru 公司（1934 年）

**1934**

**休闲椅**

1966

理查德 • 舒尔茨 (Richard Schultz, 1926—2021 年)

诺尔 (1966—1987 年、2012 年至今)

理查德 • 舒尔茨设计 (Richard Schultz Design, 1992—2012 年)

**海岸椅（Coast Chair）**

马克·纽森

塔利亚布埃（Tagliabue, 1998 年）

意大利家具品牌玛吉斯（2002 年）

**1998**

**帝国酒店的孔雀椅**

弗兰克·劳埃德·赖特

限量版

# 1921

**1号扶手椅**

迈克·索耐特（Michael Thonet, 1796—1871 年）

索耐特兄弟（约 1859—1934 年）

约**1859**

**大师椅（Masters Chair）**

尤根尼·奎特莱特（Eugeni Quitllet, 1972 年— ）

菲利普·斯塔克

意大利家具品牌卡特尔（2010 年至今）

**2010**

# 时间线

## ❶❶❶❶
**中国四出头官帽椅**，约 11 世纪

设计师佚名

各式四出头官帽椅（约 11 世纪至今）

见第 467 页

中国四出头官帽椅至少可以追溯到 11 世纪，其修长的轮廓和优雅的比例适用于现代室内设计。现存最早的中国四出头官帽椅制作于明朝（1368—1644 年）末年，而这种形态的椅子很早就出现于其他艺术中。由于其突出的搭脑，这种椅子在中国被称为"官帽椅"和"灯挂椅"；在西方，它由于与牛轭颇为相似而引人注目。虽然进口硬木可以打造出更纤细的形态，但是中国四出头官帽椅大多用黄花梨木（属于红木）制成。中国四出头官帽椅腿部的枨子一个比另一个高，逐渐抬高的枨子象征着官员的步步高升，而让人们可以盘腿坐着的 S 形中央背板则影响了西方风格。16 世纪时，一对中国四出头官帽椅被送给西班牙国王腓力二世（Philip Ⅱ），一个世纪之后，在安妮女王（Queen Anne）和乔治王时期的家具中出现了类似的 S 形中央背板。

## ❶❷❶❶
**Equipale 椅**，约 13 世纪

设计师佚名

各式 Equipale 椅（约 13 世纪至今）

见第 393 页

这款经典的墨西哥桶形椅在 21 世纪再次风靡。从户外餐厅到屋顶酒吧随处可见，Equipale 椅的质朴细节与有机形态的结合使人们赏心悦目。不过，它的起源要早得多。"equipal"一词源于阿兹特克语中的"icpalli"，意为"坐的地方"，这就意味着 Equipale 源于西班牙殖民之前的芦苇座椅，这种芦苇座椅曾出现在古代墨西哥布书的插图中。Equipale 椅以手工制作，用的是鞣制猪皮——从 20 世纪 60 年代留下来的椅子上可以看出——和从当地采购的木条，通常是雪松，但也有红木和月桂木。传统上，这些木条是弯曲的。手工艺人先用龙舌兰组成的格架把木条连接在一起，然后用传统的染色技术把木条染成各种独特的烟草色，从而打造出一款以弹性著称的 Equipale 椅。

## ❶❹❽❶
**萨伏那洛拉椅**，15 世纪晚期

设计师佚名

各式萨伏那洛拉椅（15 世纪末—19 世纪）

见第 45 页

15 世纪后半叶，萨伏那洛拉折叠椅流行起来，当时它被设计为古罗马贵人凳（Roman curule chair）的便携式版本。萨伏那洛拉椅也被称为 X 椅，最初简单的椅腿用一排交叉的木头制成，运输便捷，但是后来到了文艺复兴时期，它变得更加华丽。萨伏那洛拉椅通常有复杂的雕刻和座椅椅背，供抄书吏和宗教领袖使用。在设计出来很久之后，这种椅子才用 15 世纪活跃在佛罗伦萨的多明我会修士吉洛拉谟·萨伏那洛拉（Girolamo Savonarola）的名字来命名。

## ❶❹❽❾

**斯卡贝罗椅**，约 1489—1491 年

被认为是朱利亚诺·达·马亚诺和贝内代托·达·
马亚诺工作室所作

制作者佚名

见第 361 页

斯卡贝罗椅的设计以运用多种元素为特色，这
款家具不寻常且备受赞誉。设计师选择使用三
条腿，使这把椅子可以自动找平，让人想起比庄
严的斯卡贝罗椅简洁得多的座椅和凳子。由于
增加了一个高又窄的椅背，历史学家认为这
把椅子是作为展示品而设计的。座椅椅背顶部
的精美雕刻和盾形纹章表明，它很可能是为佛罗
伦萨银行家兼政治家菲利普·斯特罗齐（Filippo
Strozzi）设计的。这些雕刻和其他细节还表明，
这把斯卡贝罗椅的设计时间在 1489 年到 1491
年之间。

## ❶❻❹❶

**中国马蹄形交椅**，约 1640 年

设计师佚名

各式马蹄形交椅（约 1640—1911 年）

见第 9 页

高度复杂的中国马蹄形交椅由一系列绝妙平衡
的元素组成，圆弧围栏形成了马蹄形的椅背和扶
手，而光滑的 X 形折叠腿支撑着椅座。从抬高的
脚凳到装饰板，马蹄形交椅对细节的关注贯穿到
最细微的元素上。这把椅子精致的外形是用细
致的手艺和巧妙的细木工艺实现的。马蹄形交

椅用深色硬木制成，可以追溯到清朝，不仅功能
强大，也是权力和地位的象征。

## ❶❻❺❶

**柜椅 / 柜桌**，约 1650 年

设计师佚名

各式柜椅 / 柜桌（约 1650—1710 年）

见第 268 页

当柜椅 / 柜桌被设置成座位时，它看起来几乎像
一个宝座。引人注目的座椅椅背铰接在底座上，
向前移动形成圆形的桌面，而椅子的扶手充当桌
子长边的支撑部件。柜椅的座位也可以抬起来
变为一个抽屉，使它成为多功能设计的杰出典
范。从 17 世纪中期到 18 世纪初期，柜椅 / 柜桌
常见于美国新英格兰地区，尤其是马萨诸塞州。

## ❶❼❶❶

**切斯特菲尔德扶手椅**（Chesterfield Armchair），
18 世纪

设计师佚名

各式切斯特菲尔德扶手椅（18 世纪至今）

见第 398 页

虽然几乎没有直接证据，但据说这种英式沙发
源自由政治家兼作家、切斯特菲尔德第四任伯
爵菲利普·斯坦霍普（Philip Stanhope，1694—
1773 年）委托设计的一款有深扣式绗缝皮革软
垫的、座椅底座低矮的长椅。切斯特菲尔德扶
手椅卷曲的扶手、等高的椅背与扶手和钉头装
饰，让绅士们可以舒服地坐直而不会弄皱衣服。

在临终遗言中，伯爵命令仆人把这把椅子"给"（就是字面意思）一位朋友。不管真相如何，到19世纪，切斯特菲尔德扶手椅已经成为真皮扶手椅的代名词，而且随着英国的扩张和套房观念扩展到全球，它象征着优雅和好品味。切斯特菲尔德扶手椅曾是图书馆和绅士俱乐部的专属椅，现在变得更受欢迎，虽然如今有各种各样的面料可供选择，但是仿旧皮革仍然是永恒的经典。

## ❶750
**无扶手单人椅**，18 世纪中期

托马斯·奇彭代尔

各式无扶手单人椅（18 世纪中期至今）

见第 364 页

可以说，作为 18 世纪最重要的家具制造师，托马斯·奇彭代尔决定更多地通过家具书籍传播设计理念来发挥他的影响，而不是其位于伦敦的工作室。这种典型的无扶手单人椅满足了人们对奢侈品日益增长的需求，尤其是来自英国新兴中产阶级的需求。托马斯·奇彭代尔的主要贡献在于把法国当代洛可可风格转变为英式风格，从椅子对称的涡卷形装饰和椅背面板的其他细节雕刻中可见一斑。奇彭代尔最受欢迎的椅子是用红木制成的，它弯曲的后腿还形成了椅背。由于成功的自我营销，奇彭代尔的椅子迅速在欧洲和美洲殖民地流行起来。

## ❶760
**袋背温莎椅**，约 18 世纪 60 年代

设计师佚名

各式袋背温莎椅（约 18 世纪 60 年代至今）

见第 112 页

早期的类温莎椅可以追溯到哥特时期，但温莎椅的真正发展则始于 18 世纪。温莎椅最初在英国被设计为乡村用椅（据说是由车轮修理工设计而成的），后来曾用于农场、酒馆和花园。袋背温莎椅是个很好的设计，舒适、轻巧的椅背和宽大的椭圆形椅座浑然一体。人们认为"袋背"的名字源于椅背的形状和高度，这种椅背适合盖上"麻布袋"以抵御冬季的寒风。温莎椅利用了不同木材的特性：椅座用松木或栗木，脚档和椅腿用枫木，弯曲的部分用山胡桃木、白橡木或白蜡木。温莎椅体现了好设计的原则：这把椅子的形式和结构体现了数百年来精湛的工艺、讲究的用料、简约而不失精巧的制作和美学美感，同时满足了舒适耐用的结构要求。

## ❶780
**扇背无扶手单人椅**，约 1780 年

设计师佚名

各式扇背无扶手单人椅（18 世纪 80 年代至今）

见第 63 页

18 世纪 70 年代和 80 年代，是带有板条横杆的温莎风格椅需求量大增的时期。这种类型的扇背椅由英国殖民者引入美国，历史学家认为它最早生产于宾夕法尼亚州附近的新英格兰地区。扇背无扶手单人椅这样的椅子是一种经济又时尚的替代品，可以充分利用人工制作出来。由于消费者要求这些椅子的生产成本更低、生产速

度更快，扇背无扶手单人椅缺失了温莎椅的一些装饰元素。椅冠被简化，椅子被制成适当的高度以便于用餐。温莎扇背无扶手单人椅成了餐桌的标配，一套通常包括六把椅子。

## ❶❽❶❽

**弹性椅**，约 1808 年

塞缪尔·格拉格

塞缪尔·格拉格商店（约 1808—约 1825 年）

见第 203 页

1808 年，马萨诸塞州波士顿的塞缪尔·格拉格获得了一项联邦专利，他称之为"弹性椅"，这是基于格拉格可能在波士顿船厂或他做车轮匠的父亲那里看到过的弯曲木的新用途实现的。格拉格这种希腊克里斯莫斯风格（klismos-style）的设计灵感来自早期美国流行的古典主义运动，他还率先使用了几十年后在家具制造中才广泛应用的木材成型技术。座椅椅背和椅座的板条是用单独的蒸汽曲木技术制成的，通常用山核桃木、白蜡木或橡木，从而赋予格拉格的椅子弯曲的形状。这项专利设计包括单独的山羊蹄椅腿——后来也形成了椅背，椅子用彩绘孔雀羽毛图案装饰。虽然只有几十把弹性椅留下来，但格拉格仍然被尊为曲木的先驱，而弹性椅则成为美国家具工艺的里程碑。

## ❶❽❷❶

**震颤派摇椅**，约 1820 年

美国震颤派

各式震颤派摇椅（约 1820 年—约 19 世纪 60 年代）

见第 139 页

这款摇椅由震颤派于 19 世纪 20 年代设计，是第一款批量生产的摇椅。震颤派是基督复临信徒联合会的俗称，以将极简主义和完美主义应用于他们生产的家具而闻名。在美国独立战争之前，震颤派摇椅最初是为体弱多病者或老年人设计的，但对震颤派独特工艺的大量需求刺激了这款摇椅的生产。震颤派的设计激发了其他设计师在自己的设计中更加注重实用性。1820 年的震颤派摇椅有时也被称为"波士顿摇椅"，紧随其后的是用新技术制造的类似椅子，如 19 世纪后期迈克·索耐特设计制造的曲木摇椅。

## ❶❽❷❺

**波茨坦花园椅**，1825 年

卡尔·弗里德里希·申克尔

塞纳胡特皇家铸铁厂（1825—1900 年）

见第 344 页

随着 18 世纪早期铁产量的提升，德国建筑师卡尔·弗里德里希·申克尔设计了这把铸铁椅。申克尔的设计很容易制作，它通常由完全相同的两个部分组成，可以在同一个模具中铸造。这种座椅的设计需要将铸铁杆固定在椅子的两侧，由此催生了非常稳固的部件。铸铁杆可以是任意长度，这意味着用于生产椅子的模具也可以用于制作长凳。申克尔设计的座椅被用于皇家花园，与如今仍在当代公园和公共区域中使用的设计有着惊人的相似之处。

## ❶❽❸❺

**古董农家椅**, 约 1835 年

设计师佚名

各式古董农家椅（约 1835 年至今）

见第 261 页

1835 年左右毕德麦雅家具（Biedermeier furniture）非常流行的时候，类似这样的农家椅（Brettstuhl）在德国设计而成。毕德麦雅风格歌颂了中产阶级的崛起。在毕德麦雅运动的早期阶段，手工艺人倾向于生产低调克制的家具，只有极少的装饰，但是随着时间的推移，这种情况有所改变。农家椅通常用当地可获取的材料制作，比如坚实的樱桃木和梨木。然后，木材被染色，以仿制如红木等更昂贵的材料，并进行精抛光。

## ❶❽❹❶

**震颤派转椅**, 约 1840 年

美国震颤派

各式震颤派转椅（约 1840—1870 年）

见第 183 页

由于把禁欲主义和献身精神运用到生活的各个方面，新英格兰震颤派运动声名远扬。对禁欲主义和献身精神的运用延伸到了震颤派家具上，表现为追求高质量的结构，并去掉不必要的装饰。通过最大限度地利用自己生产的每一件物品，震颤派教徒为家具设计做出了许多创新，包括这把转椅的模型。这种椅子用美国当地的木材手工制作，并用于震颤派社区的商店。震颤派转椅也被称为旋转凳，成为现代办公椅的先驱。

## 震颤派无扶手单人椅, 约 1840 年

美国震颤派

各式震颤派无扶手单人椅（约 1840—1870 年）

见第 72 页

美国震颤派是新英格兰一个以信仰为基础的社区，因其高品质、简约的家具在 19 世纪获得认可。震颤派教徒出售他们的产品是为了保持社区的自给自足，这与其他同时代的美国人不同。大约在 19 世纪 60 年代，带编织座椅的条形靠背椅已经成为震颤派教徒的经典设计，是社区的一项重要业务。震颤派教徒避免使用装饰，因为装饰被认为是不谦逊的。因此，震颤派椅在很大程度上依赖它们精心的构造和最大化的实用功能。单板条椅是对流行的宽条靠背椅的改良，它可以轻松地滑到餐桌下收纳，甚至可以挂在墙上的钉子上。

## ❶❽❺❶

**铸铁花园椅**, 19 世纪中期

设计师佚名

各式铸铁花园椅（19 世纪中期至今）

见第 387 页

在英国维多利亚时代，当花园、公园和码头等公共空间越来越普遍时，价格低廉而耐用的铸铁成了户外家具的首选材料。19 世纪上半叶，铸铁取代了更昂贵的熟铁。随着批量生产技术的出现，为了满足不断增长的需求，金属也相应地被快速注入雕刻模具中。这些设计通常分几部分浇铸，并用螺母和螺栓固定起来，通常以洛可可风格的曲线和装饰为特色，包括鲜花、水果和藤蔓

等图案，留下的空隙可减少铁的使用量，从而降低成本和重量。到了 19 世纪和 20 世纪之交，虽然铸铁椅仍在继续生产，但是更轻、更不易碎也更坚固的钢更受人们欢迎。

**纺织花园折叠椅**，19 世纪 50 年代

设计师佚名

各式纺织花园折叠椅（19 世纪 50 年代至今）

见第 341 页

毫无疑问，纺织花园折叠椅源于航海，最初用于游轮的甲板上。吊床历来是水手们可节省空间的卧铺，而纺织花园折叠椅对吊床的借鉴显而易见，而且它的帆布座椅通常印有鲜艳的条纹，是从船帆中汲取了视觉上的灵感。该设计以海上的实用性为基础。作为季节性用品，这把椅子可以折叠平放，不占用大量空间，无论在甲板上还是在花园棚里，这把椅子都是优质产品。巧合的是，它似乎是用来强迫人们放松的理想设计。在纺织花园折叠椅上，人们无法坐直，不得不斜倚着。纺织花园折叠椅有着荒谬的来源和实用性，是最省力的装置，一种让人们极为慵懒的家具。

**❶❽❺❺**

**Tripolina 折叠椅**，约 1855 年

约瑟夫 • 贝弗利 • 芬比

各式 Tripolina 折叠椅（20 世纪 30 年代）

加维纳 / 诺尔（1955 年至今）

奇特里奥（20 世纪 60 年代至今）

见第 325 页

这把折叠椅世界中的经典之作是英国设计师约瑟夫 • 贝弗利 • 芬比为英国军官设计的。1877 年，芬比为它申请了专利。这把椅子实用的外观和没有过多装饰的风格都赋予它一种现代感，在 19 世纪为上流社会设计的家具中，这种现代感并不常见。这种"现代精神"源于战场上对轻便和坚固等功能的要求。20 世纪 30 年代，意大利用皮革取代帆布生产了一种新版本，供意大利国内使用，取名为"Tripolina"。Tripolina 折叠椅使用了比不稳固的 X 形休闲椅更加复杂的三维折叠结构，它的帆布或皮革吊索由四个点支撑着。这种风格既延续了最初的设计，也能在任何特定的环境中都脱颖而出。

**❶❽❺❾**

**1 号扶手椅**，约 1859 年

迈克 • 索耐特

索耐特兄弟（约 1859—1934 年）

见第 504 页

在位于奥地利的工厂里，迈克 • 索耐特生产着他的曲木家具，比如这款经典的 1 号扶手椅。索耐特和他的儿子们用索耐特兄弟这个品牌生产了这把扶手椅，他们一度拥有使用蒸汽技术将木材弯曲成自然的曲线的独家权利，这成了他们作品的特点。索耐特因这种方法而闻名，这种方法使其能够用低成本的技术生产高品质和极具装饰性的作品。1 号扶手椅的扶手和椅腿用实心曲木制成，椅背用复合木材制成。这把椅子持续生产了超过 75 年。华丽的椅背和扶手及其复杂而精致的元素，使这把椅子有别于经典的 14 号椅。

**14 号椅**，1859 年

迈克·索耐特

索耐特兄弟（1859—1976 年）

索耐特（1976 年至今）

维也纳索耐特兄弟（1976 年至今）

见第 103 页

没有名字，只有一个编号。在迈克·索耐特父子大量产品的图录中，这把椅子并不起眼。这个低调的名字掩盖了一个事实：这把 14 号椅在家具设计史上无比耀眼。14 号椅的与众不同之处不在于它常见的外形，而在于它的制造方式。19 世纪 50 年代，索耐特开创了一种用蒸汽弯曲木条的工艺。这种"曲木工艺"的方法极大地节省了时间，解放了熟练劳动力，使家具能够批量生产，用很低的成本运输部件，并在目的地组装起来，开创了家具生产的先河。在 50 多年的时间里，14 号椅及其后续产品定义了现代主义的基本主题和原理。14 号椅可能是商业上有史以来最成功的一把椅子，它的成功丝毫无损它持久的魅力，直到如今，14 号椅仍保留着一种清新、优雅的实用性。

**❶❽❻❶**

**古董教堂椅**，约 1860 年

设计师佚名

各式古董教堂椅（约 1860—1890 年）

见第 215 页

19 世纪后半叶，用来装饰教堂的家具发生了变化，礼拜仪式也发生了变化。参与礼拜得到大力鼓励，促使人们购买、租用教堂长椅的社会贸易壁垒已经过时了。因此，教堂椅的背面设计成带有装《圣经》和赞美诗的盒子。教堂椅使用榆木和山毛榉木等材料制成，结构简约而坚固。由于做礼拜的人们要向后靠，会对椅背施加压力，也要不时站起来变换姿势，所以设计师给带有支柱、成角度的椅腿增加了支撑力。

**1 号摇椅**，约 1860 年

迈克·索耐特

索耐特兄弟（约 1860 年—19 世纪 80 年代）

见第 94 页

迈克·索耐特是使用曲木的先驱，这是家具设计中用蒸汽处理木材，制造出弯曲形状的一种工艺。索耐特在 1860 年的摇椅等产品中使用了这种工艺，为他打开了无限的可能。索耐特还擅长营销，这意味着他种类繁多的产品可以触及大量消费者。他用自己的家族企业索耐特兄弟生产摇椅等家具。1976 年，这家公司分为两家独立的公司，一家是德国公司索耐特，一家是奥地利公司维也纳索耐特兄弟。

**震颤派板条椅**，约 19 世纪 60 年代

罗伯特·瓦贡兄弟

RM Wagan 公司（约 19 世纪 60 年代—1947 年）

见第 406 页

对 18 世纪在美国定居的宗教团体震颤派的教徒来说，工作是一种信仰，这意味着实用、简约、诚实等重要品质都体现在他们的家具设计中。

震颤派教徒改良了几种传统家具，包括变得越来越轻、越来越耐用的板条椅。19 世纪中期，震颤派教徒开始向社区之外的人们销售他们的产品；1876 年，他们的产品在费城世界博览会展出之后得到进一步普及。罗伯特·瓦贡兄弟来自纽约震颤派教徒社区，他们用一些创新的方法提高了生产效率，满足了不断增加的需求。从个人手工艺到标准化工厂生产的转变并没有影响这些椅子简朴的形式美，而这种美感一直影响着如今的设计师。

⓵⓼⓻⓪

**古董改良哥特式箱式椅**, 19 世纪 70 年代

设计师佚名

各式古董改良哥特式箱式椅（19 世纪 60—70 年代）

见第 286 页

改良哥特式指的是 19 世纪对哥特式风格的重塑，这是对法兰西第二帝国和洛可可复兴过度行为的回应。与传统哥特式的复兴不同，改良哥特式试图对历史主题予以当代的诠释，而不是毫不甄别地模仿哥特式风格。古董箱式椅的椅座具有坚固的几何结构，符合改良哥特式朴素和诚实的精神。这把椅子的座位可以抬起来存放物品，底部微妙的曲线则是椅子腿。平坦的椅背点缀着逐渐延伸到椅子箱体的简约雕刻——包括椅背中间的四叶草装饰。

**变形图书馆椅**, 约 1870 年

设计师佚名

各式变形图书椅（18 世纪末—19 世纪末）

见第 377 页

变形图书馆椅是一把可以转换为一组图书馆台阶或写字桌的椅子。这种双重用途的椅子最初于 18 世纪晚期为英国和欧洲其他国家的贵族而设计，能够为图书馆节省空间。这把椅子虽然通常被认为是本杰明·富兰克林设计的，甚至被称为"富兰克林图书馆椅"（Franklin Library Chair），但在同一时期的欧洲也出现过这种椅子。可以当作图书馆台阶的桌子、椅子和凳子的这种设计事实上已于 1774 年由罗伯特·坎贝尔（Robert Campbell）在英国申请了专利，但直到 19 世纪晚期，这种椅子才流行起来。这把椅子用橡木制成，椅背有穿孔装饰，使其兼具装饰性和实用性。

⓵⓼⓼⓪

**种植园椅**, 19 世纪晚期

设计师佚名

各式种植园椅（19 世纪晚期至今）

见第 376 页

虽然种植园椅的确切来源仍无法确定，但这把椅子已经成为 19 世纪殖民时期的象征，尤其是在印度。这把椅子的设计很可能是在漫长的历史中受到各种文化的影响而逐渐形成的，主要是为欧洲种植园主设计的，让他们可以一边休息，一边留意种植园中工人的工作情况。这款椅子通常用热带硬木制成，椅背则是用藤条制成的，这样可以让坐着的人背部保持凉爽。扶手可以延伸，让低矮椅子产生的慵懒感进一步增加，也为

使用者的脚提供了栖息之地。

## ❶❽❾❺

**复古影院椅**，19 世纪 90 年代

设计师佚名

各种复古影院椅（19 世纪 90 年代—20 世纪 60 年代）

见第 56 页

20 世纪二三十年代是电影院的黄金时代，当时有一股建造电影院的热潮。随着家庭影视娱乐和多媒体影院的迅猛发展，许多影院都已经被拆除了。在电影院仍然繁荣的地方，带有扶手和杯座的豪华座椅已经取代了原来的木制影院椅。复古影院椅可以追溯到 19 世纪晚期，通常用模压胶合板制成，框架是铸铁的，可以选择填充棉花和椰壳纤维的丝绒椅垫或皮革椅垫。复古影院椅至今仍保留着它的魅力和特色，所以它仍在复古影院中得到青睐。

## ❶❽❾❺

**花园椅**，1895 年

亨利·凡·德·维尔德

亨利·凡·德·维尔德协会（1895—1900 年）

凡·德·维尔德（1900—1903 年）

德国家具品牌阿德尔塔（2002 年至今）

见第 177 页

1895 年，亨利·凡·德·维尔德在布鲁塞尔为自己的花园之家（Bloemenwerf House）揭幕时备受嘲讽。作为一件独立的艺术作品，这座住宅是对房子的新理想的重要表现，它预示了维也纳工坊（Wiener Werkstätte）辉煌的艺术成就，并成为新艺术运动的早期代表。19 世纪 90 年代初，在富有的岳母的支持下，艺术家凡·德·维尔德转向了装饰艺术和应用艺术。他既反对低劣的批量化生产，也反对不必要的装饰。他设计的家具遵循着这种理念：山毛榉餐椅让人感到和谐而舒适，呼应了 18 世纪英国"乡村"风格的设计，同时也暗示了对当时风格的背离。自 1895 年起，亨利·凡·德·维尔德协会开始生产家具。2002 年，阿德尔塔公司推出了凡·德·维尔德 11 件复制品，花园椅再次流行起来。

**椅子**，1895 年

欧内斯特·吉姆森

欧内斯特·吉姆森工作室（1895—1904 年）

爱德华·加德纳（约 1904 年—20 世纪 50 年代）

内维尔·尼尔（20 世纪 50—70 年代）

见第 433 页

英国建筑师和设计师欧内斯特·吉姆森基于中世纪以来就存在的传统梯背椅设计了这把椅子。吉姆森的设计是他自己在其伦敦工作室亲手创造的，是工艺美术运动的代表，也是对优秀传统工艺的赞赏。每把椅子的框架都是用车削的木材呈直线制成的，配有以河中纤维手工编织而成的灯芯草座椅。吉姆森因其建筑作品和对传统建筑方法的投入，被认为是工艺美术运动中最具代表性的设计师之一。

**阿盖尔椅**，1897 年

查尔斯·雷尼·麦金托什

限量版

见第 219 页

凯瑟琳·克兰斯顿（Catherine Cranston）利用 19 世纪的饮茶风尚在格拉斯哥创办了一系列非常成功的茶室，为这座城市的居民提供了一个体面的社交场所。1897 年，查尔斯·雷尼·麦金托什为克兰斯顿阿盖尔街的午餐厅设计了这把马鬃椅垫的高背橡木椅。虽然阿盖尔椅的灵感源于传统的椅子类型，但它的形式完全是新颖的。它高度复杂的设计由几何形状组合而成，椅子顶部的镂空图案让人联想到一只飞翔的小鸟，这也是茶室的主题。椅子的高靠背旨在营造一种亲密的氛围，并与周围环境有所隔离。麦金托什对这把椅子的设计非常满意，在自己的餐厅里也使用了这把椅子。

**咖啡博物馆椅**，1898 年

阿道夫·卢斯

J. & J. 柯恩（1898 年）

维也纳索耐特兄弟（1898 年至今）

见第 90 页

咖啡博物馆椅是 1898 年为维也纳一家咖啡馆设计的，它改良了 19 世纪中期德国与奥地利家具制造商迈克·索耐特最初设计的家具模型，尤其是 1859 年他设计的 14 号椅。轻巧、耐用、价格实惠的曲木家具成为商业空间的完美选择。对建筑师阿道夫·卢斯来说，这种椅子的魅力在于它简约的造型，并且没有不必要的装饰——这是阿道夫·卢斯设计哲学的重要原则，他在 1910 年的文章《装饰即罪恶》（"Ornament and Crime"）中详细阐述了这一点。在咖啡博物馆椅上，弯曲的椅背和后腿用一整块木头雕刻而成，拱形的部分让椅子更加稳定。

**音乐沙龙椅**，1898 年

理查德·里默施密德

德意志手工艺作坊（1898 年）

利伯提百货（1899 年）

见第 306 页

音乐沙龙椅富有表现力的曲线形态背后是强大的功能。德国设计师理查德·里默施密德认为扶手阻碍了音乐家的动作，所以没有使用扶手，而是用两个弯曲的支撑件来确保稳定，支撑件从前腿延伸到椅背，并在那里连接到宽阔的后围栏。这把椅子的框架用雕刻的胡桃木制成，座椅采用皮革装饰，并用短粗钉勾勒出轮廓。1899 年，音乐沙龙椅首次亮相于德累斯顿的德国艺术展（German Art Exhibition）的音乐室中，然后立刻投入生产，但也被其他制造商大量仿制。

**藤椅**，20 世纪初

设计师佚名

印度加尔各答的中国木匠（20 世纪初）

见第 457 页

虽然这把藤椅外观明显很现代，但它是 20 世纪初印度传统工艺的产物。在这个时期，许多中国木匠先在中国磨炼技能，然后在印度加尔各答定居并工作。藤椅纤细的轮廓展现了工匠对形式的深刻理解和对自然材料的熟练处理。这把椅子使用质朴的木制结构，松脆的编织藤条形成椅座和椅背。椅座低矮接近地面，这是当时颇为流行的印度椅惯例。

**刚果 Ekurasi 椅**, 约 1900 年

设计师佚名

各式刚果 Ekurasi 椅（约 1900 年至今）

见第 154 页

Ekurasi 椅用两块交叉的木板制成，通常雕刻复杂，用途广泛。根据装饰的不同，Ekurasi 椅既可以是分娩椅，也可以是部落酋长的宝座。构成 Ekurasi 椅的两块交叉木板可以弯曲成更符合人体工学的椅座，或放置在平面上便于制作。作为椅背的一块木板上面有一个或两个插槽，可以插入一块较小的木板，从而形成一个坚固、便携的结构。这把椅子的椅背上刻着一只鳄鱼，这种座椅在非洲中西部随处可见，并已经成为现代座椅模型的原型。

**折叠导演椅**, 约 1900 年

设计师佚名

各式折叠导演椅（约 1900 年至今）

见第 422 页

轻巧舒适的折叠导演椅在电影片场随处可见，它象征着导演的权力和权威。这种折叠椅的椅座和椅背通常是用耐用的帆布（可以适当分配坐着的人的体重）或皮革制成，并用牢固的木制框架或塑料框架固定。虽然它确切的起源不详，但导演椅有不少设计史上的先例，包括古罗马贵人凳。1893 年在芝加哥举办的哥伦比亚世界博览会上，改良设计的导演椅获得了卓越奖，巩固了它在设计史上的地位。

**花园椅**, 20 世纪

设计师佚名

各式此类花园椅（20 世纪至今）

见第 80 页

这种如今随处可见的花园椅首次出现在 20 世纪初巴黎的公共场所，至今仍在花园、公园和小酒馆中使用，受欢迎的程度与其功能和风格息息相关。折叠椅最早出现于文艺复兴前不久。到了 19 世纪，折叠椅已经成为公共场所普遍使用的实用家具，方便人们重新摆放或定期移动座椅。这把花园椅的折叠设计有一个位于座位水平面之下的简单侧 X 轴装置。这把椅子细长的金属框架使其重量大大低于纯木制框架的椅子。此外，椅子纤细的金属结构减少了它的体量，展现了前所未有的优雅和节省空间的优势。这个设计是完美的，低调的风格和极为实用的设计使它成为一把经典的户外椅。

**孔雀椅**, 20 世纪初

设计师佚名

各式孔雀椅（20 世纪初至今）

见第 120 页

虽然孔雀椅的起源一直备受争议，但大多数人认为这种王座式的椅子来自亚洲。它很可能起源于菲律宾，因此常被称为马尼拉椅或菲律宾椅。据一份报道所述，这把椅子可追溯到马尼拉的比利比得监狱，这个监狱里的囚犯要用杂草或藤条编制家具。很多名人或活动家在拍摄宣传照时经常选择这把椅子，于是它在 20 世纪的美国流行起来。

# ❶❾❶

**伊斯特伍德椅**, 约 1901 年

古斯塔夫·斯蒂克利

斯蒂克利（1901 年、1989 年至今）

见第 234 页

美国工艺美术运动的早期繁荣很大程度上要归功于古斯塔夫·斯蒂克利。作为家具制造商、设计领袖和出版商，斯蒂克利是一位高产的设计制造商，时至今日仍备受赞赏。伊斯特伍德椅是以设计师位于纽约锡拉丘兹郊区的工厂命名的，它是斯蒂克利最具代表性的作品之一。不管是在工匠园，还是在位于锡拉丘兹的自己家里，斯蒂克利都摆放了伊斯特伍德椅。这把椅子用四分切（径切）的白橡木制成，坚固、近乎原始的椅子配两个皮革软垫，所以这把椅子既耐用又舒适。庞大的体量使它看起来富有童趣。如今，伊斯特伍德椅仍由斯蒂克利工厂生产。

**无扶手单人椅**, 1901 年

弗兰克·劳埃德·赖特

约翰·W. 艾尔斯（1901 年）

见第 432 页

弗兰克·劳埃德·赖特设计了威利茨无扶手单人椅，来搭配他对沃德·威利茨住宅的设计。这座住宅很大程度上被认为是赖特用草原学派风格设计的早期建筑，为他 20 世纪早期之后的许多作品奠定了基调。这所房子和它的内部装饰都是 1900 年威利茨家族委托赖特设计的，房子位于伊利诺伊州的高地公园。由赖特设计的餐厅配套家具源自维多利亚时代晚期的正式用餐陈设，具备特有的高椅背的庄重的木椅排列在一张大而坚固的桌子旁边。

**桑登椅**, 1901 年

古斯塔夫·斯蒂克利

斯蒂克利（1901 年）

见第 494 页

古斯塔夫·斯蒂克利留下了大量的作品。桑登椅是这位高产设计师的早期代表作之一，这把椅子于 1901 年由斯蒂克利的公司生产。它的特点是有一个坚固的木制框架，椅背上有两条水平的板条，并配有一个灯芯草椅座。桑登椅在纽约伊斯特伍德斯蒂克利的工厂生产。这把椅子也有不带扶手的版本。作为美国手工艺风格的代表，斯蒂克利偏爱传统的制作方法，他利用精巧的细木工艺制作了这把椅子。

## ❶❾⓿❷

**卡尔维特椅**，1902 年

安东尼·高迪

Casa y Bardés 公司（1902 年）

BD 巴塞罗那设计公司（1974 年至今）

见第 74 页

加泰罗尼亚建筑师安东尼·高迪为纺织制造商佩德罗·马提尔·卡尔维特（Pedro Mártir Calvet）设计了建于 1898 年至 1904 年的卡尔维特之家。包括这把扶手椅在内的橡木家具是为大楼里的办公室设计的。受到如维奥莱-勒-迪克（Viollet-le-Duc）等设计师的影响，高迪早期的家具带有哥特复兴式的色彩，甚至融入了自然主义风格。通过将椅子的装饰与结构相结合，高迪用这把椅子实现了对设计史上经典家具的颠覆。最引人注目的是设计的有机及可塑性，这些元素几乎浑然天成。高迪还借鉴了一些建筑元素，如C 形的涡卷纹和弯曲底脚。但是这些巴洛克风格元素融入了高迪这把充满活力的椅子整体连贯的形态走势，就像高迪的建筑设计所传达的有机设计原则一样。

**希尔住宅梯背椅**，1902 年

查尔斯·雷尼·麦金托什

限量版（1902 年）

意大利家具品牌卡西纳（1973 年至今）

见第 242 页

查尔斯·雷尼·麦金托什是英国 20 世纪设计界最重要的设计师之一，他在职业生涯中创造的设计颇具影响力。19 世纪和 20 世纪之交，随着麦金托什的格拉斯哥艺术学院崭露头角，出版商沃尔特·布莱基（Walter Blackie）委托麦金托什设计自己的家，即位于格拉斯哥郊外海伦斯堡的希尔住宅。麦金托什为布莱基的卧室设计了梯背椅。麦金托什摒弃了新艺术的有机自然主义，采用了受日本设计中直线图案启发的抽象几何形式。他对均衡与对立感兴趣，所以选择了深色的乌木与白蜡木框架，与后面的白墙形成了对比。看似不必要的椅子高度增加了房间的空间感。对麦金托什来说，设计的整体视觉效果比与他同时代的工艺美术家所提倡的工艺质量和真材实料更加重要。

## ❶❾⓿❸

**罗伊克罗夫特厅椅**，1903—1905 年

罗伊克罗夫特社区

罗伊克罗夫特工作室（19 世纪 90 年代—20 世纪 30 年代）

见第 256 页

19 世纪晚期，埃尔伯特·哈伯德（Elbert Hubbard）在纽约东奥罗拉（East Aurora）创立的罗伊克罗夫特社区颇具影响，它是手工艺人和艺术家的乌托邦社区。社区里的手工艺人少量生产一些高品质的家具，很大程度上是为了布置社区里的空间。随着时间的推移，这个社区涌现了一些成熟的设计，它们的灵感源自中世纪，并有着结实的形态（通常重达 18 千克）。罗伊克罗夫特厅椅是这种设计的典型代表，高高的椅背置于平板座椅上，椅背垂直的板条使它更有活力。椅背的顶部依当时的惯例刻着"Roycroft"这个词。受到英国工

艺美术运动的影响，罗伊克罗夫特社区在 20 世纪早期美国建筑设计中留下了浓重的印记。

## ❶❾❶❹

**普克斯多夫椅**，1904 年

约瑟夫・霍夫曼

柯洛曼・莫泽

弗朗茨・维特曼家具工坊（1973 年至今）

见第 104 页

约瑟夫・霍夫曼和柯洛曼・莫泽设计的这把普克斯多夫椅是为维也纳郊外的普克斯多夫疗养院大堂设计的，这家疗养院由霍夫曼和维也纳工坊设计。普克斯多夫椅几乎是一个完美的立方体，它是对这座建筑强烈直线质感的理想补充。这把椅子中黑白色调和几何图案的运用也增强了人们常期待的疗养院的秩序感和平静感。椅子坚固的基本几何结构隐含着理性主义和沉思。约瑟夫・霍夫曼基金会把独家版权授予弗朗茨・维特曼家具工坊，自 1973 年以来普克斯多夫椅一直在生产。莫泽和霍夫曼都是反对当时过度装饰的维也纳分离派的成员。疗养院质朴的建筑与室内的装饰和细节形成对比，例如座椅上使用的棋盘格图案，代表了对新艺术和维多利亚时代过度装饰风格的批判。

**拉金公司行政大楼办公室的旋转扶手椅**，1904 年

弗兰克・劳埃德・赖特

凡・多恩钢铁加工公司（1904—约 1906 年）

见第 141 页

1904 年，弗兰克・劳埃德・赖特最初为拉金肥皂公司办公室设计这把椅子的时候，金属制品在家具制造中尚未普及。赖特收到这座建筑本身的委托，与他通常的做法一样，赖特还设计了建筑内部的许多家具，与建筑整体交付。考虑到这栋建筑内部应该防火，赖特设计这栋行政大楼内部的时候主要使用了金属制品。赖特这把有点拟人化的旋转扶手椅有一个铸铁底座和一个带脚轮的铜钢框架。虽然设计是美式的，但冲孔钢呼应了那个时代的维也纳设计。

## ❶❾❶❺

**286 纺锤式长椅**，1905 年

古斯塔夫・斯蒂克利

斯蒂克利（1905—约 1910 年、1989 年至今）

见第 483 页

1905 年，古斯塔夫・斯蒂克利将纺锤家具引入自己的家具制造公司。纺锤式长椅与此系列其他椅子被设计成如伊斯特伍德椅和桑登椅等较重的椅子的更轻、更优雅的替代产品，椅背和椅子两侧都有优雅的竖杆，让人联想到弗兰克・劳埃德・赖特的设计。尽管如此，这些椅子与斯蒂克利最初的设计一样坚固，并且可以在他的工厂机械化生产，因此比手工镶嵌的椅子更便宜。在刚推出的最初几年里，纺锤式家具的需求量很大，约五年后，人们对这些更轻便家具设计的狂热才逐渐消退。

**阿迪朗达克椅**，1905 年

托马斯•李

哈利•邦内尔（1905—约 1930 年）

见第 196 页

1903 年在纽约阿迪朗达克山脉度假时，托马斯•李设计了第一把阿迪朗达克椅。托马斯•李将一块木头切割成 11 块木板并连接起来，打造了一把经典的美国草坪椅，并把设计交给了他的朋友哈利•邦内尔。邦内尔随后于 1905 年申请了一项专利，并在接下来的 25 年中以韦斯特波特木板椅这个名字生产这把椅子。自诞生以来，阿迪朗达克椅就以特有的高椅背、低矮的外形和宽大的扶手为特色，并用再生塑料或处理过的金属等新材料进行了多次改造。

**机器座椅**，约 1905 年

约瑟夫•霍夫曼

J. & J. 柯恩（约 1905—1916 年）

弗朗茨•维特曼家具工坊（1997 年至今）

见第 451 页

机器座椅是由 20 世纪早期维也纳著名设计师约瑟夫•霍夫曼设计的。这把椅子的每一个部分都是为了告诉人们，它是机器制造的，我们应该把它本身当作机器。这种机械化的印象是通过毫无历史感或传统装饰来实现的。椅背和座椅悬挂在简单的 D 形轨道之间的两个长方形（与椅子的侧板相呼应）上。通过提升与降低椅背的机械装置，霍夫曼强化了这种机械感。一根装在椅子框架圆顶上的拉杆决定了椅背的倾斜度。它的制造

商 J. & J. 柯恩是批量生产曲木家具的先驱之一，它体现了重复生产简单单元的潜力。也许是受到查尔斯•雷尼•麦金托什几何图案的影响，霍夫曼倡导一种可以很容易转化为批量生产流程的类似风格。

# ❶❾❶❻

**邮政储蓄银行的扶手椅**，1906 年

奥托•瓦格纳

索耐特兄弟（1906—1915 年）

索耐特（1987 年至今）

维也纳索耐特兄弟（2003 年至今）

见第 8 页

奥地利建筑师奥托•瓦格纳于 1893 年设计了奥地利邮政储蓄银行，它的入口处有玻璃天花板、可拆卸的办公室墙壁和外墙，以及铝制室内配件和家具。1904 年，瓦格纳改良了自己的时间椅（Zeit Chair，约 1902 年）给邮政储蓄银行使用，索耐特制作了这把椅子。这把椅子是第一个使用单一长度的曲木来制成椅背、扶手和前腿的椅子。这把椅子添加了 U 形支架来支撑 D 形座椅和后腿；有带扶手和不带扶手的版本。为了防止磨损，这把椅子定制了金属饰件，如铆钉、金属包脚和金属板。它因对材料的有效利用和所提供的极度舒适感而受到认可。到 1911 年，市面上出现了很多版本，且至今仍在继续生产。

**371 号椅**，1906 年

约瑟夫•霍夫曼

J. & J. 柯恩（1906—1910 年）

见第 464 页

约瑟夫·霍夫曼的 371 号椅设计于 20 世纪初，展现了一种典型的简化形式的几何设计，霍夫曼因而在维也纳设计界中具有很大的影响力。霍夫曼师从奥托·瓦格纳，受过建筑师培训，于 1897 年与他人共同创立了维也纳分离派。371 号椅如今也被称为七球无扶手单人椅，是为激进运动的别墅之一制作的。它独特的椅背有连接着两条长弧线的七个车削木球组成的线。胶合板鞍形座椅下的球形元素反复出现，具有很强的装饰性，同时也使椅子在结构上更加坚固。371 号椅由 J. & J. 柯恩批量生产，尽管只生产了很短的一段时间。

# ❶❾⓿❽

**黑色别墅椅**，1908 年

伊利尔·沙里宁

限量版（1908 年）

德国家具品牌阿德尔塔（约 1985 年）

见第 53 页

虽然如今更广为人知的是其子美国建筑师埃罗·沙里宁（Eero Saarinen），但是伊利尔是他那个时代最重要的设计师，在 1917 年芬兰大公国脱离俄国独立之前，他在芬兰发展一种独特、朴素、本土的新艺术风格方面发挥了关键作用。早在十年前，多才多艺的沙里宁就创立了自己的个人事务所，从而得以把如 1919 年建造的赫尔辛基火车站等大型项目与住宅结合起来。为了确保高度的舒适和优雅，沙里宁还设计了灯具和家具，比如为城市新兴中产阶级郊区别墅设计的这把经典椅子。20 世纪 80 年代中期，芬兰阿德尔塔公司重新生产了黑色别墅椅，采用半圆形橡木椅背和由黄铜拱柱支撑的软垫座椅。

# ❶❾❶⓿

**库布斯扶手椅**，1910 年

约瑟夫·霍夫曼

弗朗茨·维特曼家具工坊（1973 年至今）

见第 356 页

看到库布斯扶手椅，人们很容易认为它是 1910 年后生产的。它的设计师约瑟夫·霍夫曼在维也纳现代主义的形成中发挥了重要作用。1903 年，霍夫曼与他人共同创立了维也纳工坊，试图通过批量生产把装饰艺术从审美疲劳中拯救出来。这把椅子用覆盖着聚氨酯泡沫塑料的木制框架制成，并配有黑色皮革软垫。这把椅子的方形椅垫和简朴的直线形状真实地展现了霍夫曼的个性，他更喜欢普通的立方体这种形式。维也纳工坊的主要目标是把好设计带到人们的生活中，与其致力于高品质生产的独特手工设计和强调艺术实验的主张相悖。这些设计必然是昂贵而独特的，但它们仍是现代主义的先锋。1969 年，约瑟夫·霍夫曼基金会授予了制造商弗朗茨·维特曼家具工坊生产库布斯扶手椅的独家权利。

# ❶❾❶❽

**红蓝扶手椅**，约 1918 年

赫里特·里特维德

杰拉德·凡·德格罗内坎公司（1924—1973 年）

意大利家具品牌卡西纳（1973 年至今）
见第 178 页

1918 年，荷兰家具设计师赫里特·里特维德成为风格派运动的主要成员。他的红蓝扶手椅是为数不多众所周知的座椅设计之一。由于没有直接的先例，这把椅子成了赫里特·里特维德设计生涯的代表作。这把椅子的构造简单地通过标准化木构件的交叠和重合来界定。在第一个模型中，未上漆的橡木使人联想到传统扶手椅的精简雕塑版本。一年之内，里特维德修改了设计，并为组件上漆。颜色界定了它的几何形态和结构：框架是黑色的，切割端是黄色的，椅背是红色的，座椅则是蓝色的。里特维德寻求在家具设计中演绎二维的绘画语言和新塑造主义。里特维德设计的椅子一直是家具设计、应用艺术设计及其教学中的重要参考。虽然直到 1973 年卡西纳获得授权之后，红蓝扶手椅才断断续续地生产，但它至今仍在生产，这标志着它在现代主义历史中的重要性。

## ❶❾❷❶
**帝国酒店的孔雀椅**，1921 年
弗兰克·劳埃德·赖特
限量版
见第 503 页

1923 年，弗兰克·劳埃德·赖特设计的位于日本东京的宏伟的帝国酒店竣工，将日本历史渊源和材料与浪漫的玛雅艺术融合到一起。在酒店的室内空间里众多强烈的视觉效果中，赖特在整个室内使用的富于表现力的木制家具效果特别好——孔雀椅可能是其中最知名的。这把椅子用橡木框架制成，椅座和椅背配有漆布软垫：六角形的椅背从视觉上借鉴了孔雀尾巴上展开的羽毛。这种风格的主题萦绕于整个酒店中。1968 年帝国酒店被拆除时，孔雀椅是分给美国博物馆的几件家具之一。

## ❶❾❷❷
**板条椅**，1922 年
马歇尔·布劳耶
包豪斯金属工坊（1922—1924 年）
见第 179 页

在用钢管进行开创性实验之前，马歇尔·布劳耶在包豪斯学院当学徒时创作了几件极具表现力的木制家具。1922 年设计板条椅时，布劳耶深入研究了人体解剖学，以打造非常舒适的坐感体验。一系列皮革带包裹的板条橡木框架支撑着使用者的身体。虽然这把椅子的实用性是创新科学思想的产物，但板条椅的美学风格很大程度上来源于融合了几何形状的粗制本土板条椅的视觉传统，这是荷兰风格派运动的特点。板条椅由包豪斯的纺织工坊制作。

## ❶❾❷❹
**甲板扶手躺椅**，约 1924 年
艾琳·格雷
让·德赛尔（约 1924—1930 年）
国际差距公司（1986 年至今）
见第 180 页

生于爱尔兰、常驻巴黎的设计师艾琳·格雷对荷兰风格派运动的纯几何形式很感兴趣。格雷为自己位于摩纳哥附近的现代主义住宅"E.1027"设计了许多家具，包括甲板扶手躺椅。"Transat"来源于法语中的"横跨大西洋"（transatlantique），甲板扶手躺椅调整了帆布躺椅的形态，并展现出当时流行的装饰艺术风格、包豪斯的功能主义与荷兰风格派的独特融合。棱角分明的框架显示了功能主义，而漆木则提供了不同层次的错觉。它的框架可以拆卸，木杆用镀铬的金属配件连接起来。头枕可调节，座椅柔软，低低悬挂在漆木框架上。1930年，这把椅子就获得了专利，但直到1986年，它才通过国际差距公司的复制获得更加广泛的关注，引发人们对格雷作品的新兴趣。

### ❶❾❷❺

**必比登椅**，1925—1926年

艾琳·格雷

阿兰姆设计（1975年至今）

联合工坊（1984—1990年）

经典公司（1990年至今）

见第143页

艾琳·格雷为富有、有远见的客户打造室内空间，设计了定制家具、手织地毯和灯具。她的经典设计使其在材料和结构方面拥有近乎炼金术士的天赋。当20世纪70年代阿兰姆将格雷的一些设计重新投入生产时，她的必比登椅终于获得了应有的认可。这把椅子用1898年创造的米其林吉祥物来命名，那个圆滚滚、欢快的庞然大物

形象仿佛体现在扶手椅中。皮革包裹的椅子以独特的管状软垫形式安装在镀铬钢管框架里，是对现代主义美学的一种华丽呈现。与她的同时代人不同，格雷并没有对机械时代的功能主义抱有刻板的审美观念，而是将其与装饰艺术更奢华的物质性融合起来。虽然格雷在设计师生涯中的大部分时间里都未获得公正的认可，但是如今人们认为，格雷是20世纪最有影响力的设计师和建筑师之一，也是少数成功的女性设计师和建筑师。

### ❶❾❷❻

**俱乐部椅**，1926年

让－米歇尔·弗兰克

查诺公司（1926—1936年）

国际差距公司（1986年至今）

见第153页

长方形俱乐部椅是装饰艺术时期最常见的产品之一，它棱角分明，因此免于过时。巴黎设计师让－米歇尔·弗兰克打造了这把经久不衰的椅子，作为一系列立体软垫座椅之一，这把椅子的简约是他颇具影响力的美学特征。弗兰克喜欢在他的设计中使用意想不到的材料，尤其是漂白皮革和鲨鱼皮。受新古典主义、原始艺术和现代主义的影响，弗兰克的设计风格以简洁的直线细节和优雅简约的形式为特征。这些设计颇受欢迎，弗兰克因而进入欧洲创意阶层的上层，为这些人设计了奢华的室内装饰和精致的产品。他的设计保留了一些精致的元素，这种精致或许可以解释为什么他最基本但也是必不可少的作品之一——俱乐部椅经久不衰。

**海费利椅**，1926 年

马克斯·恩斯特·海费利

瑞士家具制造商 horgenglarus（1926 年至今）

见第 442 页

马克斯·恩斯特·海费利与杰出的卡尔·莫泽（Karl Moser）、维尔纳·M. 莫泽（Werner M. Moser）、鲁道夫·斯泰格尔（Rudolf Steiger）和埃米尔·鲁斯（Emil Roth）一起创立了瑞士建筑师联合会。他发展出了一种融合了技术创新和艺术传统的设计语言。不出所料，海费利与坚持传统工艺最高标准的瑞士家具制造商 horgenglarus 建立了合作关系，horgenglarus 在家具生产中只用手工制造。海费利椅体现了设计师与制造商共同的创意理念。凭借其框架和用实木制成的轻微弯曲的椅腿，以及用层压法加工而成的平坦而宽阔的椅背和座椅，这把椅子从当时的曲木层压家具和钢管家具设计中脱颖而出。它简约的形式、完美的比例和简洁的线条体现了海费利的建筑实践。将传统形态和工艺感相结合，这把椅子由符合人体工程学的座椅和椅背组成，提供了永恒、实用和舒适的座椅解决方案。海费利椅有各种款式，包括软垫椅、扶手椅和软垫扶手椅（如图）。

**瓦西里椅**，1926 年

马歇尔·布劳耶

德国标准家具公司（1926—1928 年）

索耐特兄弟（1928—1932 年）

加维纳／诺尔（1962 年至今）

见第 212 页

瓦西里椅是马歇尔·布劳耶最重要的经典设计。这把椅子的管状框架为人们提供了全方位的支撑，这是对俱乐部椅的现代主义诠释。相对复杂的钢管框架设计为人们提供了舒适感，但并没有使用这个时期传统的木材、弹簧和马鬃椅座。铁纱线"布带"和钢管的使用属于革命性的改进，旨在打造价格实惠、轻巧坚固的量产产品。1925 年，布劳耶设计了瓦西里椅，灵感来自自行车的车架。这是他在包豪斯学院对木材家具进行研究的结果，成了他为艺术家瓦西里·康定斯基公寓设计的家具项目的一部分。1962 年加维纳公司重新生产（1968 年由诺尔公司接手）瓦西里椅，它至今仍是诺尔系列的一部分。瓦西里椅在现代座椅中有极高的地位，因其开创性的设计，人们经常把它误认成 20 世纪 70 年代的高科技运动的产物。

**❶❾❷❼**

**B4 折叠椅**，1927 年

马歇尔·布劳耶

德国标准家具公司（1927—1928 年）

见第 423 页

这款可折叠休闲椅首次亮相是在马歇尔·布劳耶的第一个钢管产品图录中，图录指出，它适用于船舶、露台和避暑别墅等空间。实际上，这把椅子是布劳耶早期设计的瓦西里椅的可折叠移动版。作为包豪斯家具工作室的负责人，这位生于匈牙利的设计师开创了管状结构的使用，其灵感来自自行车把手。这把椅子用镀镍钢管及挂在镀镍钢管上的帆布制成，织物用钢线增强，在保持形状的同时还起到加固的作用。其可见的接合处展现了现代主义特征。后来这把椅子被德国公司 Tecta 重新命名为"D4"，并有多种座椅材料可供选择，包括包豪斯风格的织物带：这证明了这把原型椅的多功能性。

## 儿童椅，20 世纪 20 年代末

伊隆卡·卡拉斯

限量版

见第 389 页

17 岁时离开了祖国匈牙利后，伊隆卡·卡拉斯定居于纽约格林威治村，并很快成为一名成功的平面设计师和纺织品设计师。卡拉斯还制作了一系列颇具启发性的家具设计和室内设计。尤其值得一提的是她的幼儿园设计。其中一个空间在美国设计师画廊展出时，《艺术与装饰》杂志把它描述为第一所"为最现代的美国儿童设计的"幼儿园。在设计儿童椅时，卡拉斯采用了简约的几何形式，她认为这可以教会孩子们比例，也能合理地与外界物体关联。她还去掉了设计中任何不必要的装饰，预见了家具设计的未来发展。

## 密斯躺椅，约 1927 年

路德维希·密斯·凡·德·罗

德意志制造联盟（约 1927 年）

诺尔（1977 年至今）

见第 55 页

作为包豪斯艺术学校的校长，路德维希·密斯·凡·德·罗通过把工业时代的材料提升为艺术形式而享誉全球，为了提供舒适和支撑，这种弯曲设计采用了悬臂式钢管框架。这位德国设计师是最早意识到这种革命性的材料有潜力解决国际风格缺乏装饰的问题的设计师之一。密斯躺椅首次亮相于在勒·柯布西耶设计的斯图加特魏森霍夫住宅区举办的一场开创性设计与生活展，后来美国生产商诺尔重新推出密斯躺椅，来配合在纽约现代艺术博物馆举办的密斯家具与设计展。按照密斯·凡·德·罗的设计说明，无缝钢管弯曲框架顶部有一个宽大的椅座，配有牛皮带支撑的皮革椅垫。

## MR10 椅，1927 年

路德维希·密斯·凡·德·罗

柏林约瑟夫·穆勒五金公司（1927—1931 年）

班贝格五金公司（1931 年）

索耐特兄弟（1932—1976 年）

诺尔（1967 年至今）

索耐特（1976 年至今）

见第 23 页

路德维希·密斯·凡·德·罗设计的 MR10 椅的高度简约使它看起来像一根连续的钢管。这把仅靠前腿支撑的"自由飘浮"的座椅是 1927 年的"居所"（Die Wohnung /The Dwelling）展览的一个令人惊喜的作品。同时展出的还有建筑师马特·斯坦（Mart Stam）设计的 S33 椅。密斯立刻看到了斯坦悬臂椅的潜力，并在展览中构思出自己的设计。斯坦的椅子结构上既僵硬又沉重，而密斯的椅子更轻，因它椅腿的优美曲线而富于弹性。密斯设计的 MR20 椅添加了带有简单袖口状接合的扶手。这两把椅子都获得了巨大的成功。这把椅子有椅背和座椅配有单独的皮革或铁丝吊索，或藤编的一体式坐垫的不同版本。椅子最初有红色或黑色漆面版本，以及如今仍很流行的镀镍版本。

**Sitzgeiststuhl 椅**, 1927 年

博多·拉施

海因茨·拉施

原型设计

见第 77 页

Sitzgeiststuhl 椅是以德国诗人克里斯蒂安·摩根斯坦（Christian Morgenstern）的一首诗《坐的精神》（*The Spirit of Sitting*）来命名的，人们认为它是 1934 年赫里特·里特维德的 Z 形椅等设计的灵感来源。海因茨·拉施和博多·拉施这对兄弟设计的 Sitzgeiststuhl 椅比里特维德的著名设计早了近十年。1926 年到 1930 年，拉施兄弟在一间成为许多现代主义设计师与建筑师的聚会场所的公寓里工作，他们进入了一个短暂但高产的创作时期。1927 年，在路德维希·密斯·凡·德·罗的监督下，德国建筑师受邀在名为"单身汉公寓"（Apartment for a Bachelor）的建筑项目中完成了三间公寓的室内设计，其中就包括这把 Sitzgeiststuhl 椅。这把椅子从未正式投入生产，但 1996 年维特拉设计博物馆制作了一把小型的 Sitzgeiststuhl 椅。

**塔特林扶手椅**, 1927 年

弗拉基米尔·塔特林

尼可尔国际公司（1927 年）

见第 276 页

塔特林扶手椅是建筑师弗拉基米尔·塔特林设计的，他是构成主义运动的主要领导人。塔特林没有采用传统几何椅的构思。他还规避了高品质设计就应该价格不菲、手工制造的观念，因此他设计的扶手椅经济实惠，并考虑了批量生产。扶手椅最初的构思是用俄罗斯枫木作为材料，这是一种价格低廉的替代方案，可以用维也纳的先进技术制成薄而弯曲的轮廓。椅子的俯冲轮廓使其具有弹性，顺应人们的身体。在最初的原型设计中，椅子的结构是由几根藤条在特定点处捆绑固定而成的。随后生产的塔特林扶手椅是用钢管制造的，并用螺丝连接起来。

# ❶❾❷❽

**LC1 巴斯库兰椅**, 1928 年

勒·柯布西耶

皮埃尔·让纳雷

夏洛特·贝里安

索耐特兄弟（1930—1932 年）

海蒂·韦伯（1959—1964 年）

意大利家具品牌卡西纳（1965 年至今）

见第 146 页

LC1 巴斯库兰椅或 LC1 吊椅的形式和功能激发了许多 20 世纪设计师的想象力，从而产生了一些将想象力化为实物的经典座椅。然而，很少有设计师能够像勒·柯布西耶、皮埃尔·让纳雷和夏洛特·贝里安那样，用他们设计的 LC1 巴斯库

兰椅设计出折叠狩猎探险椅的精华版。LC1 巴斯库兰椅以钢结构为框架，配皮革或牛皮座垫和椅背，它简约的线条和轻盈而紧凑的效果与同一年柯布西耶所设计的 LC2 大康福椅形成对比。1929 年，他们在巴黎的秋季沙龙首次推出了这个家具系列，展出了一系列至今仍令人着迷的经典作品。

### LC2 大康福椅, 1928 年

勒·柯布西耶

皮埃尔·让纳雷

夏洛特·贝里安

索耐特兄弟（1928—1929 年）

海蒂·韦伯（1959—1964 年）

意大利家具品牌卡西纳（1965 年至今）

见第 250 页

LC2 大康福椅是勒·柯布西耶、皮埃尔·让纳雷和夏洛特·贝里安之间短暂但富有成效的合作的成果，他们还设计了 LC1 巴斯库兰椅和柯布西耶躺椅。这把椅子有着焊接镀铬钢框架，包括斜接管状顶部框架和支腿、更薄的实心固定杆和更薄的 L 形截面底部框架，框架支撑着 5 个带有张力带的皮革软垫。这把由索耐特兄弟制作的扶手椅于 1929 年在巴黎的秋季沙龙首次亮相。LC2 大康福椅有各种不同的版本，既有带球形椅脚的，也有不带球形椅脚的；既有沙发式的，也有更宽敞的"女性"版本（LC3 椅，打破了原来立方体的形式，但是可以让坐着的人交叠双腿）。这种设计已经成为体面和庄重的代名词，因此仍然有巨大的需求。

## ❶❾❷❾

### B32 塞斯卡椅, 1929 年

马歇尔·布劳耶

索耐特兄弟（1929—1976 年）

加维纳 / 诺尔（1962 年至今）

维也纳索耐特兄弟（1976 年至今）

见第 419 页

B32 塞斯卡椅可能被认为是一种常见甚至"毫无价值"的座椅形式。然而，B32 塞斯卡椅确实标志着悬臂椅的重要成就。不同于前后都需要支撑的木制或钢管制座椅，B32 塞斯卡椅使人们可以"悬空而坐"。荷兰建筑师马特·斯坦 1926 年的设计普遍被认为是第一件如此设计的家具。布劳耶的 B32 塞斯卡椅拥有优雅的设计，对舒适性、弹性和材料的欣赏有着敏锐的理解。它的独特之处在于对现代主义钢、木材和藤条的混合，藤条的柔软提供了许多硬朗的现代主义设计无法实现的人性化温暖。B64 扶手椅也获得了类似的成功。20 世纪 60 年代初，加维纳 / 诺尔公司重新生产了这两款椅子，并以布劳耶的女儿塞斯卡（Cesca）的名字命名。马歇尔·布劳耶对形式和材料的微妙平衡，使得这种优雅的悬臂设计出现大量的模仿者。

### B33 椅, 1929 年

马歇尔·布劳耶

索耐特兄弟（1929 年）

见第 189 页

1927 年马歇尔·布劳耶设计了 B33 椅，灵感来

自对自行车车架的实验。B33 椅由连续的悬臂
结构构成，这也是继 1924 年他设计的拉齐奥桌
（Laccio Table）之后的自然设计演变。布劳耶
对他设计的拉齐奥桌做了调整，并添加了椅背，
用长长的钢管轮廓打造了一个舒适且结构合理
的座位。索耐特兄弟制作的这把 B33 椅成为布
劳耶和荷兰建筑师马特·斯坦之间法律纠纷的对
象——马特·斯坦同一时期设计了一把类似的悬
臂椅。

**B35 躺椅**，1929 年
马歇尔·布劳耶
索耐特兄弟（1929—约 1939 年、约 1945—1976 年）
索耐特（1976 年至今）
见第 463 页

在他创新的瓦西里椅获得成功之后，马歇尔·布
劳耶继续尝试钢管家具。与德国制造商索耐特兄
弟一起合作，布劳耶用轻质工业材料设计了许多
作品，包括凳子、脚凳和这款极简主义的躺椅。
针对这把 B35 椅，这位包豪斯设计师完全去除了
使现代主义住宅中的现代家具显得笨拙的厚重的
饰面。相反，他把看似无缝的钢转轮框架暴露无
遗。座position和椅背由一块连续的织物装饰，扶手是
漆木的。这两个特征都是悬臂式、无纵向支撑的
结构，强调了钢管的抗拉强度和细长的形式。

**巴塞罗那椅**，1929 年
路德维希·密斯·凡·德·罗
柏林约瑟夫·穆勒五金公司（1929—1931 年）
班贝格五金公司（1931 年）
诺尔（1948 年至今）
见第 200 页

这把椅子是为 1929 年巴塞罗那国际展览会德国
馆设计的。路德维希·密斯·凡·德·罗设计了一
座由大理石和玛瑙墙壁、有色玻璃、镀铬柱子构
成水平和垂直平面的建筑。然后他设计了巴塞罗
那椅，它不会显得太坚固或影响空间的流动。密
斯决心设计一把"重要、优雅、不朽"的椅子。
他使用了每一边都带螺栓的横杆连接起来的剪
铰框架。在框架上伸展的皮制带子巧妙地掩藏了
螺栓。1964 年，薄镀铬钢被抛光的不锈钢取代。
巴塞罗那椅从未打算用来批量生产，但密斯在他
有影响力的建筑的接待区都使用了这把椅子，这
就解释了为何这把椅子在如今办公楼的大堂中特
别常见。

**布尔诺椅**，1929 年
路德维希·密斯·凡·德·罗
莉莉·瑞希
柏林约瑟夫·穆勒五金公司（1929—1930 年）
班贝格五金公司（1931 年）
诺尔（1960 年至今）
见第 277 页

布尔诺椅最初是路德维希·密斯·凡·德·罗和
莉莉·瑞希为 1930 年在捷克斯洛伐克布尔诺建
成的图根哈特别墅所设计的，如今布尔诺椅的名
气可能已经超过了该别墅的建筑设计。虽然这
不是第一款采用悬臂式结构的现代主义椅子（通
常认为第一款是马歇尔·布劳耶或马特·斯坦设

计的椅子），但布尔诺椅的简约形式赢得了一批忠实的追随者，并同样适用于住宅和办公环境。光滑的框架有两种版本，一种使用钢管，另一种用扁钢带制成，座椅和椅背覆盖着软垫或皮革。

**折叠椅**，1929 年

让·普鲁维

让·普鲁维工厂（1929 年）

见第 354 页

让·普鲁维的职业生涯始于金属工匠，随后他对工程越来越感兴趣。家具设计或许为他提供了一个把这两个领域融合起来的平台。普鲁维设计的作品利用了技术发展和新颖的结构解决方案，但仍然保留了强烈的工匠特征。这些特征清晰地体现在他设计的折叠椅上。在这把椅子鲜明的工业外观背后是部分手工制作的痕迹。它的空心钢管框架和紧绷在座椅和靠背上的帆布，表明了材料的高效利用，并使结构轻盈而坚固。可折叠的特性进一步增加了椅子的功能，座椅与椅背的长方形框架相匹配，使多把椅子可以相互堆叠。

**桑多椅**，1929 年

勒内·赫布斯特

勒内·赫布斯特商行（1929—1932 年）

新形式公司（1965—约 1975 年）

见第 487 页

对设计师勒内·赫布斯特来说，1928 年他设计的桑多椅的灵感来自观察健美运动员使用扩胸

运动器材（甚至椅子的名称也源自欧洲著名健美运动员尤金·桑多）。这把椅子的设计展现了其底层结构，钢管结构构成椅子框架，弹性橡胶拉伸带以一种让人联想到扩胸器的方式钩在框架上面，构成椅座和椅背。这把椅子于 1929 年首次亮相于巴黎秋季沙龙，但从未被批量生产，而是由勒内·赫布斯特自己的家具公司和新形式公司分别纳入限量系列来生产。

**ST14 椅**，1929 年

汉斯·勒克哈特

瓦西里·勒克哈特

德斯塔（1930—1932 年）

索耐特兄弟（1932—1940 年）

索耐特（2003 年至今）

见第 167 页

ST14 椅弯曲的轮廓表明它的设计要晚于 1929 年。模压胶合板平衡了悬臂式框架的弧度，座椅和椅背处的框架支撑着模压胶合板，使这把椅子无须依靠软垫来获得舒适感。勒克哈特兄弟成功地实践了建筑设计，作为"十一月学社"的成员，勒克哈特兄弟是活跃的理论家，并赢得了表现主义建筑设计师代表的声誉。他们的设计展现了个人主义的风格，比如德累斯顿的德国卫生博物馆。然而，在战后物资短缺、贫困和通货膨胀加剧的时期，这种风格被证实是无情的，因此他们在设计中采用了更人性化、更平民化的方式。这种意识形态的转变在 ST14 椅子上表现得很明显，它顺应了批量生产的需求。

**扶手椅**，约 1930 年

埃托雷·布加迪

限量版

见第 40 页

生于意大利的著名法国汽车设计师和制造商埃托雷·布加迪作为布加迪汽车公司的创始人而为人所铭记。布加迪的父亲卡洛本身也是一名设计师，主要设计新艺术风格的珠宝和家具。布加迪家族在意大利北部拥有一家家具厂，父子俩就在那里修改他们的设计。布加迪完全用白色油漆木板交叉制成的舒适扶手椅的设计概念诞生于 20 世纪 30 年代早期的家具厂，那时布加迪已经是一位知名汽车设计师。

**811 号椅（穿孔椅背）**，1930 年

约瑟夫·霍夫曼

索耐特兄弟（1930 年）

见第 332 页

这个维也纳分离派风格的设计典范从未过时。奥地利设计师约瑟夫·霍夫曼更适合批量生产、更简约的结构来追求新艺术风格的优雅。1930 年，这把椅背穿孔的 811 号椅由奥地利制造联盟展出，它是一个旨在促进现代设计的组织，由产业家与手工艺者组成。这把舒适又轻盈的椅子用两种风格的蒸汽弯曲山毛榉木制成，椅腿和框架用乌木色，座椅和椅背用胡桃木色。座椅和椅背如今更常用编织藤条，可附加扶手，这种款式被称为布拉格椅（Prague Chair）。

**都市扶手椅**，1930 年

让·普鲁维

让·普鲁维工厂（1930 年）

维特拉（2002 年至今）

见第 48 页

都市扶手椅是一款非凡的座椅设计，它悄悄地囊括了让·普鲁维的许多设计理论和过程。都市扶手椅用了各种混合材料形成了完整的功能设计，帆布"栅状"椅垫伸展在管状框架上，钢雪橇状底座展现了工程机械部件，用皮带扣固定的皮带形成了紧绷的扶手。这把椅子的设计、工程和制造使其成为重要的座椅设计参考。都市扶手椅最初是法国南锡大学城的参赛作品，用于学生宿舍，这是普鲁维的早期作品，并为他后期的作品确立了设计语言。他为各种各样的设计寻求创造性的解决方案，从门饰、灯具、座椅、桌子和储物器具，到建筑立面和预制建筑设计。维特拉意识到人们对普鲁维设计的热情日益高涨，于 2002 年决定重新推出都市扶手椅，收入普鲁维作品集。如今都市扶手椅仍在生产。

**柯布西耶躺椅**，1930 年

勒·柯布西耶

皮埃尔·让纳雷

夏洛特·贝里安

索耐特兄弟（1930—1932 年）

海蒂·韦伯（1959—1964 年）

意大利家具品牌卡西纳（1965 年至今）

见第 279 页

在他早期的室内设计中，查尔斯－爱德华·让纳雷（Charles-Édouard Jeanneret）更广为人知的名字是勒·柯布西耶，他用简约、批量生产的家具来装饰室内空间，比如迈克·索耐特的曲木椅。1928 年与皮埃尔·让纳雷和夏洛特·贝里安合作之后，勒·柯布西耶的公司开始设计家具，来配合他建筑中的创新解决方案。柯布西耶躺椅视觉的纯粹和光滑的材料体现了柯布西耶为现代生活设计的理性方法。虽然这把椅子的管状钢框架具有机器般的美感，但柯布西耶躺椅的设计是基于对舒适度的追求的。椅子的曲线反映了身体的曲线，它的钢框架是可调节的，通过在底座上滑动座椅，可满足人们的各种坐姿。

## LC7 旋转扶手椅，1930 年

勒·柯布西耶
皮埃尔·让纳雷
夏洛特·贝里安
索耐特兄弟（1930—约 1932 年）
意大利家具品牌卡西纳（1978 年至今）
见第 182 页

虽然以建筑师和规划师而闻名，但是勒·柯布西耶也活跃在理论、绘画和家具设计领域。作为他与皮埃尔·让纳雷和夏洛特·贝里安共同策划的"家居设备"（Equipment for the Home）展的一部分，柯布西耶的 LC7 旋转扶手椅和 LC8 凳首次亮相于 1929 年巴黎的秋季沙龙。它以传统的打字员座椅为基础，专门为在办公桌旁使用而设计。把亮光或亚光抛光镀铬制成的四条镀铬管腿弯成直角接在一起，并置于座位下方居中。1964

年，意大利制造商卡西纳获得勒·柯布西耶家具设计的专有权，继续生产这把椅子。每把椅子都印有柯布西耶的官方标识和编号来保真。

## 劳埃德织机 64 型扶手椅，约 1930 年

吉姆·勒斯蒂
勒斯蒂的劳埃德织机（约 1930 年至今）
见第 449 页

劳埃德织机工艺是马歇尔·伯恩斯·劳埃德（Marshall Burns Lloyd）在家具制造方面的一项创新。劳埃德的工艺包括把扭曲的牛皮纸缠绕在金属线上，然后用织布机加工制成家具材料的底座。这种生产方法意味着劳埃德织机椅的生产速度比藤条椅或柳条椅要快得多，因而藤条椅或柳条椅更贵，而且更不耐用。1921 年，英国制造商 W. 勒斯蒂父子公司（W. Lusty & Sons）获得了劳埃德的专利，他们很快就开始用劳埃德的创新面料制作新的设计产品。最受欢迎的是 64 型扶手椅。通过把材料包裹和拉伸在一个木制框架上，吉姆·勒斯蒂打造了这把扶手椅，这种扶手椅至今仍在生产。现在，这种扶手椅可选择透明饰面或彩色饰面。

## 904 型椅（名利场椅），1930 年

柏秋纳·弗洛设计团队
柏秋纳·弗洛（1930—1940 年、1982 年至今）
见第 71 页

世界上许多经典的椅子都是建筑师设计的，但是伦佐·弗洛（Renzo Frau）是通过手工方式的饰

面了解到椅子的构造的。他成立了柏秋纳·弗洛制造公司，并配备了汽车皮革工人。弗洛用传统技术实现了高水平的工艺，并打造出令人惊叹的现代设计。名利场椅于约 1910 年就被构思为 904 型椅，但直到 20 世纪 30 年代才制作出来。这把椅子球根状的皮革造型里塞满了鹅绒和马毛，这些填充物在风干山毛榉木上滑动并保持着平衡，给人一种慵懒而优雅的坐感体验，这是对那个时代的完美隐喻。它于 1940 年停产，但于 1982 年以标志性的红色皮革重新推出。从那时起，它经常出现在电影中，包括《末代皇帝》《家庭》（The Family）和《保镖》。

## 布拉格椅，1930 年

约瑟夫·霍夫曼

索耐特兄弟（1930—1953 年）

捷克弯曲木家具公司 TON（1953 年至今）

见第 382 页

布拉格椅在维也纳分离派时期也被称为 811 号椅，它至今仍是在批量生产家具中使用手工曲木的有影响力的经典，在手工成型之前通过蒸制干燥木材制成曲木的这种工艺是由索耐特兄弟开创的。这款餐椅的设计灵感来自奥地利的包豪斯中坚力量约瑟夫·霍夫曼，其初衷是装饰时尚的奥地利公寓。为了满足工业化需求，霍夫曼将新艺术风格的优雅与简约的结构相结合：布拉格椅的椅背和后椅腿是用单片山毛榉木制成的，带有圆形藤条座椅和前椅腿。在手工组装和最终涂漆之前会把木材染色。

## 西格蒙得·弗洛伊德的办公椅，1930 年

菲利克斯·奥根菲尔德

卡尔·霍夫曼

独特的作品

见第 83 页

这款定制办公椅的独特造型旨在鼓励人们保持健康舒适的阅读姿势。这款独特设计的椅子的目标用户是奥地利精神分析学之父西格蒙得·弗洛伊德。狭窄的椅背用皮革和一块其上粘有许多棉絮的狭窄木板制成，使弗洛伊德可以自由地移动双肩。据弗洛伊德的女儿玛蒂尔德（Mathilde）说，博士喜欢用不健康的姿势阅读，他经常把双腿搭在扶手上，让脖子毫无支撑。作为弗洛伊德家族的朋友，菲利克斯·奥根菲尔德与卡尔·霍夫曼一起合作设计了这款椅子，它成为他最著名的作品。

## 堆叠椅，1930 年

罗伯特·马莱特 - 史蒂文斯

Tubor 公司（20 世纪 30 年代）

德·考塞（约 1935—1939 年）

国际差距公司（1980 年至今）

见第 429 页

罗伯特·马莱特 - 史蒂文斯设计的堆叠椅象征着从当时领先的装饰艺术风格开始的哲学转变。与流行的"任意"装饰性质相反，罗伯特·马莱特 - 史蒂文斯效仿了功能性和简单性的原则。他协助组建了现代艺术家联盟，这是一群强调几何形式、令人愉悦的比例、生产的经济性和装

饰离场的现代主义设计师。堆叠椅由管状钢和钢板制成，最初是涂漆或镀镍的，它体现了马莱特－史蒂文斯的设计态度。它特别适合批量生产，可配金属座椅或软垫座椅。关于其设计溯源存在一些争议，但大多数设计史学家将其归于马莱特－史蒂文斯。后来这把椅子由国际差距公司重新生产。

## ❶❾❸❷

**白桦 41 号扶手椅**，1932 年

阿尔瓦·阿尔托

阿泰克公司（1932 年至今）

见第 316 页

在阿尔瓦·阿尔托的所有家具设计中，白桦 41 号扶手椅可能是他最著名的设计作品，是独创的结构和对材料的新颖使用近乎完美的结合。这是为芬兰帕伊米奥结核病疗养院设计的，优点是座位相当硬，因此让坐着的人保持警觉，从而成为理想的阅读椅。20 世纪 20 年代末，阿尔托开始与家具制造商奥托·科霍宁（Otto Korhonen）合作实验木质层压板（胶合板）。阿尔托使用木质层压板是因为其价格低廉，而且与钢管相比它有许多优点：木质层压板导热性能不好，不反射强光，易于吸音而不易传播声音。这把椅子展现了胶合板看起来简单但尚未被广泛认识的潜力——可以弯曲成相当有弹性、强度以及有美感的形状。

**MK 折叠椅**，1932 年

穆根思·库奇

Interna 公司（1960—1971 年）

卡多维乌斯（1971—1981 年）

卡尔·汉森父子公司（1981 年至今）

见第 44 页

丹麦建筑师穆根思·库奇深受凯尔·柯林特（Kaare Klint）家具设计的影响。跟柯林特一样，穆根思·库奇谨慎地避免表面功夫，更喜欢采用一种冷静的方式，即通常基于对现有家具样式的改良和传统材料的使用来进行设计。就像柯林特 1930 年设计的螺旋折叠凳（Propeller Folding Stool），库奇的 MK 折叠椅（库奇椅）模仿了军事活动的家具。带有帆布座椅的折叠凳成为椅子的中央部分，并用四根杆子围起来，其中两根杆子之间是帆布椅背。四根柱子各有一个金属环，并固定在座位的下方。椅子可以折叠起来，但在使用的时候座椅不会因重量而坍塌。库奇椅是为参加教堂家具的竞赛而设计的，直到 1960 年 Interna 公司重新发行这款椅子并用于室外，库奇椅才开始大量生产。

## ❶❾❸❸

**狩猎椅**，1933 年

凯尔·柯林特

鲁德·拉斯穆森斯木工坊（1933 年）

卡尔·汉森父子公司（2011 年至今）

见第 246 页

凯尔·柯林特虽然对理性设计和人体工程学感兴趣，但他设计的那些椅子仍然经常借鉴历史上的设计先例和本土家具样式。狩猎椅的灵感来自

19 世纪殖民远征期间英国军队使用的轻便而便携的露营椅。这把狩猎椅的设计便于携带，不需要用任何工具就可以毫不费力地组装起来，而且拆卸后可以存放在帆布袋里。除了精致的结构，狩猎椅还有匀称的木质框架和优雅的帆布或皮革座椅和椅背，体现出其用料精良，使它更适合被放在精美的中世纪室内，而不是放在真正的野生动物园里。

**❶❾❸❹**

**弯曲木胶合板扶手椅**，1934 年

杰拉尔德 • 萨默斯

简易家具制造（1934—1939 年）

Alivar 公司（1984 年至今）

见第 98 页

杰拉尔德 • 萨默斯设计的弯曲胶合板扶手椅将一件简单的家具变成家具设计史上一个开创性的时刻。它用一块胶合板制成，在不使用螺丝、螺栓或接头的情况下弯曲并固定到位，质疑了以往的制造技术。这把椅子是单件结构最早的例子之一，这是几十年来在金属或塑料设计中都没有实现的技术。它流畅的曲线、圆润的轮廓和靠近地面的宽阔表面，与典型的线性家具形成了鲜明的对比。萨默斯用他"简单家具制造商"的品牌制造了这把椅子。当英国政府限制胶合板进口时，它在商业上的成功就被打断了。结果，1939 年萨默斯的公司被迫关闭，当时只生产了120 把椅子。因此，这把椅子的原始版本非常有收藏价值。

**313 号躺椅**，1934 年

马歇尔 • 布劳耶

Embru 公司（1934 年）

见第 500 页

作为德国包豪斯学院的学生和教授，匈牙利设计师马歇尔 • 布劳耶成为旨在用工业材料实现功能性和经济性最大化的设计运动中最有代表性的设计师之一。313 号躺椅最初是作为 1933 年巴黎国际铝应用局（International Bureau for Applications of Aluminium）组织的一项竞赛的设计方案而发布的。躺椅的设计用四个不同角度和相交的平面构成了椅子的结构。布劳耶用铝条梯子制作了这些平面。为了使设计更加柔和，布劳耶将座椅椅背向后转向顶部，并让两个平面以开放的角度相交，而不是刚性的直角。1936 年，布劳耶为伦敦伊索康家具公司（Isokon）用胶合板重新设计了与这款椅子结构相同的躺椅。

**伊娃躺椅**，1934 年

布鲁诺 • 马松

卡尔 • 马松公司（1934—1966 年）

瑞典家具品牌 Dux（1966 年）

布鲁诺 • 马松国际公司（1942 年至今）

见第 346 页

年轻的布鲁诺 • 马松在身为家具大师的父亲卡尔的办公室里接受培训，他获得了至关重要的技术技能和对天然材料价值的敏锐鉴赏力。后来，马松通过研究人体解剖、身姿体态和椅子结构之间的相互作用，进一步拓展了这些早期经验。马

松用这些发现设计了伊娃躺椅，这是用柔软的木材和织带制成的一系列流畅的椅子。马松可能无法像与他同时代的阿尔瓦·阿尔托和保罗·克耶霍尔姆（Poul Kjærholm）一样使用先进的木材和钢铁的生产方法，但马松是第一个在椅子外部结构中使用黄麻织带（在第二次世界大战期间黄麻和大麻都紧缺时，更要容易获得的纸制马鞍环取代）的斯堪的纳维亚设计师。

**哥德堡椅**，1934—1937 年

艾瑞克·古纳尔·阿斯普隆德

意大利家具品牌卡西纳（1983 年至今）

见第 252 页

瑞典建筑师艾瑞克·古纳尔·阿斯普隆德是北欧古典主义的重要代表人物，也是 20 世纪 20 年代瑞典现代主义的早期倡导者。1983 年卡西纳发行的哥德堡椅的框架用胡桃木或白蜡木制成，可以选用自然的饰面、染色或上漆。这把椅子的椅背轮廓颇具特色，用皮革或织物制成的软垫与聚氨酯泡沫塑料坐垫相配。哥德堡椅最初从 1934 年到 1937 年为哥德堡市政厅设计。

**标准椅**，1934 年

让·普鲁维

让·普鲁维工厂（1934—1956 年）

斯蒂芬·西蒙画廊（1956—1965 年）

维特拉（2002 年至今）

见第 42 页

让·普鲁维设计的标准椅结构坚固、美感简约，

是一种低调的设计。它是从普鲁维为法国南锡大学举办的家具竞赛的设计演变而来的，使用了带有橡胶脚垫的钢板和钢管的组合。普鲁维设计了批量生产的椅子，并在第二次世界大战期间设计了一个可拆卸的版本。这反映了普鲁维的设计理念，即设计应该是现代功能主义的一种平民主义形式。在最初构思近 70 年后，2002 年维特拉重新发行了标准椅。维特拉已经在其设计博物馆中收藏了一系列普鲁维原创的设计作品，包括标准椅。维特拉设计博物馆的收藏使普鲁维的设计与伊姆斯夫妇和乔治·尼尔森的设计相提并论。

**Z 形椅**，1934 年

赫里特·里特维德

杰拉德·凡·德·格罗内坎公司（1934—1973 年）

梅茨公司（1935—约 1955 年）

意大利家具品牌卡西纳（1973 年至今）

见第 403 页

凭借 Z 形椅，赫里特·里特维德通过引入对角支撑打破了传统椅子的传统几何结构。Z 形椅棱角分明且坚固，仅由四个相同宽度和厚度的扁平矩形木制平面组成——椅背、座椅、支撑物和底座。自 20 世纪 20 年代以来，里特维德一直尝试设计一款可以从一块材料上裁切下来的椅子，或者说"就像那样从机器中弹出来"的椅子。然而，事实证明把四个独立的木板面连接起来更实用。人们的目光被它的构造方法吸引：座椅和椅背之间的燕尾榫接头，以及用来加固的呈 45 度角的三角形楔子。Z 形椅最初在荷兰制造，在设计上确立了自己的历史地位。

**扶手椅 42**, 1935 年

阿尔瓦·阿尔托

阿泰克公司（1935 年至今）

见第 22 页

虽然熟悉马歇尔·布劳耶对钢管的实验和包豪斯的工业美学，但阿尔瓦·阿尔托决定将这些开创性的想法应用于木材，这是一种在斯堪的纳维亚有着悠久传统的更温暖、更有触感的材料。基于迈克·索耐特在 19 世纪开发的技术，阿尔托将工艺美学和机器生产相结合，开发出黏合和模压胶合板的新技术。1932 年他设计的桦木扶手椅 42 展现了一些创新设计解决方案。扶手椅的悬臂式木腿连接到一张涂有高光漆、作为椅座和椅背的胶合板上。作为一把没有直线的椅子，扶手椅 42 测试了制造弯曲胶合板的极限。

**板条箱椅**, 1935 年

赫里特·里特维德

梅茨公司（1935 年）

里特维德原创公司（1935 年至今）

意大利家具品牌卡西纳（约 1974 年）

见第 294 页

赫里特·里特维德板条箱椅是在经济萧条之后首次生产的，它背后的意图是用最少的组装部件提供价格合理的物品。里特维德没有使用优质材料，而是专注于寻找合适的角度和比例。这把椅子是用从包装箱拆卸下来的木材制成的，这些木材切割后仅用螺丝组装起来，这都是为了降低成本。这款椅子通常配有软垫。这款椅子早期由里特维德亲自生产和销售，随后由梅茨公司推向市场。20 世纪 70 年代，卡西纳公司也生产了里特维德的这把椅子，至今仍可在里特维德原创公司购买。

**詹尼躺椅**, 1935 年

加布里埃莱·穆基

克列斯比，埃米利奥·皮纳（1935 年）

意大利家具公司扎诺塔（1982 年至今）

见第 470 页

加布里埃莱·穆基在投身绘画之前学习了工程学，然后又投身于建筑和设计。他是意大利理性主义的早期支持者，这场运动结合了对意大利人身份至关重要的古典形式的探索，以及来自包豪斯等当代的设计创新。受马歇尔·布劳耶在包豪斯钢管实验的影响，穆基用优雅的镀铬钢管框架打造了 1935 年设计的詹尼躺椅。通过在座椅、头枕和扶手上使用皮革椅饰，钢铁锐利的工业风格变得更受欢迎。穆基并没有以牺牲舒适度为代价打造出冷峻的结构；这把椅子配有一个脚凳，它的座位是可调节的，让人们可以坐也可以斜倚。

**高脚椅 K65**, 1935 年

阿尔瓦·阿尔托

阿泰克公司（1935 年至今）

见第 218 页

阿尔瓦·阿尔托设计的高脚椅展现了这位芬兰设

计师如何把斯堪的纳维亚传统、他对诚实的手工艺和天然材料的兴趣以及包豪斯的功能主义相结合。高脚椅采用与阿尔托开创性的60号凳（Stool 60）相似的结构：它的圆形椅座位于弯曲的桦木腿上，椅腿被拉长使椅座达到台面的高度。此外，高脚椅K65还提供了给背部微妙支撑的弯曲胶合板的低椅背。阿尔托的高脚椅仍然是一种更温暖、更简朴的现代主义的象征，后来对斯堪的纳维亚和国际设计界未来几代设计师产生了重大的影响。

**躺椅**，1935 年
夏洛特·贝里安
斯蒂芬·西蒙画廊（1935 年）
见第 247 页

基于她 1928 年设计的由金属管组成的倾斜扶手椅，夏洛特·贝里安设计了一款带有灯芯草椅座和椅背的木制扶手椅。在勒·柯布西耶、皮埃尔·让纳雷和费尔南德·莱热（Fernand Léger）的帮助下，贝里安在一个年轻人的公寓项目中使用了这把椅子。她对天然材料的使用——椅子框架用木材制作，椅座用灯芯草制作——最初被视为对现代主义风格的冒犯。然而，贝里安对现代主义形成了一种新的理解，天然材料在现代主义中可以实惠地运用。她的目标是让她的设计适应现实。

**疲惫男人的安乐椅**，1935 年
弗莱明·赖森
A. J. 伊弗森（1935 年）
赖森（2015 年至今）
见第 35 页

为 1935 年哥本哈根橱柜制造商协会大赛（Copenhagen Cabinetmakers' Guild Competition）设计的这款疲惫男人的安乐椅很快在国际上获得了认可。在设计这款椅子的时候，弗莱明·赖森想唤起一种被笼罩在熊抱般的温暖中的感觉。通过扶手和座椅椅背宽大的曲线，椅子柔软而和谐的外形很容易传达出这种感觉。以羊皮椅饰为特色的版本提高了舒适度。通过这种设计，赖森还唤起了斯堪的纳维亚传统悠久的家庭亲密关系与舒适感。因此，2015 年在斯德哥尔摩家具展（Stockholm Furniture Fair）重新推出时，椅子的有机形式再次引起了评论家和广大公众的关注也就不足为奇了。

# ❶❾❸❻

**400 号扶手椅**，1936 年
阿尔瓦·阿尔托
阿泰克公司（1936 年至今）
见第 181 页

在芬兰建筑师阿尔瓦·阿尔托的座椅家具设计中，400 号扶手椅（也被称为"坦克椅"）不同寻常，它以精简和轻便著称。在这把椅子上，阿尔托强调质量和坚固：薄薄的桦木贴面被粘在一起并置于模具周围，从而打造出宽阔、弯曲和悬臂的条带，为床垫式座椅和椅背两侧提供了开放式框架。宽阔的层压条支撑着一体的笨重椅子，并增加了强度。在扶手和椅背的连接处，层压条向下的末端有助于为设计提供一种整体的刚度，从而把 400 号扶手椅与其近亲 406 号扶手椅区分开来；406 号扶手椅末端是向上卷曲的。这个小小的区别表明了这种元素的美学价值，有助于 400 号扶手椅展现力量感与承重能力。

**躺椅**，1936 年
马歇尔·布劳耶
伦敦伊索康家具公司（1936 年、1963—1997 年）
伦敦伊索康 Plus 家具公司（1997 年至今）
见第 206 页

受阿尔瓦·阿尔托胶合板设计的启发，马歇尔·布劳耶为英国制造商伊索康家具公司设计了这款长椅。在第一次世界大战和第二次世界大战期间，伊索康公司老板杰克·普瑞查德（Jack Pritchard）雇用了布劳耶，他把 1932 年的类似设计改用了铝框架。使用弯曲胶合板作为悬臂的新模型成为一种经典。躺椅属于一系列重新发行的伊索康设计之一，如今用生产公司的新名称伊索康 Plus 家具公司来命名——伊索康长椅（Isokon Long Chair）。

**教堂椅**，1936 年
凯尔·柯林特
丹麦家具品牌弗里茨·汉森（1936 年）
A/S 伯恩斯托夫堡公司（2004 年再版）
A/S 伯恩斯托夫堡公司与 dk3 公司合作（2004 年至今）
见第 214 页

凯尔·柯林特最初为哥本哈根的伯利恒教堂（Bethlehem Church）设计了这款轻型教堂椅，后来又将这把教堂椅用于格伦特维的教堂中殿。然而，蒸汽曲木椅使用的简约视觉语言使它很快成为住宅空间的普遍选择。近距离观察这把椅子，你就会发现它潜在的复杂性。它的所有部件都以不同的角度设置，以便能更好地适应人体脊柱，因此制作过程中不容出错。椅子的理性之美反映了柯林特的功能主义原则，包括对研究人体工程学、工艺和高品质材料驱动设计的兴趣。柯林特在哥本哈根丹麦皇家美术学院向几代家具设计师传授了他的设计理念。

**36 号躺椅**，1936 年
布鲁诺·马松
布鲁诺·马松国际公司（1936 年—20 世纪 50 年代、20 世纪 90 年代至今）
见第 371 页

20 世纪 30 年代，设计师布鲁诺·马松开始研究他所谓的"坐的生意"。马松的 36 号躺椅就是这些研究的成果。从 1933 年开始，马松设计了座椅和椅背浑然一体的层压板椅子框架，上面覆盖着马鞍环的编织带。36 号躺椅从早期的设计演变而来，即 1933 年的蚱蜢椅（Grasshopper Chair）。马松的设计基于坐姿的生理学，他写道："舒适的坐姿是一门'艺术'——这是错误的。相反，椅子的制作必须'艺术'地让人感觉不到坐是任何艺术。"马松的设计结合了美感和形式，在当时和现在都被视为一种创新。

**圣·埃利亚椅**，1936 年

朱塞佩·特拉尼

意大利家具品牌扎诺塔（1970 年至今）

见第 477 页

贝尼塔椅（Benita Chair）是朱塞佩·特拉尼为他在意大利最著名的建筑法西斯宫设计的。由于它最初的名字不幸与意大利独裁者贝尼托·墨索里尼（Benito Mussolini）的名字相关联，这把椅子后来更名为"圣·埃利亚"（Sant'Elia）。特拉尼沿用他在整个建筑中使用的实验态度设计了法西斯宫内部的每一件家具。其中包括一把名为"拉利亚纳"（Lariana）的悬臂椅，它用支撑着皮革软垫或模压木制椅座和椅背的一体钢管制成。为了在会议室中使用，特拉尼通过把框架扩展成优雅的扶手，将拉利亚纳椅改造成贝尼塔椅。这两款椅子不同的曲线赋予了椅座、椅背和扶手的结构不同寻常且舒适的灵活性，兼顾了美观和功能。这两款椅子由生产金属管家具的米兰哥伦布公司制造；然而，直到 20 世纪 70 年代扎诺塔重新设计这两款椅子时，它们才开始批量生产。

**司卡诺椅**，1936 年

朱塞佩·特拉尼

意大利家具品牌扎诺塔（1972 年至今）

见第 401 页

朱塞佩·特拉尼没有把他的司卡诺椅的设计与他在意大利的不朽杰作科莫的法西斯宫的其他元素分开，在单独的设计行业兴起之前，这种做法在建筑师中很常见。该项目被设计成单一、统一的整体。不幸的是，在特拉尼的一生中，司卡诺椅仅作为一系列设计草图保留了下来。近 40 年过去，扎诺塔于 1972 年首次生产了这款椅子，随后在 1983 年推出了如今可买到的版本，并更名为弗利亚（Follia），意为"疯狂"。司卡诺椅并未使用雕塑和建筑中更喜欢使用的柔软曲线。黑色漆面山毛榉木椅座把四个同样引人注目的椅腿连接起来，形成了一个结构立方体。双悬臂半圆形支撑将椅座连接到弯曲的椅背。该设计证明了特拉尼的完美主义和拒绝正统的观念，是意大利现代主义的早期典范。

# ❶❾❸❼

**43 号躺椅**，1937 年

阿尔瓦·阿尔托

阿泰克公司（1937 年至今）

见第 430 页

20 世纪 20 年代和 30 年代，随着疗养胜地持续流行，人们对休闲和健身的兴趣日益浓厚，促使许多设计师尝试设计舒适的休息室家具。阿尔瓦·阿尔托之前用他为芬兰西南部一家结核病疗养院设计的帕伊米奥椅（Paimio Chair）解决了这个问题，此时他用自己设计的 43 号躺椅再次迎接挑战。这款优雅的弯曲桦木椅于 1937 年巴黎世界博览会期间在阿尔托设计的芬兰馆首次亮相，最初用玛丽塔·利贝克（Marita Lybeck）设计的软垫填充覆盖，后来用纵横交错的皮革带或织带重新制作。

**606 桶背椅**，1937 年

弗兰克·劳埃德·赖特

限量版（1937 年）

意大利家具品牌卡西纳（1986 年至今）

见第 61 页

设计这款椅子时弗兰克·劳埃德·赖特考虑了特定的环境，他认为家具应该与空间的建筑相协调。尽管如此，他经常发现自己被同样的几何形式吸引，并随着时间的推移不断改进。他的 606 桶背椅最初是在 1904 年为纽约布法罗的马丁私人住宅设计的，后来以更新的外观在威斯康星州温德波因特的约翰逊住宅和赖特在塔里埃森的家中重新出现过。在设计 606 桶背椅时，赖特放弃了他的椅子通常采用强大的垂直组件的设计风格，转而采用更复杂的形式——弯曲的纺锤形椅背框出了圆形椅座，椅座配有软垫。

**克里斯莫斯椅**，1937 年

特伦斯·罗布斯约翰－吉宾斯

雅典的萨里迪斯（Saridis of Athens，1961 年至今）

见第 355 页

胡桃木的克里斯莫斯椅搭配编织的皮革皮带，忠实地再现了从古希腊风格中汲取的灵感，呈现了一种独特的美感和完美的理想，两千多年来这种风格一直激励着艺术家和设计师。优雅有力的细木工艺与精致的锥形曲线相结合，使这把椅子成为舒适家用椅的早期家具典范。具有讽刺意味的是，生于英国的室内设计师和家具设计师特伦斯·罗布斯约翰－吉宾斯以这把椅子而闻名，

因为他是一名狂热的，甚至有点儿古怪的现代主义者。他在 1944 年出版的《再见，奇彭代尔先生》（Goodbye, Mr Chippendale）一书中指出，"古董家具的痼疾是一种根深蒂固的罪恶"，并极力主张现代主义。在设计了大量现代主义风格的作品后，他再次转向古希腊寻求灵感。1961 年，特伦斯·罗布斯约翰－吉宾斯与雅典的萨里迪斯合作设计了克里斯莫斯系列家具，其中包括古典希腊家具的复制品。

**堆叠椅**，1937 年

马歇尔·布劳耶

风车家具公司（1937 年）

见第 379 页

1935 年，包豪斯设计师马歇尔·布劳耶离开纳粹德国，并很快在英国现代主义建筑公司伊索康找到了工作。早期的合作项目是把该公司草坪路公寓（也称伊索康大楼）的一个公共厨房改造成餐厅。对于这把可堆叠的餐椅，布劳耶使用了英国现代主义的柔和美学进行设计，这也许比他平时的风格更温暖。这位生于匈牙利的设计师并没有继续他的钢管家具实验，而是选择了有曲线而温暖的层压桦木和模压桦木胶合板。他的餐椅用两块木头制成，其中一块木头用于制作锥形腿和薄椅座，另外一块木头则制作成带有弧形顶部的小椅背，方便提拿。

**⓵⓽⓷⓼**

**蝴蝶椅**，1938 年

安东尼奥·博内特·卡斯特亚纳

乔治·法拉利－哈多伊

胡安·库昌

阿泰克－帕斯科（1938 年）

诺尔（1947—1973 年）

库埃罗设计（2017 年至今）

见第 340 页

蝴蝶椅的底座由两个连续的焊接钢环组成。蝴蝶椅最初称为 BKF 扶手椅，由阿根廷建筑事务所奥斯特拉尔集团（Grupo Austral）设计。以这种经济有效的结构为基础，加上简单的皮革覆盖物，便可以打造出一把休闲椅。这把椅子最初是 1938 年奥斯特拉尔集团为在布宜诺斯艾利斯的埃迪西菲奥查尔卡斯公寓酒店（Edicifio Charcas）设计的。它由阿泰克－帕斯科制作，后来又由诺尔制作，此后又生产了许多版本。

**椅子**，约 1938 年

吉尔伯特·罗德

原型设计

见第 89 页

作为 20 世纪 30 年代美国创新设计的领军人物，纽约设计师吉尔伯特·罗德喜欢尝试不同的材料和技术，并探索它们的美学可能性。有机玻璃就是这样一种材料。有机玻璃于 1936 年由费城化学公司罗门哈斯推出，并在 1939 年纽约世界博览会上引起了轰动。罗德在世博会中展出的完全集成塑料椅的原型是最早使用这种新材料的设计实例之一。这款前卫的椅子使用不锈钢椅腿，椅座和椅背均采用弯曲的有机玻璃制

成，既轻便又坚固。

**折叠吊床椅**，1938 年

艾琳·格雷

原型设计

见第 390 页

爱尔兰设计师兼建筑师艾琳·格雷的设计作品打破了简单的分类，涵盖了装饰艺术（其影响体现于她对奢华材料的偏爱）和 20 世纪 20 年代的早期现代主义（体现于她家具设计的简洁线条中）。格雷比较不寻常的作品之一是折叠吊床椅，它是她于 1938 年为自己在法国卡斯特拉的家 Tempe à Pailla（法语，意为"打盹时间"）设计的。这把椅子由一个带衬垫的帆布椅座组成，在两条 S 形穿孔的层压板之间伸展，可以轻松地折叠起来存放。折叠吊床椅是格雷从 1929 年著名的扶手椅开始的正式探索的延续，虽然这两款椅子都是原型，从未批量生产。

**锤柄椅**，1938 年

沃顿·埃谢里克

沃顿·埃谢里克工作室（1938 年—约 20 世纪 50 年代）

见第 498 页

凭借在宾夕法尼亚的工作室独特的设计和精湛的工艺，沃顿·埃谢里克把英国工艺美术运动的原则带到了第二次世界大战后的世界。在对传统的凤尾扶手椅（crest-rail chair）的设计上，这位美国家具设计师还展现了他重新利用现有材料的天赋。在这把椅子中，他使用了他在拍

卖会上从一家已经倒闭的木材公司购买的两箱山核桃木和白蜡木的锤柄。受附近树篱剧院（Hedgerow Theatre）公司的委托，埃谢里克为他的椅子的椅腿、横梁和横杆改造锤柄，这些锤柄为光滑的饰面和图案纹理所掩盖。当锤柄用完后，埃谢里克便代之以雕刻的白蜡木，椅子仍然配有编织皮革或拉伸生皮。

## ❶❾❸❾

**406 号扶手椅**，1939 年

阿尔瓦·阿尔托

阿泰克公司（1939 年至今）

见第 192 页

406 号扶手椅的框架和椅座交错开放的曲线呈现了阿尔瓦·阿尔托最优雅的设计之一。406 号扶手椅和 400 号扶手椅在许多方面很相似，但是 400 号扶手椅通过它矮胖的形态做出了有力的声明，406 号扶手椅则突显了修长的形态。406 号扶手椅是对胶合板帕伊米奥椅的改良，保留了它的悬臂框架，但有一个由带子制成的椅座。406 号扶手椅的最终版本最初是为玛丽亚别墅设计的，该别墅是阿尔托的赞助人和商业伙伴玛丽亚·古利克森（Maire Gullichsen）的家。使用织带很可能是阿尔托的妻子艾诺（Aino）的建议，她曾在 1937 年的悬臂式 43 号躺椅上使用过织带，并作为她丈夫阿尔托的设计进行销售。织带是一种廉价的材料，而且足够薄，能防止阿尔托设计的精致轮廓被遮挡，从而使它的结构尽可能清晰地展现出来。

**安乐椅**，1939 年

让·普鲁维

让·普鲁维工厂（1939 年）

维特拉（约 2002 年至今）

见第 474 页

这把诱人的低座安乐椅出自一名自认为是设计工程师的法国设计师，突显了他对工业流程的认识。作为一名在其他领域自学成才的金属工匠，他用自己的技巧把简单的平面连接到安乐椅的整体架构中。这把椅子拥有宽大的椅座和椅背，是一款专为舒适而设计的产品。在 21 世纪初期，瑞士公司维特拉与设计师的家人密切合作，开始发行普鲁维作品的更新版，将这把椅子更新为现代色调。扶手用天然橡木、烟熏橡木或美国胡桃木等涂油木材制成，底座为用于制作后腿的弯曲钢板和用于制作前腿的钢管，两对椅腿都施以粉末涂层。

**约翰逊·瓦克斯椅**，1939 年

弗兰克·劳埃德·赖特

限量版（1939 年）

意大利家具品牌卡西纳（1985 年—约 20 世纪 90 年代）

见第 269 页

1939 年，美国建筑师弗兰克·劳埃德·赖特在威斯康星州拉辛市建设完成了约翰逊制蜡公司办公楼。这位建筑师以把他的建筑与原创室内设计和家具相结合而闻名，设计了约翰逊·瓦克斯椅和一张标志性的桌子。这款椅子的特点是，用钢管形成的结构支撑着明亮的椅饰、软垫、织物或皮革构成的泡沫塑料椅背。赖特还为椅子安装了木制扶手。这款椅子有各种各样的款式，包括带脚轮的设计。1985 年，卡西纳获得了生产这把椅子的独家许可。

**兰迪椅**，1939 年

汉斯·科劳

P. & W. 布拉特曼金属制品厂（1939—1999 年）

METALight 公司（1999—2001 年）

意大利家具公司扎诺塔（1971—2000 年）

维特拉（2013 年至今）

见第 333 页

兰迪椅是功能性设计的经典。这款铝制椅由靠在自支撑底座上的一个立体模制座椅外壳组成，重量轻，防风雨，最多可堆叠 6 把椅子。最初，这把椅子上打了 91 个孔来减轻它的重量，使它适合在室外使用（这些孔可以排出雨水）。孔的数量后来减少到 60 个，但椅子的基本形式自设计以来超过 75 年并没有实质性的变化，虽然它的名字已经改变——扎诺塔之前称之为 "2070 斯巴达纳"（2070 Spartana）。兰迪椅最初是为 1939 年的瑞士国家展览而设计的，现在则被视为瑞士设计的象征。

**①⑨④⓪**

**美国草坪椅**，20 世纪 40 年代

设计师佚名

各式美国草坪椅（20 世纪 40 年代至今）

见第 497 页

美国草坪椅便于携带且易于存放，与冰镇啤酒、烟熏烧烤搭配，是理想夏日的终极象征。这款椅子由轻质铝制成，可折叠平放，适合任何时的季节性短途旅行，无论是海滩旅行、美国独立日的烟花表演，还是美国的体育传统——赛前聚餐。随着第二次世界大战后郊区的发展让人们买得起带花园的房子，这种美国的主要产品流行起来。这款铝制折叠椅采用了织物绑带，最初由纽约布鲁克林的弗雷德里克·阿诺德（Fredric Arnold）公司于 1947 年生产。如今，经典的草坪椅更为人所知的版本是合成纤维编织带、塑料扶手，可附加的杯托则是 20 世纪后期的一项创新。

**椅子**，1940 年

马格努斯·莱索斯·斯蒂芬森

A. J. 伊弗森（1940 年）

见第 314 页

虽然 20 世纪上半叶许多斯堪的纳维亚设计师竭尽全力地在他们的家具设计中打造出更具流线型的几何形式，但是丹麦设计师马格努斯·莱索斯·斯蒂芬森将他的注意力转向了具有独特触感、高度雕塑感的轮廓。1940 年斯蒂芬森的这款椅子的有机轮廓让人们想起非洲的图腾。它的设计元素极为精简，椅子由四条最小尺寸的模塑椅腿、圆形椅座和富有表现力的弯曲椅背组成——这些设计元素都是设计师对异国情调和奢华材料的偏爱，如尼日利亚皮革和古巴红木。斯蒂芬森设计的椅子是由丹麦橱柜制造商 A. J. 伊弗森制作的。

**103 型儿童椅**，20 世纪 40 年代

阿尔瓦·阿尔托

制造商 O.Y. Huonekalu-ja Rakennustyötehdas Ab

（20 世纪 40 年代）

见第 320 页

阿尔瓦·阿尔托的 103 型儿童椅的优美轮廓和天然桦木色的简约视觉效果为椅子令人印象深刻的悬臂结构所抵消，这种结构似乎使座位悬浮在半空中。不像阿尔托扶手椅中经常出现的那种弯曲成型的扶手，层压木板条的椅腿也支撑着座位的底部，从而让整个结构保持稳定。阿尔托的 103 型儿童椅和儿童桌的吸引力不仅在于技术上的创新，还在于阿尔托对天然材料周而复制的使用所带来的温暖和俏皮感。

**有机椅**，1940 年

查尔斯·伊姆斯

埃罗·沙里宁

哈斯克精英制造公司、海伍德 - 韦克菲尔德公司和玛丽·埃尔曼（1940 年）

维特拉（2005 年至今）

见第 405 页

芬兰现代主义设计师埃罗·沙里宁因其建筑而闻名，他的家具设计也同样重要。有机椅是沙里宁与查尔斯·伊姆斯合作设计的，他们的先锋设计思想源于对模压胶合板、塑料和层压胶合板的兴趣，以及"循环焊接"工艺的启发，这种工艺是由克莱斯勒公司开发的一种把木材与橡胶、玻璃或金属接合起来的工艺。有机椅座和椅背的原型被破坏并重新设计，直到找到合适的座位形状：这个旨在支撑胶合层和木板饰面的结构外壳必须以手工制作。这款有机椅促使沙里宁为诺尔设计了 70 号子宫椅、沙里宁办公座椅系列（Saarinen Collection of office seating）和郁金香椅。

**鹈鹕椅**，1940 年

芬·居尔

尼尔斯·沃戈尔（1940—1957 年）

丹麦家具品牌 Onecollection（2001 年至今）

见第 86 页

芬·居尔设计的鹈鹕椅于 1940 年在哥本哈根橱柜制造商协会展览（the Copenhagen Cabinetmakers' Guild Exhibition）首次展出时被评论家蔑称为"疲惫的海象椅"，它自豪地展现了设计师的有机设计倾向。鹈鹕椅标志着与上一代丹麦家具设计师（如凯尔·柯林特及其追随者）所推广的严格功能主义的截然背离。鹈鹕椅不寻常的曲线和坚固的椅腿的灵感来自现代主义雕塑，这种抽象的外观确保了它前卫的魅力如今仍丝毫未减。在富于表现力的形式下是经过深思熟虑的结构，旨在将坐着的人包裹在温馨的拥抱之中。

**❶❾❹❷**

**666 WSP 椅**，1942 年

简斯·里松

诺尔（1942—1958 年、1995 年至今）

见第 190 页

666 WSP 椅的简约木制和网状结构既反映了第二次世界大战时期有限的条件，也反映了简斯·里松丹麦设计的渊源。里松从现代主义设计师凯尔·柯林特，柯林特提倡用人体比例设计简约而直接的形式。1941 年，里松为汉斯·诺尔（Hans Knoll）的公司设计了他的第一件家具。666 WSP 椅最初是在第二次世界大战期间生产的，因此只能由可获取、不受管制的材料制成。随后出现的许多版本都使用相同的军用剩余织带——一种"非常基本、非常简单、廉价"的材料。由于易于清洁、易于更换且使用舒适，织带是这些日常家用椅子的完美材料。这种材料提供的轻盈、通风结构使椅子的外观不那么沉重，并且具有与光线充足且灵活的新现代住宅相一致的非正式特征。里松的 666 WSP 椅的优雅和实用性确保了它的流行。

**铝椅**，约 1942 年
赫里特·里特维德
限量版
见第 24 页

作为风格派运动的主要成员，赫里特·里特维德设计的红蓝椅日后成为新塑造主义的标志。里特维德的铝椅是用一块金属制作座椅的实验，它预示着金属生产工艺即将到来。事实上，除了后椅腿，这把椅子是用一整块铝板制成的。扶手椅放置在一个由"三条腿"构成的平面上（"三条腿"指折叠铝板的轮廓线）。通过卷曲金属板的边缘，椅子变得更加坚固。座椅椅背上的穿孔赋予椅子独特的品质，使椅子更轻，移动更方便。

**回旋镖椅**，1942 年
理查德·诺伊特拉
前景公司（1990—1992 年）
住宅工业和奥托设计集团（2002 年至今）
VS 公司（2013 年至今）
见第 213 页

1942 年，理查德·诺伊特拉和他的儿子迪翁·诺伊特拉（Dion Neutra）为政府资助的加利福尼亚州圣佩德罗查奈尔高地住宅项目（Channel Heights Housing Project）设计了回旋镖椅，并使用了低成本材料和简单的结构。这把椅子棱角分明而又经过柔化的倾斜线条打造了一个高效的结构，并用简单的榫头和织带连接在一起。胶合板侧板代替了后腿，并通过销钉连接前椅腿。虽然名称如此，但是最终呈现出的优雅形状并不是受澳大利亚回旋镖的启发。1990 年，迪翁授权前景公司生产这款椅子，并进行了微调。2002 年，他与奥托设计集团再次审视了设计，并授权住宅工业公司生产限量版。2013 年，VS 美国公司发行了诺伊特拉家具系列，其中包括标志性的回旋镖椅。这款椅子的持续流行证明了它持久的魅力。

**小奥兰椅**，1942 年
卡尔·马尔姆斯滕
瑞典家具制造商 Stolab（1942 年至今）
见第 176 页

瑞典家具设计师卡尔·马尔姆斯滕反对 20 世纪早期家具设计的现代发展，并提倡回归基于当地传统和天然材料的、价格实惠、以工艺为基础的设计。马尔姆斯滕的灵感大多来自历史，因此在他参观位于芬兰奥兰群岛的中世纪的芬斯特伦教堂（Finström Church）时看到的一系列靠背椅激发他设计了 1942 年最著名的小奥兰椅，也就不足为奇了。马尔姆斯滕对历史模型做了几次调整，但保留了实木形式的简洁轮廓。虽然马尔姆斯滕坚持回顾过去，但他的设计具有永恒的特征，这确保它们至今都经久不衰。

**多功能椅**，1942 年
弗雷德里克·基斯勒
限量版
见第 308 页

著名艺术收藏家佩吉·古根海姆（Peggy Guggenheim）聘请弗雷德里克·基斯勒设计自己位于纽约市中心于 1942 年开业的画廊。古根海姆画廊致力于后印象派和超现实主义艺术。作为一名舞台设计师，基斯勒抵达纽约后就与超现实主义者建立了联系，一直探索超现实主义运动在空间中的应用。作为设计委托的一部分，基斯勒设计了多功能椅。这是一款用途广泛的家具，可以被用于 18 个不同位置，既可以作为座椅，也可以作为物品的展示架。椅子由橡木和油毡制成，它的曲线体现了基斯勒对室内有机形式的探索。

**访客扶手椅**，1942 年
让·普鲁维
让·普鲁维工厂（1942 年）
见第 445 页

第二次世界大战后，让·普鲁维的设计偏离了他对金属的传统使用。普鲁维曾师从法国最著名的金属工匠埃米尔·罗伯特（Émile Robert）和阿达尔伯特·萨博（Adalbert Szabo）学习铁艺。这位法国设计师开始设计以更突显木材等天然材料为特色的作品，部分是因为金属稀缺，也可归因于对战后金属家具的粗犷美学的背离。访客扶手椅就是这样一件作品。这款椅子仍然使用了钢管（虽然在此处不那么明显），与木制框架连接在一起，打造出稳定、耐用和舒适的座位。访客扶手椅是根据南锡附近索尔维医院（Solvay Hospital）早期的躺椅改良而成的，这证明了普鲁维长期以来对机构设计的兴趣。

**❶❾❹❹**

**1006 海军椅**，1944 年
美国海军工程队、电机设备公司设计团队和美国铝业设计团队
电机设备公司（1944 年至今）
见第 248 页

1006 海军椅是美国海军的工程师和业界合作的产物，目的是在第二次世界大战的最后阶段打造一种适合在海上使用的座椅。海军椅于 1944 年由电机设备公司（Electric Machine and Equipment Co., 简称 Emeco）首次制作，并用于潜艇。所选材料是铝，轻巧、卫生、耐用且耐腐蚀。这款 1006 海军椅经过了 77 道工序且经久耐用，它的质量和中性启发了一系列作品的灵感，同样由 Emeco 制造的还有菲利普·斯塔克（Philippe Starck）设计的哈德逊椅（Hudson Chair）。

**草座椅**, 1944 年

中岛乔治

中岛乔治木工坊（1944 年至今）

见第 265 页

中岛乔治最初接受过建筑师的教育，在第二次世界大战期间被关押在日裔美国人集中营时，曾师从一位日本木匠大师。在其后的职业生涯里，中岛乔治不断地完善他所掌握的复杂日本木工技术，并创作了大量以优雅的蝴蝶榫和自然的轮廓边缘为标志的作品，试图展现作品的结构并揭示木工背后的工艺过程。中岛乔治简约而直观的草座椅就是这些思想的反映。与 1941 年为安德烈·利格内（André Ligné）公寓设计的那把有棉制椅座的设计形成了鲜明对比，1944 年这款椅子的喇叭腿与椅背优雅的纺锤形很相似，光滑的木头表面被中岛乔治之妻玛丽恩（Marion）编织的草座椅的纹理所抵消。

# ❶❾❹❺

**45 号椅**, 1945 年

芬·居尔

尼尔斯·沃戈尔（1945—1957 年）

丹麦家具品牌 Onecollection（2003 年至今）

见第 462 页

在设计 45 号椅的流畅形式时，芬·居尔通过把椅子的支撑木框架从软垫区域解放出来，而与传统拉开了距离。这种介入在框架和椅座之间留下了一个小空间，在雕塑般的形态中打造了一种轻盈感。扶手下方的凹面也强化了椅子的视觉

冲击，同时为坐着的人提供了触觉体验。居尔的 45 号椅是与家具制造商尼尔斯·沃戈尔合作设计的，并于 1945 年在哥本哈根橱柜制造商协会展览展出。这把椅子上翘扶手的雕塑感、细致的细节以及对椅子形式和功能的同等重视引起了不小的轰动，巩固了居尔作为丹麦领先设计师的地位。

**BA 椅**, 1945 年

欧内斯特·雷斯

雷斯家具（1945 年至今）

见第 348 页

BA 椅在 20 世纪 40 年代后期的英国设计中占有独特的地位。第二次世界大战后，英国传统家具制作材料短缺，促使欧内斯特·雷斯用再生铸铝设计了 BA 椅，不需传统的熟练劳动力就可以批量生产。这把椅子由五个铸铝部件制成，并为椅背和椅座增加了两块铝板。椅座最初用橡胶填充物制成，上面覆盖着棉粗布织物。椅腿是 T 形截面的锥形腿，并以最少的材料赋予了它们强度。最初，这些部件是用砂模铸造的，在 1946 年后使用了压力铸造技术，从而既节省了材料，又降低了成本。在 1954 年的米兰三年展上，雷斯的这把 BA 椅获得了金奖。在整个 20 世纪 50 年代，这把椅子被广泛用在很多公共建筑中，至今仍在生产，目前为止已经生产超过 25 万把。

**儿童椅**, 1945 年

查尔斯·伊姆斯

蕾·伊姆斯

伊文斯产品公司（1945 年）

见第 287 页

查尔斯·伊姆斯和蕾·伊姆斯最早的一些胶合板设计是为儿童创造的，并在 20 世纪中期少量生产。他们的儿童椅的设计理念囊括了许多与他们最著名的设计作品相同的原则，将之用于不同场景。伊姆斯夫妇想象着孩子可能想用他们的家具来玩耍，于是他们用一块胶合板模制成轻巧而坚固的座椅。这把椅子经济、实用且有趣。它的椅背有个心形的孔，这个装饰细节还可以让孩子们用手指推动椅子。这把椅子由制造商伊文斯产品公司制作，用由苯胺染色的桦木制成，有红色、蓝色、绿色、品红和黄色等颜色。

**LCW 椅**，1945 年

查尔斯·伊姆斯

蕾·伊姆斯

伊文斯产品公司（1945—1946 年）

美国家具品牌赫曼米勒（1946—1957 年、1994年至今）

维特拉（1958 年至今）

见第 378 页

1941 年，纽约现代艺术博物馆举办了一场名为"有机家具设计"（Organic Design in Home Furnishings）的比赛。查尔斯·伊姆斯和埃罗·沙里宁获奖的有机椅以胶合板外壳构成，将椅座、椅背和椅子的侧面集成一体。有机椅虽然形式先进，但技术难度大且造价昂贵。伊姆斯进一步探究立体层压成型技术，从而设计了 LCW 椅（木质休闲

椅）。椅背、椅座和腿部框架是独立的组件，它们之间的连接用弹性橡胶减震装置调节，可以提供弹性。椅子分成多个组件，使用相同的 LCW 椅座和椅背元件生成 LCM 椅（金属休闲椅），但是安装在焊接钢框架上。LCW 椅代表了 20 世纪中期家具设计的成就，提供了自然的、符合人体工程学的舒适度，视觉上的轻盈和经济上的可行性。

# ❶❾❹❻

**61 型蚱蜢椅**，1946 年

埃罗·沙里宁

诺尔（1946—1965 年）

美国家具品牌 Modernica（1995 年至今）

见第 431 页

弗洛伦丝·舒斯特（Florence Schust，后来的诺尔）是在密歇根州著名的克兰布鲁克艺术学院第一次见到芬兰建筑师埃罗·沙里宁的。当舒斯特成为诺尔联合公司（Knoll Associates）的设计总监时，沙里宁邀请他的朋友和同事为这家不断成长的公司设计家具。此次合作的第一个成果是 61 型蚱蜢椅，这是一把木制框架的躺椅，由两块兼作椅腿和扶手的曲木制成。这把椅子低而自然的弧形椅背符合沙里宁相信年轻一代更喜欢用慵懒的姿势坐得更低一点儿的想法。1946 年至 1965 年，沙里宁与诺尔合作生产了 61 型蚱蜢椅，但在商业上它并不像沙里宁的其他一些作品（如他的子宫椅和郁金香椅）那样成功。

**LCM / DCM 椅**，1946 年

查尔斯·伊姆斯

蕾·伊姆斯

美国家具品牌赫曼米勒（1946 年至今）

维特拉（2004 年至今）

见第 199 页

自 20 世纪 40 年代初起，查尔斯·伊姆斯和蕾·伊姆斯就开始尝试木模技术，利用材料的特性把胶合板塑造成复杂的曲线。第二次世界大战期间，美国海军委托这对夫妇设计胶合板夹板、担架和滑翔机外壳，来替代现有的金属部件。第二次世界大战结束后，伊姆斯夫妇决定将这些创新技术应用到家具设计中。在设计他们的金属休闲椅（LCM）和如图所示的金属餐椅（DCM）时，设计师的目标是打造一款单壳的胶合板椅。然而，由于胶合板无法承受椅座和椅背接合在一起的曲线处的压力，伊姆斯夫妇决定把这两个元素分开，以减少木材量，减轻椅子重量，并使最终的成品更接近他们所设想的实惠产品。金属休闲椅可配皮革或小牛皮椅饰来增加舒适度。

# 🄷🄷🄷🄷

**马车椅**，1947 年

亨德里克·凡·凯佩尔

泰勒·格林

VKG 公司（1947—1970 年）

美国家具品牌 Modernica（1999 年至今）

见第 26 页

亨德里克·凡·凯佩尔和泰勒·格林于 1946 年

设计的马车椅的原始系列是用漆包钢和棉绳制成的，这是第二次世界大战时期的剩余材料。20 世纪 30 年代，凯佩尔和格林合伙创立了自己的工业设计公司凡·凯佩尔－格林（Van Keppel-Green，简称 VKG）。设计师一直通过凡·凯佩尔－格林公司制造马车椅，直到 1970 年，在一场火灾后，凡·凯佩尔－格林公司的运营及马车椅的生产都停止了。然而，在停产近 30 年后，美国家具品牌 Modernica 重新发行了这把椅子，并于 1999 年发行了新版本。新版本如今被称为 22 号马车椅案例研究（Case Study #22 Chaise），保持了最初的设计规格，但采用耐腐蚀材料和航海级绳索重新设计。

**孔雀椅**，1947 年

汉斯·韦格纳

约翰内斯·汉森（1947—1991 年）

丹麦细木工坊 PP Møbler（1991 年至今）

见第 121 页

在 1947 年哥本哈根橱柜制造商协会展览上，孔雀椅首次作为年轻家庭客厅的一部分展出。韦格纳推出了几款以英国温莎椅（家具史上的经典设计之一）为灵感的纺锤形靠背椅，通常具有独特之处，比如孔雀椅以它独特的椅背板条而得名。借鉴丹麦现代主义传统，韦格纳发展出一种哲学，即"剥离原来椅子的外观风格，让它们以四条腿、一个椅座和顶部横杆与扶手相结合的纯粹结构呈现"。1943 年，韦格纳创立了自己的设计工作室，并设计了 500 多件家具。孔雀椅采用带有层压环箍的实心白蜡木制成，可选择柚木

或白蜡木扶手。

**Stak-A-Bye 椅**，1947 年
哈里·塞贝尔
塞贝尔家具有限公司（1947—1958 年）
见第 428 页

第二次世界大战时期，生于英国的家具设计师和玩具设计师哈里·塞贝尔搬到澳大利亚，与他的父亲、金属工艺师戴维·塞贝尔（David Sebel）一起成立了自己的制造公司。塞贝尔在悉尼之外经营，于 1947 年生产了自己的第一件作品 Stak-A-Bye 椅，从而打开了市场。同年，这把椅子在英国工业博览会首次亮相。顾名思义，这款庭院椅被设计成可堆叠的。虽然塞贝尔最终制造的大多数设计都是注塑成型的，但 Stak-A-Bye 椅是用带有管状腿的压制金属制成的，并配有玛加海德革座套。直到 1958 年，这款椅子仍在生产。

**❶❾❹❽**

**云朵椅**，1948 年
查尔斯·伊姆斯
蕾·伊姆斯
维特拉（1989 年至今）
见第 164 页

这把雕塑般的云朵椅也许是查尔斯·伊姆斯和蕾·伊姆斯所有椅子中最具实验性的椅子，其灵感来自 1927 年加斯顿·拉雪兹（Gaston Lachaise）的雕塑作品《飘浮的人物》（*Floating Figure*），为 1948 年纽约现代艺术博物馆举办的展览而设计。这把椅子由两个相连的玻璃纤维外壳组成，搁在镀铬管状钢框架和实心橡木十字底座上面。虽然它因美学品质和创新结构而备受赞赏，但评论家认为它制作难度太大且成本太高而不屑一顾。多年后，这种曲线和开放式的结构吸引了新一代设计爱好者的关注，促使维特拉 1989 年重新推出这款椅子。

**剪刀椅**，1948 年
皮埃尔·让纳雷
诺尔（1948—1966 年）
见第 456 页

剪刀椅由瑞士建筑师皮埃尔·让纳雷设计。让纳雷因与他的堂兄兼合作伙伴勒·柯布西耶合作 20 年而闻名。虽然这两位设计师还与夏洛特·贝里安合作设计了 1928 年的柯布西耶躺椅，但是剪刀椅完全由让纳雷本人设计而成。椅腿是用四块以一定角度连接起来的木头制成的，然后再连接到底座上。具有多种定制可能性的两个装饰软垫用灵活的带子固定在处于躺卧位置的底座上。剪刀椅特有的椅腿成为让纳雷后期设计的灵感来源。

**三脚架椅**，1948 年
丽娜·柏·巴蒂
帕尔马设计事务所（1948—1951 年）
奥托核心公司（约 20 世纪 90 年代）
埃特尔（2015 年至今）
见第 171 页

丽娜·柏·巴蒂是巴西材料和传统设计的拥护者。作为一名家具设计师，巴蒂受圣弗朗西斯科河中船上悬挂的吊床启发，设计了三脚架（Três Pés或 Tripod）椅。这把由一片皮革制成椅座的椅子很轻，椅座悬挂并缝在一个纤细的铁框架上。巴蒂的三脚架椅设计于 1948 年，如今它被认为是巴西家具设计传统的早期代表。

**子宫椅**，1948 年

埃罗·沙里宁

诺尔（1948 年至今）

见第 351 页

子宫椅于 1948 年在美国市场推出后，几乎一直在生产，它代表了埃罗·沙里宁在有机贝壳式座椅实验中最成功的商业成果之一。到 20 世纪 40 年代后半期，沙里宁不再使用胶合板，而是尝试采用玻璃纤维强化合成塑料，就像在子宫椅中所使用的那样。贝壳椅的椅座支撑在一个带有细金属杆腿的框架上，并提供了一层薄薄的衬垫来确保人们感到舒适。沙里宁强调人们可以用各种不同的方式坐着，椅子的设计让人们可以懒散或悠闲地把双腿抬起来。但子宫椅还有一个舒适的包裹式的座位，为人们提供一个从现代世界抽离出来的空间。

# ❶❾❹❾

**PP 501 椅**，1949 年

汉斯·韦格纳

约翰内斯·汉森（1949—1991 年）

丹麦细木工坊 PP Møbler（1991 年至今）

见第 452 页

诚如汉斯·韦格纳所说，设计是"一个不断净化和简化的过程"。椅子是逐步改进而非创新的结果。PP 501 椅可以看作他设计的 CH24 叉骨椅的升华，CH24 叉骨椅的灵感来自中国明朝的椅子。在早期版本中，椅子的顶部横杆（椅背）覆盖着藤条。这是对编织藤椅的回应，但也旨在隐藏扶手和椅背之间的接合。后来，韦格纳用 W 形指形接合来连接零件，这需要很高的技巧。正因如此，他决定炫耀一下这种接合，并拆除覆盖的藤条。在设计中展现接合的想法对韦格纳来说是一个转折点，他基于这个想法设计了很多椅子，而漂亮的接合成了韦格纳设计的典型特征。

**PP 512 折叠椅**，1949 年

汉斯·韦格纳

约翰内斯·汉森（1949—1991 年）

丹麦细木工坊 PP Møbler（1991 年至今）

见第 126 页

汉斯·韦格纳以他精致的家具塑造了 20 世纪的丹麦设计，其中 PP 512 折叠椅就是一个典型的例子。作为一名家具设计师，韦格纳沉浸于丹麦的手工艺传统中。因此，他的家具具有高品质的工艺，也体现了他对所选材料（主要是木材）的本能和感官的反应。PP 512 折叠椅用橡木铰接而成，配有藤条编织的椅背和椅座，低矮且没有扶手，但以舒适性著称。PP 512 扶手椅座椅前部配有两个把手，以及专门定制的木制壁挂钩。PP 512 扶手椅的简约几乎接近震颤派家具，是为约

翰内斯·汉森的 Møbelsnedkeri（橱柜制造商的车间）设计的。PP 512 扶手椅的持久流行确保了它自 1949 年以来不间断的生产，无论是原始橡木还是白蜡木版本。

# ❶❾❺❶

**阿卡普科椅**，约 1950 年

设计师佚名

各式阿卡普科椅（约 1950 年至今）

见第 108 页

20 世纪 50 年代，墨西哥成为富豪们的热门旅游目的地。阿卡普科椅主要用于室外，它是这种旅游热潮的产物，20 世纪后期在墨西哥和加勒比海的海滩上随处可见。然而，它的确切来源尚不清楚。像吊床一样，阿卡普科椅也被认为是一种本土设计形式，也惯例它是由工匠制成的。这把椅子有一个椭圆形的弯曲金属线框架，上面覆盖着彩色的塑料绳。宽大的椅座由张开的椅腿支撑着。阿卡普科椅的变化包括材料的选择和形式的探索，与原版一样，自 20 世纪 50 年代以来一直生产。

**竹条椅**，1950 年

剑持勇

野口勇

限量版

见第 158 页

1950 年，日裔美籍雕塑家野口勇前往日本的时候迷上了日本传统的竹篮编织工艺和日本工业

设计师剑持勇的作品。两位设计师短暂地合作设计了一款极具触感的椅子，呈现了天然竹子的有机质感和工业铁的光滑优雅之间的一系列对比。这把椅子由剑持勇构思，最初的设想是在它的编织竹椅座下面有一个木制底座，但野口勇建议将木材换成雕刻铁环。这把竹条椅从未投入批量生产，但后来在纽约野口勇博物馆的展览中重新制作。

**为丽莎·蓬蒂设计的椅子**，1950 年

卡罗·莫里诺

限量版

见第 237 页

作为送给意大利著名建筑师吉奥·蓬蒂（Gio Ponti）的女儿丽莎·蓬蒂的结婚礼物，这款椅子只制作了 6 把。这款椅子被称为 B 型椅（Tipo B），是卡罗·莫里诺为这对新婚夫妇设计的包括 A 型椅（Tipo A）和 C 型椅（Tipo C）在内的三款设计之一，但 B 型椅是唯一生产过的椅子。贯穿椅子的分岔线条是莫里诺设计的特征，在这把椅子上具有人体测量学的特性。由于用黄铜和树脂取代了他常用的胶合板，这款椅子在设计师的作品中脱颖而出。椅子体现了吉奥·蓬蒂对这位意大利建筑师的持续支持，他的古怪设计几乎全是限量生产的。

**DAR 椅**，1950 年

查尔斯·伊姆斯

蕾·伊姆斯

美国家具品牌赫曼米勒（1950 年至今）

维特拉（1958 年至今）

见第 301 页

查尔斯·伊姆斯和蕾·伊姆斯设计的 DAR 椅［或称餐厅扶手椅（Dining Armchair Rod）］是一项革命性的设计，它改变了人们对家具形式和结构的想法。由金属杆底座支撑的模压强化聚酯椅座完全采用工业材料与工艺制造。1948 年，他们在纽约现代艺术博物馆的国际低成本家具设计竞赛中获得了二等奖，他们用玻璃纤维设计了一款椅子，玻璃纤维是一种用来替代家具生产中模压胶合板的新型合成材料。赫曼米勒制作了许多伊姆斯夫妇设计的参赛作品，DAR 椅预示了伊姆斯夫妇将在之后的 20 年与该公司建立创新的合作伙伴关系。DAR 椅体现了现代主义批量生产的意图：通用的椅座外壳可与一系列底座搭配，有着多种变化。这清楚地表达了伊姆斯家族的"意图"，即用最小的代价为最多的人提供最好的产品。

**DSR 椅**, 1950 年

查尔斯·伊姆斯

蕾·伊姆斯

真利时塑料（1950—1953 年）

美国家具品牌赫曼米勒（1953 年至今）

维特拉（1957 年至今）

见第 329 页

除了创新的外壳，查尔斯·伊姆斯和蕾·伊姆斯模压塑料椅的另一个关键品质是创新的底座系统。在 1948 年纽约现代艺术博物馆举办的国际

低成本家具设计竞赛中，这把椅子获得了第二名，委员会关注到了椅座复杂的模制曲线是如何成功地固定到椅腿上的这个问题。这种创新的底座系统——被称为"埃菲尔铁塔"的底座——使椅子适合各种环境，而橡胶减震架连接到底座与椅座相交的所有点，能减缓椅子的运动并增加它的灵活性。塑料外壳的有机形状和底座的结构稳定地结合在一起，它确保了 DSR 椅 [DSR 代表用餐高度无扶手金属杆底座（Dining height Side chair Rod base）] 迅速成为无可争议的经典设计，并持续影响着如今的座椅设计。

**旗绳椅**, 1950 年

汉斯·韦格纳

盖塔玛（1950—1994 年）

丹麦细木工坊 PP Møbler（2002 年至今）

见第 169 页

汉斯·韦格纳的旗绳椅把绳索、涂漆和镀铬钢、羊皮和亚麻布结合在一起，这在家具制造中是前所未有的。韦格纳使用这种对比鲜明的材料不是为了利用它们纹理的相互作用，而是为了更直接地展现他用任何材料都能设计创新、实用和舒适家具的能力。韦格纳是在海滩上构思的这个设计：他在沙丘上模拟了网格状的座椅，大概是用一些手边的旧绳子。［椅子名称中的 halyard（"升降索"），是指可以拉开或收起船帆的绳索］。旗绳椅最初由盖塔玛制造且数量有限，但从未在商业上获得巨大成功。2002 年，它由丹麦细木工坊 PP Møbler 重新投入生产。

**1211-C 型号地板椅**, 约 1950 年

阿列克谢 • 布罗多维奇

限量版

见第 149 页

生于俄国的设计师阿列克谢 • 布罗多维奇因 1934
年至 1958 年担任《时尚芭莎》的艺术总监而闻名。
1950 年,由于设计了一款价格低廉的座椅——地
板椅,他在纽约现代艺术博物馆举办的国际低成
本家具设计竞赛中获得第三名。布罗多维奇用标
准胶合板构思了一款异常简单的设计和构造。地
板椅用 92 米长的绳子和两个木销钉把座椅的两
个部分固定在一起。布罗多维奇后来因他的设计
教育方法而闻名,他为有抱负的设计师和艺术家
创建了设计实验室。

**路易莎椅**, 1950 年

佛朗科 • 阿尔比尼

意大利厂商波吉(20 世纪 50 年代)

见第 137 页

佛朗科 • 阿尔比尼设计的棱角分明的路易莎椅可
能会让人们觉得他是一位极简主义者,他的设计
充满了现代主义的严谨朴素。这种想法与事实
相去甚远。阿尔比尼设计的路易莎椅采用了各
种材料,包括钢丝和帆布、金属和玻璃、藤条和
硬木。但是阿尔比尼设计的关键是将现代主义
与工艺传统热情地融合起来。没有哪件作品比
路易莎椅更能体现这一点,它展现了一种简朴、
理性主义的冷静,以及对环境的敏感。它正式、
富有表现力的线条不受装饰的影响,设计优雅的

路易莎椅符合人体工程学的科学严谨性表明了
阿尔比尼对建筑学的热情,以及他对建筑和形式
的另辟蹊径。由波吉生产的路易莎椅于 1955 年
获得了意大利金圆规奖。

**梅里贝尔椅**, 约 1950 年

夏洛特 • 贝里安

斯蒂芬 • 西蒙画廊(20 世纪 50 年代)

见第 395 页

在第二次世界大战后的那段时间里,夏洛特 • 贝
里安放弃了在勒 • 柯布西耶办公室工作期间设
计的光滑皮革和管状钢椅的机器美学。相反,
这位法国设计师对乡土家具和手工制作方法越
来越感兴趣。受到她在日本的经历和法国乡村
当地传统的启发,贝里安设计了一系列与木材
材质相协调的简约家具。梅里贝尔椅专为她在
梅里贝尔斯 – 阿卢斯(Méribelles-Allues)的山
间小屋而设计,有一种高度质朴的风格,结合了
木结构和舒适的椅座。贝里安设计了两种版本
的椅子、一个凳子和一把带靠背的餐椅。

**132U 型号椅**, 1950 年

唐纳德 • 诺尔

诺尔联合公司(1950 年)

见第 266 页

唐纳德 • 诺尔最初于 1948 年设计了这把椅子,
参加纽约现代艺术博物馆举办的国际低成本家
具设计竞赛。当时,诺尔正在与埃罗 • 沙里宁合
作。132U 型号椅的外壳完全用金属板制成,并

用坚固的固定装置固定在底座上。这把椅子设计简约，因而制造和存储简单，此外，它很容易与各种颜色搭配。诺尔的设计在竞赛座椅单元类别中获得并列一等奖，1950 年诺尔公司开始制造无扶手单人椅。1951 年，在密歇根克兰布鲁克艺术学院研究生毕业后，诺尔创立了自己的工作室。

### 939 型号椅，1950 年

雷·科迈

J. G. 家具系统（1950—1955 年、1987—1988 年）

见第 372 页

美国设计师雷·科迈在离开日裔美国人集中营曼赞纳（Manzanar）不久后设计了这款无扶手单人椅。与查尔斯·伊姆斯和蕾·伊姆斯早期探索建立的胶合板模制椅的趋势一致，科迈的设计体现了简约的理念。椅座本质上就是一块折叠成壳状的单层胶合板，它似乎用一块定制的硬金属固定在一起。这块金属与座椅底部的空心开口相结合，使椅子的正视图具有明显的拟人化外观。科迈的 939 型号椅是由总部位于宾夕法尼亚州的 J. G. 家具系统公司生产的。

### RAR 椅，1950 年

查尔斯·伊姆斯

蕾·伊姆斯

真时利塑料（1950—1953 年）

美国家具品牌赫曼米勒（1953—1968 年、1998 年至今）

维特拉（1957—1968 年、1998 年至今）

见第 95 页

设计师查尔斯·伊姆斯和蕾·伊姆斯希望通过设计具有功能性和视觉冲击力的椅子为家具设计领域带来创新，且这种椅子不需要衬垫或饰面就很舒适。最初，胶合板提供了他们所需的轻便、实惠和干净的视觉轮廓。很快，这对设计师也开始尝试使用金属。然而，金属价格昂贵，触感冷冰冰的，而且容易生锈，这促使伊姆斯夫妇转而尝试另一种材料——这一次是 1950 年的玻璃纤维。RAR 椅（RAR 代表有扶手摇椅底座）是 DSR 椅的变体。它有一个塑料椅座和带有交叉撑杆的金属底座，并添加了实心枫木摇椅脚。如今，优雅的 RAR 椅是世界各地托儿所使用的主流产品，由可回收的聚丙烯制成。

### CH24 叉骨椅，1950 年

汉斯·韦格纳

卡尔·汉森父子公司（1950 年至今）

见第 227 页

受到坐在中国椅子上的商人肖像的启发，丹麦家具设计师汉斯·韦格纳为东西文化之间的交流做出了一系列明显的贡献。1943 年，他设计了中式椅，以中国明朝家具、现代主义追求的结构简化和斯堪的纳维亚对材料完整性的崇敬等为出发点。这把椅子成为许多未来家具设计的基础。CH24 叉骨椅设计于 1949 年，与早期使用基本矩形横杆和座椅结构的作品明显不同。在叉骨椅中，圆形椅腿和圆形椅背框架与编织纸绳的座椅结构之间是圆形的前后横杆和避免变形的矩形侧栏。Y 形平坦的椅背板是这把椅子的特色，并成为它名字的来源。总体来看，这是一款轻巧、优雅且耐用的椅子，它植根于东西方文化传统，但也是现代制造技术的产物。

# ❶❾❺❶

**羚羊椅**，1951 年

欧内斯特·雷斯

雷斯家具（1951 年至今）

见第 425 页

除了涂漆胶合板椅座，羚羊椅完全由弯曲并焊接成型的细涂漆钢棒组成，钢棒有着圆形剖面。由于剖面尺寸相对统一，这把椅子在空间中具有线条画般的外观。欧内斯特·雷斯的设计用薄实心钢材绘制出宽大而有机的形状，从而制作出既通风又结实的椅子。它的角状转折暗示了"羚羊"这个名字，以球形足结尾的动态椅腿反映了分子化学和核物理学中流行的"原子"意象。作为 1951 年不列颠节的一部分，这把椅子是为伦敦皇家节日音乐厅的露台设计的，由雷斯于 1946 年和工程师诺埃尔·乔丹（Noel Jordan）一起创立的雷斯家具公司制造。羚羊椅的华丽外观抓住了那个时代的精神，它象征着英国设计和制造业的前瞻性和乐观主义。

**贝尔维尤椅**，1951 年

安德烈·布洛克

限量版

见第 458 页

安德烈·布洛克的贝尔维尤椅是这位建筑师和雕塑家在家具设计方面为数不多的作品之一。这是为他在梅登的贝尔维尤之屋（Bellevue house）设计的，并以这所房子的名字来命名。形成椅座外壳和前腿的戏剧性曲线在后面由从两个位置固定到木制结构的钢腿支撑着。这把椅子旨在从视觉和物理意义上都实现轻盈的效果，设计简约，可以定制任何颜色。然而，贝尔维尤椅仅在 1951 年限量生产。它最显著的特点是弯曲的胶合板底座，但由于成本太高而无法批量生产。

**碗椅**，1951 年

丽娜·柏·巴蒂

意大利家具品牌 Arper（1951 年至今）

见第 239 页

生于意大利的传奇巴西建筑师丽娜·柏·巴蒂于 1951 年设计了碗椅，当时现代主义偏爱直线和棱角分明的接口。这款标志性座椅的开创性形状源于它简约的几何形状：由四脚框架支撑的半球形坐垫。两个圆形垫子造就了这把椅子。巴蒂的想法首先以黑色皮革呈现，目前在她位于圣保罗的玻璃屋（Casa de Vidro）展出。自从 1951 年 Arper 首次发行巴蒂的碗椅以来，人们一直在探索改良它的可能性。这把椅子的制作方法已经适应了现代技术，同时保持了巴蒂的原始理念。如今这把椅子由 Arper 生产，且限量 500 把。

**1535 号餐椅**，1951 年

保罗·麦科布

温彻顿家具公司（1951—1953 年）

见第 264 页

从美国风格的简洁实用哲学中汲取灵感，如震颤派家具和温莎家具，保罗·麦科布设计了广受欢迎的规划师（Planner Group）系列家具。麦科布与他的商业伙伴 B. G. Mesburg 合作，设计了包括从书桌等桌子、椅子到梳妆台的全部配套家具。规划师系列中的 1535 号餐椅用曲木制成，并配有枫木椅座和弧形椅背，以及管状铁架。由于与这个系列其他产品相比价格较高，它很快就停产了。

## 杰森椅，1951 年

卡尔·雅各布斯

坎迪亚有限公司（1951—约 1970 年）

见第 267 页

丹麦设计师卡尔·雅各布斯于 20 世纪 50 年代在英国设计市场受到欢迎，当时英国设计市场已经开始欣赏丹麦设计的简约。杰森椅用以轻微角度张开的几条木销腿制成，这一特征与那个时代的丹麦设计及后来的现代主义家具有关。一张柔软的山毛榉木胶合板折叠形成椅座和椅背。这把椅子既便宜又轻巧，还可以叠放。后来推出了带有金属腿的版本。英国制造商坎迪亚有限公司生产这把椅子近 20 年。1968 年坎迪亚有限公司与 D. 梅里蒂尤有限公司（D. Meredew Ltd）合并，并更名为坎迪亚 – 梅里蒂尤有限公司（Kandya Meredew Ltd）。

## 女士扶手椅，1951 年

马可·扎努索

意大利家具品牌 Arflex（1951 年至今）

见第 152 页

1951 年，米兰建筑师兼设计师马可·扎努索的女士扶手椅甫一推出立即获得了成功。这把椅子的有机形式、肾形的扶手和俏皮的风格成为 20 世纪 50 年代家具的标志。这把扶手椅的设计采用金属框架，并结合注塑成型的聚氨酯泡沫衬垫和带有胶粘平绒的聚酯纤维。它采用突破性的方法将织物椅座与金属框架和创新的加固弹性带固定在一起。1948 年，倍耐力开设了一个负责设计带有泡沫橡胶内饰座的新部门 Arflex，并委托扎努索生产第一款座椅。1949 年，扎努索的安特罗普斯椅（Antropus Chair）面世，随后女士扶手椅面世，并在 1951 年米兰三年展上获得一等奖。扎努索能用泡沫橡胶来雕刻形状，并创造出视觉上俏皮的轮廓。与 Arflex 的合作反映了扎努索致力于分析材料和技术，并在批量生产中保持高品质的态度。女士扶手椅体现了这些理念，而且它如今仍在生产。

## 玛格丽塔椅，1951 年

佛朗科·阿尔比尼

博纳奇纳（1951 年至今）

见第 343 页

玛格丽塔椅是 20 世纪 50 年代佛朗科·阿尔比尼设计的系列作品之一，它将传统技术与现代美学相结合。椅子的形式与埃罗·沙里宁、查尔斯•伊姆斯和蕾•伊姆斯的当代实验有关。虽然他的同行可能已经尝试使用塑料、玻璃纤维和先进的胶合板模具来制作底座上的桶形结构，但是阿尔比尼选择了藤条和印度甘蔗——易加工、易于获得的材料。就像哈里•伯托埃（Harry Bertoia）的金属丝家具一样，玛格丽塔椅的藤条结构是非物质化的，它的体量由于它的透明度而减少，仿佛阿尔比尼只设计了没有饰面的框架。阿尔比尼的家具设计被认为是理性主义的典范，它是 20 世纪中期意大利现代主义的一部分。这些设计师经常表现出在材料使用上的敏锐，以及对制造方法的深思熟虑。

**PP 19 熊爸爸椅**，1951 年

汉斯•韦格纳

AP Stolen（1951—1969 年）

丹麦细木工坊 PP Møbler（1953 年至今）

见第 427 页

韦格纳对高背椅的重新诠释最初被命名为 AP-19，但在评论家将其不同寻常的形状比作熊抱后，它获得了更令人难忘的名字，即熊爸爸椅或泰迪熊椅。熊爸爸椅的扶手顶部有木制的"爪子"，它们除了具有美学效果，还能防止坐着的人弄脏织物，并隐藏了下面的细木工，是形式和功能的真正结合。在结构上，椅子的后腿延伸出了扶手，使其结构非常耐用和坚固，而扶手与座椅的分离则增加了坐姿的多样性。

**预言者餐椅 4009**，1951 年

保罗•麦科布

奥赫恩家具（1951—1955 年）

见第 407 页

美国家具设计师保罗•麦科布负责设计了许多成功的家具系列。继 1949 年为 B.G. Mesburg 设计的规划师系列获得成功之后，麦科布又为奥赫恩家具公司设计了预言者系列（Predictor Group）。预言者餐椅 4009 是 19 件住宅家具系列之一，它是实用且廉价的规划师系列家具的精良替代品。预言者餐椅采用经典温莎椅的比例和形状，形成了带有角状横杆的高木框架，与这个系列的其他家具一样，都是用硬枫木制成的。

**钢丝椅**，1951 年

查尔斯•伊姆斯

蕾•伊姆斯

美国家具品牌赫曼米勒（1951—1967 年、2001 年至今）

维特拉（1958 年至今）

见第 173 页

艺术对查尔斯•伊姆斯和蕾•伊姆斯的影响通常被认为仅次于他们所青睐的工业流程。钢丝椅的雕塑感与工业化流程相结合，确立了它里程碑式的地位。椅子的有机形式可以通过一系列可互换的底座进行转换，其中最具代表性的是"埃菲尔铁塔"底座，它创造了铬或黑钢精细交叉曲线的戏剧性视觉效果。这把椅子采用了电阻焊接新技术。虽然关于查尔斯•伊姆斯和蕾•伊姆斯的椅子与哈里•伯托埃为诺尔设计的网状家具谁先面世也有争议，但伊姆斯夫妇获得了第一项美

国机械专利。钢丝椅立即获得了成功，而这种经典设计的国际市场至今依然强劲。

## ❶❾❺❷

**蚂蚁椅**，1952 年

阿尔内·雅各布森

丹麦家具品牌弗里茨·汉森（1952 年至今）

见第 75 页

从正面或背面看，蚂蚁椅椅座的颈部轮廓由单张胶合板切割弯曲而成，一眼就能辨认出来。蚂蚁椅可能是阿尔内·雅各布森最著名的椅子，也是将他的设计带入国际的作品。它是为诺和诺德制药公司食堂设计的，雅各布森主要想生产一种轻便且可堆叠的椅子。通过在椅腿上使用细钢棒并在椅座上使用模压胶合板，他遵循了 1945 年查尔斯·伊姆斯和蕾·伊姆斯设计的 LCW 椅设定的先例。但雅各布森也通过他的制造商弗里茨·汉森积累了彼得·怀特（Peter Hvidt）和奥拉·莫尔加德－尼尔森（Orla Mølgaard-Nielsen）1950 年的 AX 椅的制造经验。无论灵感来自何处，雅各布森都把前辈设计师的作品远远抛在了后面。

**伯托埃无扶手单人椅**，1952 年

哈里·伯托埃

诺尔（1952 年至今）

见第 297 页

哈里·伯托埃生于意大利，但在美国底特律艺术学院接受教育。伯托埃在密歇根的克兰布鲁克

艺术学院担任终身教职，并在那里开设了一个珠宝与金属工作坊。在这个工作坊，伯托埃引起了查尔斯·伊姆斯、佛罗伦斯·诺尔（Florence Knoll）和汉斯·诺尔的关注。在诺尔夫妇的鼓励下，伯托埃在他们的工作坊实验金属制品，制作了一系列开创性的金属丝家具。伯托埃的无扶手单人椅与 20 世纪中期设计的其他经典家具一起发行，如伯托埃的钻石椅和躺椅。就像这个系列的所有作品一样，伯托埃通过对钢丝的实验找到了这把椅子的形状，并通过手工成型制作了舒适的外壳和轻巧的外观。

**鸟椅**，1952 年

哈里·伯托埃

诺尔（1952 年至今）

见第 375 页

伯托埃以雕塑家和声音艺术家的身份而闻名，他在坚固的工业材料中发现了轻盈和优雅，例如这件用焊接钢棒和钢丝制成的作品，就是 20 世纪 50 年代初期改变设计规则的创新。诺尔的创始人汉斯·诺尔和佛罗伦斯·诺尔邀请这位生于意大利的设计师在他们宾夕法尼亚州的办公场所开设一家金属商店并进行自由实验。他已经在自己的艺术作品中使用过这种媒介，此时再次发现自己被这种媒介吸引，并将它运用到这款经久不衰的经典座椅和底座上。钢丝网格为这把戏剧化的高背椅提供了富于弹性的舒适感。在另一个实用的细节中，椅座用隐藏的抛光镀铬或涂有绚丽聚合物的金属钩连接到框架上。虽然伯托埃只为诺尔设计了一套家具，但他与该公司的

合作仍在继续，而鸟椅至今仍然是其设计作品中备受大众喜爱的代表作品。

**钻石椅**，1952 年
哈里·伯托埃
诺尔（1952 年至今）
见第 92 页

哈里·伯托埃想打造让人们仿佛坐在空中的家具。用他的话说，"看看这些椅子，它们主要是由空气制成的，仿若雕塑。空间穿越其间"。钻石椅通过悬浮在细杆椅腿上的钢丝构成的座椅来实现这一点。1943 年，伯托埃接受了伊姆斯夫妇工作室的职位，并为其家具设计做出了贡献。1950 年离开伊姆斯工作室之后，伯托埃在他的朋友佛罗伦斯和汉斯·诺尔的劝说下创作了他自己想要设计的东西。钻石椅就是其成果，这是伯托埃为诺尔设计的系列椅之一。这把椅子似乎并不吸引人，但是一旦坐下来，坐在椅子上的人就会被伯托埃坐在空中的梦想打动。伯托埃使用了电阻焊接技术，先用手弯曲金属丝，然后把它们放在夹具中进行焊接。伯托埃的钻石椅是 20 世纪中期美国设计的最佳典范之一。

**菲奥伦扎椅**，1952 年
佛朗科·阿尔比尼
意大利家具品牌 Arflex（1952 年至今）
见第 326 页

虽然 1952 年佛朗科·阿尔比尼设计的菲奥伦扎椅的形式极具表现力，但这位意大利设计师的构图方法在理性主义运动原则的指导下仍然非常有条理且合乎逻辑。在设计这把椅子的时候，阿尔比尼采用了翼椅的传统模型，并将它为新世代做了升级。阿尔比尼并没有为笨重的弹簧和椅饰所阻碍，而是使用了当时技术最先进的材料——泡沫橡胶。这款椅子对这种材料的使用具有革命性意义，以至于它的形象被用于倍耐力的广告中——作为泡沫橡胶有潜力的象征。

**绳椅**，1952 年
渡边力
限量版
见第 148 页

设计师渡边力虽然主要以优雅的钟表闻名，但是 20 世纪中期他设计了几件后来成为日本设计代表的家具，也许最引人注目的是他于 1952 年设计的绳椅。在设计使用橡木和棉线的椅子时，渡边力试图在日本传统和西方影响之间获得平衡。为了向日本历史致敬，渡边力用天然材料设计了一把低矮的椅子。渡边力还关注如何吸引日本家庭将椅子视为一种家具类型，这正是"现代"生活方式的标志。由于渡边力明白要考虑到物资短缺和第二次世界大战后的经济紧缩，绳椅被设计成一种经济实惠的座椅。

**4103 号三脚椅**，1952 年
汉斯·韦格纳
丹麦家具品牌弗里茨·汉森（1952—1964 年）
见第 222 页

三脚凳经常出现在丹麦设计中，在不适合使用四腿牛奶凳的不平坦农场地板上，人们可以充分利用三脚凳。汉斯·韦格纳设计的 4103 号三脚椅是这些实用座椅的演变。这位高产的椅子设计师把三脚椅设计成一种可堆叠的椅子，椅背连接着 20 世纪中期现代主义设计风格的锥形腿。圆角三角形椅座近乎心形，通过最大限度地减少材料，椅子的存放变得更加方便。这也解释了它有时被称为"心形椅"（Heart Chair）的原因。直到 1964 年，弗里茨·汉森生产的 4103 号三脚椅的后续变体都具有更显眼的椅座和椅背。

## ❶❾❺❸

**索莱之家的椅子**，1953 年

卡罗·莫里诺

埃托雷·卡纳利（1953 年）

见第 465 页

1953 年，意大利建筑师卡罗·莫里诺为切尔维尼亚（Cervinia）的索莱之家设计了这把椅子。为了给索莱之家的滑雪居民设计一把坚固的座椅，莫里诺用了之前设计中使用过的分体式设计，这让人联想到垂直的滑雪板。椅子是手工制作的，对细节的关注使这个现代设计成为一个复杂而详细的项目。这把椅子包括了为了最大限度提高舒适度而雕刻出不同厚度的椅座和底部呈圆形、精心制作的椅腿，当椅腿接近顶部时则变成正方形。座椅的靠背遵循人体脊柱的形状，其较厚的地方可在需要的部位提供更多支撑。

**Distex 躺椅**，1953 年

吉奥·蓬蒂

意大利家具品牌卡西纳（1953—1955 年）

见第 444 页

可能与新现实主义电影、小型摩托车和菲亚特 500 一样，这种时尚的现代主义设计是第二次世界大战后意大利经济繁荣的有力象征。它的设计师是一位涉足艺术和建筑领域、高产、多学科的创意人，他欣然接受了那个时代对创新和技术进步的渴望。蓬蒂为卡西纳设计的第一把椅子带有全软垫的扶手和白蜡木椅腿，虽然后来的迭代设计展现了更实用的外观：纤细的管状黄铜框架带有雕塑感，且座椅曲线优雅，仍然鼓励坐着的人后仰。它的名字来源于用作织物的尼龙，这是一种耐用、易使用且时尚的新材料。这款 Distex 躺椅出现在意大利航空公司的纽约办公室，蓬蒂曾为其设计室内空间，也出现在蓬蒂自己在米兰的住所。

**PP 250 侍从椅**，1953 年

汉斯·韦格纳

约翰内斯·汉森（1953—1982 年）

丹麦细木工坊 PP Møbler（1982 年至今）

见第 30 页

韦格纳对侍从椅的产生提出了几种不同的解释，但所有这些逸事都源于他对睡前叠衣服的问题感到恼火。作为他的解决方案，侍从椅将它丰富的功能隐藏在雕塑形式的背后。座椅椅背的延伸端充当了夹克衣架，而铰接式座椅可以直立，

用以放置叠好的裤子。抬起椅座，就会露出一个小饰品的储物盒。虽然这把拟人化的椅子是出了名的难以制作，但侍从椅很快就吸引了一些追随者，甚至丹麦国王弗雷德里克九世也订了一把。然而，由于对自己设计的第一个版本有四条腿这件事感到不满意，韦格纳在接下来的两年里努力将椅腿的数量减少为三条。直到那时，他才履行了国王的命令，按要求增加了 9 把椅子。

**阅读椅**，1953 年
芬·居尔
丹麦家具品牌 Bovirke（1953—1964 年）
丹麦家具品牌 Onecollection（2015 年至今）
见第 36 页

芬·居尔的阅读椅专为在餐厅和书房中使用而设计，它让坐着的人可以采用几种不同的坐姿。人们可以面朝前坐，也可以面朝后坐，或者可以在侧坐时把后横杆——设计为与标准桌子高度齐平——当作扶手。在访问美国期间和在查尔斯·伊姆斯的作品中，居尔看到了批量制造家具的发展，受此启发，他试图放弃他早期作品中的复杂细木工艺。在设计阅读椅时，他将它定位于工业生产，这是他 1953 年为哥本哈根制造商 Bovirke 设计的系列家具之一。

**反叛椅**，1953 年
弗里索·克莱默
荷兰阿伦特·德·切克尔公司（1953 年、1958—1982 年）
阿伦特（2004 年至今）
见第 440 页

受伊姆斯早期作品的启发，反叛椅是 20 世纪中期荷兰工业设计的经典之作，可能也是弗里索·克莱默最著名的设计作品。在荷兰，这把椅子深受人们喜爱。反叛椅是一款灵活的椅子，可用于家庭和办公室。通过使用涂漆钢板，而不是更传统的管状形式，克莱默成功地把耐用和轻便结合了起来。事实上，制造商设计了一个系统来折叠形成椅子底座的钢板，从而尽可能减少组件的数量。第一版设计配有弯曲木椅背和椅座，但后来的版本用多种材料制成以保持椅子的易用性，包括织物椅饰、纹理尼龙纤维和目前采用的高光泽塑料。

**SE 18 折叠椅**，1953 年
埃贡·艾尔曼
王尔德 + 斯皮斯（1953 年至今）
见第 291 页

德国在第二次世界大战后的廉价折叠椅市场上起步比较晚，但这种模式在国际上取得了成功。作为德国最重要的建筑师之一，埃贡·艾尔曼在短短三个月内就为王尔德与斯皮斯设计了 SE 18 折叠椅。SE 18 折叠椅实用的折叠结构是它成功的关键。椅子的后腿和前腿通过旋转结构固定在一起，而座位下面的支柱沿着后腿的凹槽向下延伸，当座椅折叠时后腿会向前拉。当椅子展开时，支柱和凹槽的上端起到了止动的作用。1953年一经推出，光滑山毛榉木和模压胶合板制成的 SE 18 折叠椅立即大受欢迎。艾尔曼和王尔德与

斯皮斯共合作制作了 30 种不同的设计版本，而该公司至今仍然生产其中的 9 种。

**桶椅**，1953 年

皮埃尔·瓜里切

斯泰纳（1953—1954 年）

见第 373 页

第二次世界大战结束后，许多设计师重新焕发活力，并重新尝试传统材料和他们可以使用的新技术。在美国，这些发展由查尔斯·伊姆斯和蕾·伊姆斯领导；而在法国，皮埃尔·瓜里切是第一个设计模压胶合板椅子的人。它的名字在法语中的意思是"桶"（Tonneau），反映在桶椅柔软、有机的曲线上，标志着舒适的坐感体验。作为瓜里切和法国制造商斯泰纳高度合作的结果，桶椅轻微起伏的形状虽然看起来很复杂，但是制作既简单又实惠。这把椅子也立即获得了成功，尤其是当 1953 年用塑料椅座和铝制腿制成的初版在第二年被胶合板和钢管版本取代之后。

**❶❾❺❹**

**安东尼椅**，1954 年

让·普鲁维

让·普鲁维工厂（1954—1956 年）

斯蒂芬·西蒙画廊（1954—约 1965 年）

维特拉（2002 年至今）

见第 416 页

普鲁维非常喜欢研究家具设计，他的设计不是为了实现某种特定的外观，而是取决于他所使用的材料的质量和特性。在安东尼椅上，胶合板和钢材看起来几乎不协调，并且要实现的功能迥异：提供轻盈而舒适的座位与提供最坚固的支撑。与当时流行的光滑镀铬饰面相比，安东尼椅的钢结构漆成黑色——焊接和制造过程的痕迹清晰可见。椅子宽大、平坦、锥形的钢支架赋予它一种雕塑感，让人想起亚历山大·考尔德（Alexander Calder）动态雕塑中的飘浮形状——普鲁维是考尔德的朋友和崇拜者。安东尼椅是为巴黎附近的安东尼大学（Cité Universitaire of Antony）设计的，是普鲁维设计的最后几件家具之一。

**ga 椅**，1954 年

汉斯·贝尔曼

瑞士家具制造商 horgenglarus（1954 年至今）

见第 481 页

ga 椅的设计是汉斯·贝尔曼为了尽量减少材料使用量所做的努力，它的座椅一分为二。贝尔曼是一位秉承瑞士精密工程传统的设计师，在整个职业生涯中，他都力求将家具改良到最俭省的状态。在 ga 椅设计之前，还有一款椅子用一种类似的轻质胶合板制成，称为单点椅（One-Point Chair）。这种椅子的椅座用一颗螺丝钉固定在它的框架上，并因此得名。然而，瑞士设计师马克斯·比尔（Max Bill）却声称这个聪明的设计抄袭了他的一件作品，这也影响了此设计的名声。这也许可以解释 ga 椅独特的分体式外观，迄今为止从未有人模仿过这种外观。贝尔曼现在最著名的设计就是 ga 椅，不仅由于它不寻常的分体式座椅形式，还因为它无与伦比的结构质量。

**花园椅**，1954 年

威利·古尔

埃特尼特（1954 年至今）

见第 97 页

花园椅由连续的不含石棉的水泥纤维黏合带制成，没有额外的固定装置或支撑，被塑造成蜿蜒而优雅的环状形式。这把椅子使用一块水泥板，代表了对工业材料大胆而具有创造性的使用。椅子的宽度由水泥板的宽度所决定，水泥板在材料潮湿时成型。这个简单的过程使椅子能够经济地批量生产。古尔还设计了一张有两个孔的桌子，用来放瓶子和玻璃杯，这些瓶子和玻璃杯也可以存放在花园椅里。花园椅最初被称为沙滩椅，是为室外使用设计的摇椅。古尔对此并不在意，他说："人们给我寄来他们椅子的照片，他们在上面画花，或者用其他方式装饰椅子——这是他们的椅子，他们可以随心所欲。"

**艺术综合展览椅**，1954 年

夏洛特·贝里安

限量版（1954 年）

意大利家具品牌卡西纳（2009 年至今）

见第 21 页

20 世纪 50 年代，法国设计师夏洛特·贝里安前往日本旅行。虽然贝里安主要是为日本通商产业省（Japanese Ministry of Trade）面向西方制造设计产品提供建议，但是她在亚洲的任期也影响了她自己的设计。艺术综合展览椅可堆叠，有着像折纸一样的形状，由一块胶合板制成，并模压成富有表现力的曲线。在整个职业生涯中，贝里安与勒·柯布西耶和让·普鲁维合作过很多次，她的作品经常展现出她在亚洲的经历。这把椅子于 2009 年由卡西纳重新发行为 517 Ombra Tokyo 椅，距它的原型设计在综合艺术展览（Synthèse des Arts）中亮相已有 50 多年，该展览还展出了勒·柯布西耶和费尔南德·莱热的设计作品。

# **❶❾❺❺**

**单身汉椅**，1955 年

维尔纳·潘顿

丹麦家具品牌弗里茨·汉森（1955 年）

丹麦家具品牌 Montana（2013 年至今）

见第 170 页

与他后来俏皮的设计相比，1955 年维尔纳·潘顿设计的单身汉椅简洁的线条之克制显得近乎是斯巴达式的。专门为刚买房首次添置家具的年轻人而设计，单身汉椅特意设计轻巧且外形简约。单身汉椅用管状钢棒制成，中间夹有织物或绒面革制成的悬垂座椅，它无须使用工具就可以快速拆卸，这种特点也便于扁平包装运输。为了更加舒适，单身汉椅可以搭配一个配套的脚凳。

**儿童高脚椅**，1955 年

约尔根·迪泽尔

纳娜·迪泽尔

Kolds Savværk 公司（1955—约 1970 年）

日本家具品牌 Kitani（2010 年至今）

见第 107 页

1955 年，丹麦设计师纳娜·迪泽尔和约尔根·迪泽尔为他们的双胞胎女儿设计了儿童高脚椅。他们的目标是打造一款多功能椅来满足儿童成长过程中的需求，同时设计符合这对夫妇对餐厅家具的现代审美。他们设计的高脚椅现在已经成为丹麦现代主义设计的经典之作。椅子和脚凳的高度都可调节，前部开放，可以让大一点儿的孩子自己爬上去。这把椅子用圆形山毛榉和橡木制成，并结合了传统的橱柜制作技术，最初由 Kolds Savværk 公司生产。

**椰子椅**，1955 年

乔治·尼尔森

美国家具品牌赫曼米勒（1955—1978 年、2001 年至今）

维特拉（1988 年至今）

见第 12 页

制造商赫曼米勒为美国现代主义大师乔治·尼尔森的椰子椅所做的宣传广告充分展现了设计的雕塑感。虽然它强烈的视觉存在显然对尼尔森和赫曼米勒（1946 年至 1972 年尼尔森在赫曼米勒担任设计总监）非常重要，但这把椅子也实现了让人们可以自由坐在椅子的任何位置的目标。在第二次世界大战后美国家庭的开放式空间里，椅子不太可能靠在墙上。因此它必须具有个性和形状，并且从各个角度都具有吸引力。椰子椅既是一件实用物品，又是一件雕塑作品。椅子看

起来飘浮在它的"金属丝"支架上，但这完全是骗人的。它用钢板制成，并配有泡沫橡胶软垫，外面覆盖着织物、皮革或人造皮革，且外壳笨重。带有模制塑料外壳的最新版本如今更轻了。

**躺椅**，1955 年

皮埃尔·让纳雷

当地工匠（1955 年）

见第 482 页

1947 年，勒·柯布西耶受委托为印度昌迪加尔市设计建筑和家具。为了完成这个漫长的项目，他找来了自己的堂兄，移居印度的瑞士建筑师皮埃尔·让纳雷。在那里，让纳雷花了超过 15 年的时间来实施勒·柯布西耶的城市总体设计。让纳雷曾参与建造总督府、国家图书馆和市政厅等建筑的工作，他还设计了家具和室内装饰来搭配这些建筑。1955 年，皮埃尔·让纳雷为该市的行政大楼设计了一款办公躺椅。当地工匠用坚固的柚木制作了成千上万把这款时尚的椅子，它们适合潮湿的环境，并配有藤椅座。

**皮尔卡椅**，1955 年

伊玛里·塔佩瓦拉

劳坎普公司（1955 年）

阿泰克公司（2011 年至今）

见第 65 页

作为同胞阿尔瓦·阿尔托的崇拜者，伊玛里·塔佩瓦拉将类似的功能主义原则应用于木材，使高品质设计更加平民化。这位芬兰设计师的灵感

还来自芬兰乡村家具的传统，这两种影响在他的皮尔卡家具系列中融合在一起，该系列包括一张桌子、长凳和普通凳子，以及这把双色调的木制无扶手单人椅。这把座椅由两片古色古香的松木制成，它便于"拆卸"——拆卸椅子进行包装和运输，这是塔佩瓦拉的另一个关注点。涂漆桦木形成椅子的框架和锥形张开的椅腿，结合了优雅和平衡。皮尔卡椅于 1955 年首次生产，由阿尔托和他的妻子艾诺创办的阿泰克公司后来获得了重新发行塔佩瓦拉设计的权利。

**7 系列椅**，1955 年
阿尔内 • 雅各布森
丹麦家具品牌弗里茨 • 汉森（1955 年至今）
见第 29 页

由于 1952 年蚂蚁椅销量不好，雅各布森被敦促运用相同的胶合板技术设计一款新椅子。由此产生的 7 系列椅由单块胶合板制成，胶合板的中间变窄来展现出椅座和椅背之间的区别。在椅子取得初步成功之后，为了满足不同的需求，雅各布森随后制作了它的几个不同版本：一些版本没有扶手，而另一些版本则配备了脚轮、小写字臂或将几把椅子连接在一起的挂钩。这款轻巧紧凑的椅子还可以轻松堆叠 6 把，这是促使 7 系列椅成为弗里茨 • 汉森历史上最成功产品的另一个因素。

**舌头椅**，1955 年
阿尔内 • 雅各布森
丹麦家具品牌 Howe（2013 年至今）

见第 380 页

虽然视觉上不同寻常，但阿尔内 • 雅各布森 1955 年设计的舌头椅形式非常经济，它纤细的椅背和椅座（类似伸出的舌头）搭在细长而张开的椅腿上。这款俏皮的椅子最初是为雅各布森所设计的丹麦蒙克戈德学校（Munkegård School）设计的，后来于 1960 年出现在雅各布森设计的斯堪的纳维亚航空皇家酒店中。这是设计师继著名的蚂蚁椅后制作的第二款椅子，但舌头椅从未像蚂蚁椅那样受欢迎，诞生后几十年里从未上市，直到 2013 年丹麦家具品牌 Howe 将之重新推出。丹麦家具品牌 Howe 保留了原始椅子的设计，但更新了生产技术，使椅子的结构更加坚固，并提供了更新的材料和饰面。

**❶❾❺❻**
**A56 椅**，1956 年
让 • 保查德
泽维尔 • 保查德
法国家具品牌 Tolix（1956 年至今）
见第 208 页

作为 20 世纪最成功和最为人熟知的椅子设计之一，A56 椅实际上起源于法国一个不起眼的水管工作坊。1933 年，法国实业家泽维尔 • 保查德在他的锅炉制造车间增加了一个钣金部门 Tolix，后来他发布了一系列弯曲钣金家具之一的 A 型户外椅（Model A outdoor chair）。1956 年，他的儿子让 • 保查德为 A56 椅增加了扶手。它由带有中央背板的环绕状管状框架和优雅张开的锥形腿组成，将功能性、装饰性与闪亮、现代和喷气时代的风格相结合。座位上的装饰性穿孔便于排水，而椅腿上的优雅凹槽在堆叠时提供了稳定性。这款椅子采用基本钢饰面，有 12 种颜色，椅子的简约是它成功的基础：Tolix 至今仍在生产它。

**拉米诺椅**，1956 年
英格夫 • 埃克斯特伦
瑞典人（1956 年至今）
见第 313 页

乍一看，英格夫 • 埃克斯特伦的拉米诺椅与布鲁诺 • 马松和芬 • 居尔等其他斯堪的纳维亚设计大师设计的扶手椅很相似。拉米诺椅用各种木材（包括柚木、山毛榉木、樱桃木和橡木）压制而成，最常见的是羊皮衬垫，它具有标志斯堪的纳维亚现代主义的实用性。埃克斯特伦设计的拉米诺椅运输方便：人们购买的椅子分成两部分，然后用六角扳手将它拧在一起。让埃克斯特伦非常遗憾的是，这把椅子没有获得专利，而他的竞争对手英格瓦 • 坎普拉德（Ingvar Kamprad）接着令宜家家居设计了拧接家具。尽管如此，埃克斯特伦和他的兄弟杰克（Jerker）还是围绕着拉米诺椅及拉米内特（Laminett）椅、拉梅洛（Lamello）椅和梅拉诺（Melano）椅创建了一家标志性的现代设计公司瑞典人。自 1956 年以来，拉米诺椅制造了超过 15 万把，这把椅子至今仍然家喻户晓，只是风格上更加多元化了。

**伊姆斯躺椅**，1956 年
查尔斯 • 伊姆斯
蕾 • 伊姆斯
美国家具品牌赫曼米勒（1956 年至今）
维特拉（1958 年至今）
见第 311 页

伊姆斯躺椅最初被设计成一次性的定制作品，而不是用于生产的设计作品。然而，由于它极受欢迎，查尔斯 • 伊姆斯更新了设计，使其变得便于生产。唐 • 阿尔宾森（Don Albinson）在伊姆斯办公室制作了原型设计，该设计于 1956 年逐渐投入生产。早期的设计包括三块胶合板外壳，还有织物、皮革或瑙加海德革软垫和红木胶合板底座。伊姆斯这样描述这把椅子："具有温暖、易于接受的外观，如同使用过的棒球手套一样。"随附的脚凳带有一个胶合板外壳，并带有一个四星铝制旋转底座。橡胶和钢制减震架连接着椅子的三个外壳，使它们能够独立弯曲。伊姆斯躺椅受欢迎的形式和持久的优雅确保了它在最受欢迎的设计作品中的地位，如今它仍然像最初生产时一样受欢迎。

**卢西奥 • 科斯塔椅**，1956 年
塞尔吉奥 • 罗德里格斯
Oca（1956 年）
林巴西尔（2001 年至今）
见第 443 页

为了向致力于巴西发展的两位巴西建筑师致敬，巴西高产的代表性家具设计师塞尔吉奥 • 罗德里

格斯分别为卢西奥·科斯塔（Lúcio Costa）和奥斯卡·尼迈耶（Oscar Neimeyer）设计了一把椅子。1956 年，罗德里格斯在 1955 年创立的工作室 Oca 里设计了卢西奥·科斯塔椅。在他整个职业生涯中，罗德里格斯成为巴西设计的佼佼者。他大量的作品证明了其在现代巴西美学中的地位，作品通常使用如蓝花楹木、多脉白坚木和巴西胡桃木等巴西当地材料。罗德里格斯的最初设计配的是藤条椅座，如今卢西奥·科斯塔椅也由林巴西尔制造，并提供了皮革椅座可供选择。

**小姐躺椅**，1956 年
伊玛里·塔佩瓦拉
家用品牌雅士高（1956 年—20 世纪 60 年代）
阿泰克公司（1956 年至今）
见第 257 页

芬兰设计师伊玛里·塔佩瓦拉深受他的同胞阿尔瓦·阿尔托作品的影响。这既反映在他对桦木等天然、广泛使用材料的偏爱，也反映在作为他设计基础的民主设计理念上。塔佩瓦拉对实惠、多功能家具的兴趣使他终生渴望创造出永恒的椅子，这些椅子既利用传统材料、不花哨的结构和优质的工艺，又不回避舒适性和美感。塔佩瓦拉最广为人知的作品就是高背小姐躺椅，它是对传统棒状形式的现代化重新构想，它的实心桦木框架经常被染色或涂漆。塔佩瓦拉还设计了这把椅子的摇椅版本。

**PK22 椅**，1956 年
保罗·克耶霍尔姆

丹麦家具制造商埃文德·科尔德·克里斯滕森（1956—1982 年）
丹麦家具品牌弗里茨·汉森（1982 年至今）
见第 345 页

PK22 椅是让保罗·克耶霍尔姆跻身丹麦现代运动伟大创新者之列的作品之一。椅子由包裹在皮革或藤条封套中的一个悬臂式座椅框架构成，利用构成椅腿的抛光不锈钢弹簧底座保持平衡。切割钢的平弧为结构提供稳定性。与那个时期的许多椅子一样，PK22 椅在紧缩时期放弃了软垫和表面装饰。克耶霍尔姆的家具是国际风格最好的例子之一，而 PK22 椅是他早期和最清晰的表达之一。PK22 椅最初由制造商埃文德·科尔德·克里斯滕森发行，1982 年，弗里茨·汉森获得了制造著名的"克耶霍尔姆系列"的权利，其中 PK22 椅因其作为丹麦极简主义优雅典范而占有一席之地。

**郁金香椅**，1956 年
埃罗·沙里宁
诺尔（1956 年至今）
见第 319 页

郁金香椅的名字显然源于它与郁金香花的相似之处，但它设计背后的创意动力并不是复制自然的形式，而是基于各种想法和对生产的考虑。这把椅子是基座系列（Pedestal Group）的其中之一，这个系列的家具都由这种基本的单支柱支撑。椅子的茎状底座来自埃罗·沙里宁对把整体形式与椅子结构相结合的兴趣。郁金香椅有一个涂有瑞尔桑（Rilsan）涂层的加固铝制旋转底座和一个模制玻璃纤维外壳椅座，但由于底座和椅座都具有相似的白色饰面，椅子看上去像是用一种材料制成的。郁金香椅至今仍可从它最初的制造商诺尔处购得，并于 1969 年获得纽约现代艺术博物馆的设计奖和德国联邦工业设计奖（German Federal Award for Industrial Design），奠定了它在设计史上的地位。

## ❶❾❺❼

### 699 型超轻椅，1957 年
吉奥・蓬蒂
意大利家具品牌卡西纳（1957 年至今）
见第 484 页

吉奥・蓬蒂的 699 型超轻椅在视觉和字面意义上都很轻。用白蜡木制成的简约框架具有透明感。699 型超轻椅是蓬蒂实现现代设计实验（早在 1949 年）的集大成之作，基于来自意大利渔村基亚瓦里的传统轻型木椅。699 型超轻椅表面上不起眼，并带有轻微 20 世纪中期的色彩，但显示出美丽的线条和深思熟虑的细节。它的椅腿和椅背采用三角形截面，减轻了实质和视觉上的重量。在不影响结构的情况下，木材的用量被减少到最低限度。它的椅座是精心编织的藤条，并避免了沉重的饰面。1957 年在米兰三年展上展出的 699 型超轻椅获得了意大利金圆奖金，至今仍由卡西纳生产，它是蓬蒂设计遗产的证明。

### 儿童椅，1957 年
克里斯蒂安・维德尔

丹麦家具制造商托本・奥尔斯科夫（1957 年）
建筑师制造（2008 年至今）
见第 461 页

丹麦设计师克里斯蒂安・维德尔设计的儿童椅不只是成人椅的缩小版，其设计充分考虑了儿童的需求。虽然它流行的色彩及简约的木制形式突显出它的经济实惠，但是椅子的灵活性让它具有多种用途，鼓励自由玩耍和不受限的想象力。它弯曲的胶合板外壳配有槽口，可以插入各种可调节的层压木板。这些层压木板可以充当座位、架子或桌面，还可以根据孩子的年龄调整到不同的高度。这把椅子设计上的简洁和多功能性为维德尔赢得了 1957 年米兰三年展的银奖，并巩固了他作为儿童设计先驱的地位。

### 水仙花椅，1957 年
埃尔温・拉维恩
埃斯特勒・拉维恩
拉维恩国际（1957—约 1972 年）
见第 59 页

埃尔温・拉维恩和埃斯特勒・拉维恩的水仙花椅得名于激发设计师灵感的水仙花形状。拉维恩夫妇的"隐形系列"用透明模制塑料制成，成为家居用品制造中使用塑料的早期例子。除了水仙花椅，还有长寿花椅（Jonquil Chair）。椅子极具风格的宽大椅座放置在细长的底座上，并配有软垫，其使用的合成工艺和创造的有机形状之间呈现出惊人的并置。1938 年这两位设计师在纽约成立了自己的工作室拉维恩原创（Laverne

Originals），并在此生产和销售他们的家具。

**大奖赛椅**，1957 年

阿尔内·雅各布森

丹麦家具品牌弗里茨·汉森（1957 年至今）

见第 315 页

在 1957 年哥本哈根丹麦艺术与设计博物馆举办的设计师春季展上首次亮相，大奖赛椅（最初名为 4130 模型椅）在米兰三年展上获得著名的奖项后更名。虽然大奖赛椅最初有着一个由四条层压腿组成的木制底座，且这些椅腿单独粘在座椅上，与蚂蚁椅和 7 系列椅不同，但它的窄腰将它同"前辈们"联系在了一起。如今，大奖赛椅有木质和钢质两种版本，并可以通过选择各种颜色和饰面实现个性化，它的多功能性使它适用于各种商业和住宅环境。

**吊椅**，1957 年

约尔根·迪泽尔

纳娜·迪泽尔

R. 温格勒（1957 年）

博纳奇纳（1957—2014 年）

丹麦品牌 Sika 设计（2012 年至今）

见第 118 页

对纳娜·迪泽尔来说，椅子设计具有实用性和诗意的潜力。在遇到她的第一任丈夫约尔根·迪泽尔后，他们就开始合作作为小空间生产多功能家具。柳条的实验产生了吊椅（也称蛋椅），它可以悬挂在天花板上。纳娜·迪泽尔称她一直试图

在家具设计中追求"轻盈、飘浮的感觉"，这把吊椅非常接近她的理想。重要的是，要认识到它与当代丹麦主流家具设计之间的差距。通过吊椅，迪泽尔开始转变丹麦家具设计的方向，即摆脱她所认为的教条功能主义。迪泽尔被称为"丹麦家具设计第一女士"，这一称号突显了她对纺织品、珠宝和家具设计的长期贡献。

**休闲椅**，1957 年

坂仓准三

日本家具品牌天童木工（1957 年—约 20 世纪60 年代）

见第 438 页

20 世纪 30 年代，建筑师坂仓准三在巴黎度过了一段时间，他曾在勒·柯布西耶工作室工作，后来创立了自己的工作室。回到日本后，坂仓准三成为日本现代主义运动的重要人物。这把休闲椅的设计基于他早期的作品，该作品使用了类似的框架与竹篮式椅座。在这把椅子中，织物软垫套在宽大的椅背上，柚木胶合板提供了坚固的结构。椅腿专为在榻榻米垫上使用而设计，为了避免损坏而张开。这把椅子也被称为鼎座（Teiza）椅，有时这把椅子被认为是曾在坂仓准三建筑事务所工作，并与坂仓准三在 1960 年米兰三年展的日本展台上合作的设计师——长大作的作品，这把椅子曾在此展台展出。

**圣保罗椅**，1957 年

保罗·门德斯·达·洛查

法国制造商奥比克托（1957 年至今）

见第 317 页

圣保罗椅是巴西建筑师保罗·门德斯·达·洛查仅有的两次家具探索之一。椅子的框架由一根弯曲的碳钢制成,它支撑着一个由皮革或棉织物制成的覆盖物。这把椅子最初选择的材料——仅经过防氧化处理的碳钢和皮革——旨在于古香古色中展现它使用的痕迹和岁月感。这把椅子起初专门为圣保罗运动俱乐部(São Paulo's Athletic Club)制作,但后来由法国制造商奥比克托生产,并为框架和椅座提供了多种饰面。钢管和帆布的圣保罗椅是纽约现代艺术博物馆的永久设计收藏之一。

**椒盐卷饼椅**, 1957 年

乔治·尼尔森

美国家具品牌赫曼米勒(1957—1959 年)

维特拉(2008 年)

见第 334 页

乔治·尼尔森设计的椒盐卷饼椅延续了几个世纪以来开发功能更强大的木椅的传统,将轻盈、耐用与经典、永恒的形式融为一体。多才多艺的尼尔森将从各种设计史先例中吸取的经验教训运用到了一个极具表现力的家具轮廓中。尼尔森并没有像 20 世纪早期的工匠那样使用蒸汽来使实木弯曲,而是用弯曲的层压板创造出比之前的曲木更轻、更坚固的结构。椅子的四条腿、椅背和扶手都是用胶合板制成的,四条椅腿在座椅下方交叉,而扶手用一块蜿蜒曲折的部件制成。最初它被称为叠压椅(Laminated Chair),而其扭曲的形状很快就为它赢得了一个独特的绰号——椒盐卷饼椅。2008 年,维特拉限量生产了 1000 把椅子来纪念乔治·尼尔森一百周年诞辰。

# ❶❾❺❽

**锥形椅**, 1958 年

维尔纳·潘顿

丹麦普拉斯 – 林杰公司(1958—1963 年)

多特玛(1994—1995 年)

维特拉(2002 年至今)

见第 396 页

维尔纳·潘顿的兴趣在于实验塑料和其他可用的新型人造材料。他用鲜艳色彩设计的创新几何形式成为 20 世纪 60 年代波普艺术的代名词。这把椅子带有可拆卸软垫椅座的锥形金属外壳,椅座被置于十字形金属底座上。这把椅子最初是为潘顿父母在丹麦的餐厅设计的:室内装潢由潘顿设计,墙壁、桌布、女服务员的制服和锥形椅的饰面等所有这些元素都是红色的。丹麦普拉斯 – 林杰家具公司的老板珀西·冯·哈林 – 科赫(Percy von Halling-Koch)一见到这把椅子便立即将它投入生产。潘顿为圆锥系列增加了更多设计,包括酒吧凳(1959 年)、脚凳(1959 年)、玻璃纤维椅(1970 年)、钢椅(1978 年)和塑料椅(1978 年)。该系列椅如今由维特拉生产,在诞生 50 多年后仍持续吸引着人们。

**DAF 椅**, 1958 年

乔治·尼尔森

美国家具品牌赫曼米勒(1958 年至今)

见第 39 页

乔治·尼尔森是美国现代主义的代表人物，他设计的 DAF 椅（玻璃纤维餐厅扶手椅）体现了该运动很多最具代表性的理想。这把椅子由赫曼米勒于 1958 年推出，尼尔森于 1946 年至 1972 年担任这家公司的设计总监。这款椅子自下而上设计，也被称为型锻腿椅（Swag Leg Chair），由于采用了型锻工艺，椅腿具有优雅的曲线。椅子外壳的灵感来自查尔斯·伊姆斯和蕾·伊姆斯开发的塑料成型工艺。尼尔森通过设计两件式椅座外壳来适应伊姆斯夫妇的设计，该外壳提供灵活性并在下背部散热。DAF 椅自首次推出以来一直在生产。

### 水滴椅，1958 年

阿尔内·雅各布森

丹麦家具品牌弗里茨·汉森（2014 年至今）

见第 283 页

水滴椅最初是为哥本哈根斯堪的纳维亚航空公司（SAS）皇家酒店设计的，这座酒店是阿尔内·雅各布森杰出的总体艺术作品。不像蛋椅和天鹅椅等其他更出名的设计，水滴椅在首次亮相后并未能立即投入量产。水滴椅的流线型形式是由它的功能决定的。它的锥形椅背意味着人们可以轻松地滑进座位，而无须把椅子向后移得太远，这对于它作为酒店餐厅中的餐椅的最初用途至关重要。最初的水滴椅配软垫，需要 500 多道手工程序缝制而成。弗里茨·汉森于 2014 年推出的复刻版是用模压塑料制成的，进一步强化了椅子的水滴形状。

### 伊姆斯铝椅，1958 年

查尔斯·伊姆斯

蕾·伊姆斯

美国家具品牌赫曼米勒（1958 年至今）

维特拉（1958 年至今）

见第 272 页

这组椅子可以说是 20 世纪生产的最杰出的系列家具之一。每把椅子的椅座都由两个铸铝侧架之间的铸铝横档在张力下支撑的一块柔韧弹性材料组成。下面的横档与腿部底座相连接。基本原理类似于军队的行军床或蹦床。这把椅子的独特之处在于复杂的侧框架轮廓，它由对称的双 T 形梁（一个 T 形在另一个 T 形上面）组成。1969 年生产了该系列的一个变体，在基本椅座上增加了 5 厘米厚的衬垫，称为软衬垫系列（Soft Pad Group）。

### 蛋椅，1958 年

阿尔内·雅各布森

丹麦家具品牌弗里茨·汉森（1958 年至今）

见第 111 页

阿尔内·雅各布森的蛋椅因其类似于光滑破碎的蛋壳而得名，是格鲁吉亚翼形扶手椅的国际风格改良版本。与雅各布森的天鹅椅一样，蛋椅是为哥本哈根的 SAS 皇家酒店的客房和大堂设计的。这把椅子的塑料外壳是成型塑料外壳家具的先驱挪威设计师亨利·克莱因（Henry Klein）设计的：雅各布森的设计利用了克莱因成型工艺所允许的雕塑可能性。蛋椅把椅座、椅背和扶手融合成统一的美学整体，覆盖皮革或织物。把覆盖物固定到框架上需要熟练的手工缝制技术，这意味着每周只能生产六七把椅子：这种生产速度一直持续至今。60 年过去了，它似乎仍然是面向未来制作的椅子。

**凯维 2533 椅**，1958 年
伊布·拉斯穆森
约尔根·拉斯穆森
凯维（1958—2008 年）
丹麦家具品牌 Engelbrechts（2008 年至今）

见第 128 页

从一开始，凯维 2533 椅就代表了美学和功能的结合。它的椅座和椅背用模压胶合板制成，并附在缎面抛光底座上。凯维 2533 椅具有高度调节功能和旋转功能。当 1965 年伊布·拉斯穆森和约尔根·拉斯穆森对脚轮进行改进，使其成为第一把轮子可以同时独立旋转的椅子时，它的标志性声誉就得到了巩固。这种突破性的创新后来也应用在了各种其他产品上，代表了凯维 2533 椅的基本原则——致力于多功能、灵活性和活动自如，没有多余的细节。多年来，这把椅子得到了进一步的发展，现在有多种颜色和饰面可供选择，因此它能适用于多种环境。

**莲花椅**，1958 年
埃尔温·拉维恩
埃斯特勒·拉维恩
拉维恩国际（1958—1972 年）

见第 38 页

1938 年，设计二人组埃尔温·拉维恩和埃斯特勒·拉维恩成立了拉维恩原创（后来更名为拉维恩国际），这是一个展示和销售家具、印花织物和壁纸样品的空间和工作室。到 20 世纪 50 年代后期，这对夫妻开始设计更多自己的家具，并以隐形系列出名，这是一系列俏皮透明的椅子，灵感来自埃罗·沙里宁的郁金香椅。一年后，拉维恩夫妇用莲花椅进行了一些初步实验，把模压玻璃纤维椅座置于八字形钢底座上。镂空的椅背结合了精湛的技术和诗意的视觉表达。

**P4 卡蒂利娜·格兰德椅**，1958 年
路易吉·卡西亚·多米尼奥尼
意大利家具品牌 Azucena（1958 年至今）

见第 52 页

路易吉·卡西亚·多米尼奥尼的 P4 卡蒂利娜·格兰德椅是意大利设计首次在国际范围产生影响时期的重要产物。Azucena 是卡西亚·多米尼奥尼于 1947 年与伊格纳齐奥·加尔德拉（Ignazio Gardella）和科拉多·科拉迪·戴阿夸（Corrado Corradi Dell'Acqua）在米兰成立的公司，这家公司是 20 世纪 40 年代涌现的众多以设计为主导的家具制造商之一。P4 卡蒂利娜·格兰德椅由金属灰色粉末涂层铸铁的钢结构和弧形椅背、用黑色聚酯漆木制成的椭圆形椅座组成，并配有皮革或红色马海毛天鹅绒坐垫。椅子框架的优雅拱形是通过将铁棒弯曲几厘米的弧度打造而成的，形成了舒适的椅背和扶手。P4 卡蒂利娜·

格兰德椅成为意大利设计的典型，并从那时起一直在生产。

**倾斜的躺椅**, 1958 年

本特·温格

比雅恩·汉森·维克斯特德（1958 年）

见第 165 页

本特·温格是 20 世纪中期挪威最著名的室内设计师和橱柜制造商之一。他的躺椅对当时流行的软垫木扶手椅进行了新颖、豪华的诠释。椅子的木结构被简化为基本元素，仅作为基本材料来展现椅子奢华的饰面。扶手也摒弃了一切标准的装饰细节，被提炼成高度线性的形状，几乎是不经意地向前突出。这把躺椅结合了温暖的橡木结构和柔软的羔羊毛，几乎在召唤人们进入它的怀抱。他还设计了一个搁脚凳来搭配椅子。

**西班牙椅**, 1958 年

布吉·莫根森

埃尔哈德·拉斯穆森（1958 年）

丹麦家具品牌弗雷德里西亚家具（1958 年至今）

见第 262 页

丹麦设计师布吉·莫根森坚信天然材料和精湛工艺的价值。从观念上讲，他的作品模糊了他的导师、功能主义者凯尔·柯林特的教导和斯堪的纳维亚新兴设计师特有的渐进式实验之间的界限。在他的几件作品中，莫根森从中世纪西班牙家具设计中找到了灵感，而这种设计又往往源自古代伊斯兰风格。西班牙椅厚实的皮革带子显示出

其来源，带子环绕出宽阔的座椅，扶手宽阔的平面也减少了椅子附近放置桌子的需要。西班牙椅的简单几何框架建立了强大的存在感，而它坚固的结构确保了其使用寿命。

**天鹅椅**, 1958 年

阿尔内·雅各布森

丹麦家具品牌弗里茨·汉森（1958 年至今）

见第 101 页

阿尔内·雅各布森设计的天鹅椅用一个模压的轻质塑料外壳置于铸铝底座上制成，与蛋椅一样，它也是为哥本哈根 SAS 皇家酒店设计的，并因独特的外形而得名。天鹅椅的椅座和椅背的形状与 7 系列椅之一有关，也与雅各布森其他一些胶合板家具的初步设计有关。但雅各布森也受到他同时代人作品的影响，包括挪威设计师亨利·克莱因在塑料座椅成型方面的作品，以及查尔斯·伊姆斯和埃罗·沙里宁在外壳和玻璃纤维座椅方面具有国际影响力的作品。在天鹅椅中，雅各布森巧妙地结合并改进了所有这些设计来源的构思，成功地打造了定义一个时代的独特产品。

**❶❾❺❾**

**布塔克椅**, 1959 年

克拉拉·波塞特

阿泰克－帕斯科（1959 年）

见第 127 页

克拉拉·波塞特的布塔克椅是设计师对拉丁美洲文化广泛研究的结果。布塔克椅被认为起源于

西班牙，于 16 世纪被引入墨西哥。波塞特本人生于古巴，但后来成为一名墨西哥籍的设计师，她作品的灵感往往受到墨西哥的启发。波塞特致力于用热带木材等当地材料制作精雕细琢且实惠的家具。布塔克椅的弧形实木框架和深凹的编织椅座为墨西哥许多重要建筑增色不少，尤其是与波塞特切合作的建筑师路易斯·巴拉贡（Luis Barragán）设计的建筑。

**莫里诺办公室椅**，1959 年

卡罗·莫里诺

阿佩利和瓦雷西奥（1959 年）

意大利家具品牌扎诺塔（1985 年）

见第 381 页

卡罗·莫里诺最初于 1959 年为自己在都灵建筑学院（the Faculty of Architecture in Turin）的办公室设计了这把椅子，他后来成为该学院的院长。莫里诺以涉足多个设计领域而闻名：他曾是建筑师、设计师和摄影师，他的设计工作包括从家具设计到城市规划的方方面面。他的椅子的座椅靠背很独特，通常由两个独立、对称的元素连接在一起组成。莫里诺办公室椅用雕刻的木头和抛光的黄铜接合件制成，最初是为莫里诺自己使用而设计的，后来 1985 年扎诺塔重新发行，并称之为芬尼斯椅（Fenis Chair）。

**心形圆锥椅**，1959 年

维尔纳·潘顿

丹麦普拉斯－林杰公司（1959—约 1965 年）

维特拉（20 世纪 60 年代至今）

见第 305 页

在 20 世纪 50 年代后期的创作高峰期，维尔纳·潘顿将斯堪的纳维亚现代主义与未来主义的波普艺术美学融合在一起，他特别关注鲜明的几何形式，从而使他与丹麦设计区别开来。这种对经典靠背椅的独特设计源自潘顿一年前推出的原始锥形椅。这把椅子的名字来自它独特的心形轮廓，双翼大而突出，不过人们也可以将之看成米老鼠的耳朵。他制作过两个版本的心形圆锥椅。原始模型的椅背两翼靠得更近，而在另一个模型上它们离得更远。椅子的主体由玻璃纤维强化塑料层压板制成，软垫用聚氨酯泡沫塑料制成，主体被置于带有缎面饰面的不锈钢十字底座上。

**❶❾❻❶**

**阿克斯拉扶手椅**，1960 年

格哈德·伯格

挪威家具品牌思多嘉儿（1960 年）

见第 322 页

挪威设计师格哈德·伯格在职业生涯之初专攻木工，后来决定专注于设计。作为一位高产的创作者，伯格于 20 世纪 50 年代后期开始为家具制造商思多嘉儿工作。这种长期而富有成效的合作产生了许多成功的家具系列，包括库布斯（Kubus）和经典（Classic）系列。1960 年，伯格设计了阿克斯拉扶手椅，这是一款专为餐厅使用而设计的舒适扶手椅。与伯格的大部分设计作品气势磅礴的造型和色彩斑斓的饰面形成鲜明的对比，阿克斯拉扶手椅呈现出经典简约的轮廓。阿克斯拉扶手椅的优雅曲线充满活力，它是使 20 世纪中期斯堪的纳维亚设计闻名的精湛工艺的典范。

**Conoid 椅**，1960 年
中岛乔治
中岛乔治木工坊（1960 年至今）
见第 188 页

在弯曲胶合板和金属成为大多数家具设计师首选材料的时代，中岛乔治毫不掩饰地赞美木材最自然的状态。中岛乔治以对细木工艺的深入了解打造了一把令人印象深刻的坚固椅子，它的悬臂结构并不像它的批评者声称的那样不稳定。就在设计椅子的三年前，他完成了宾夕法尼亚的 Conoid 工作室的建造，据说该工作室的混凝土屋顶启发了他设计出 Conoid 系列家具，其中还包括桌子、长凳和书桌。中岛乔治生于美国，父母是日本人。同样对他的家具设计产生影响的是美国震颤派风格。虽然大多数美国家具设计师专注于测试技术的极限，但是中岛乔治提倡采用更加基于工艺的方法。然而，他的风格完全是现代的，他对功能性的核心理念也是如此。他的作品如今仍然很受欢迎。

**莱萨尔克餐椅**，约 20 世纪 60 年代
设计师佚名，被认为是夏洛特·贝里安设计
意大利家具品牌 DalVera（约 20 世纪 60 年代）
见第 175 页

1967 年，夏洛特·贝里安在法国萨伏依设立办事处，并负责设计和建造莱萨尔克滑雪场。这个项目一直持续到 1982 年，贝里安负责设计和采购度假村公寓的大部分室内家具及整体规划。在整个度假村，贝里安使用了由铬合金框架和干邑色皮革座椅组成的餐椅。从那时起，人们一直认为是贝里安设计了这把座椅，但有人称这把椅子实际上是设计师从意大利制造商 DalVera 那里批量购买的。

**橘瓣椅**，1960 年
皮埃尔·鲍林
荷兰家具品牌爱迪佛脱（1960 年至今）
见第 409 页

法国设计师皮埃尔·鲍林为法国总统蓬皮杜和密特朗操刀了室内设计，同时还与荷兰家具品牌爱迪佛脱进行了长期而富有成效的合作。这件有趣的设计作品出自他在 20 世纪 60 年代创作的巅峰期，它的灵感来自橘皮。皮埃尔·鲍林设计的橘瓣椅是成组使用的，因此从不同角度展现了不同程度的卷曲。这把椅子由两个相同的压制山毛榉木外壳组成，每个外壳都覆盖着模制泡沫，并置于镀铬或粉末涂层的白色钢管框架上。虽然叫橘瓣椅，但这款椅子有各种颜色和质地。

**公牛椅**，1960 年
汉斯·韦格纳
AP Stolen（1960—约 1975 年）
丹麦家具品牌埃里克·约尔根森（1985 年至今）
见第 124 页

这把椅子的管状大"角"和大块头使它有了英

文名"Ox Chair"（公牛椅）。在丹麦语中，它被称为"Pållestolen"，意为抱枕或枕头椅。从外形看，它像是对铬合金钢和皮革的英式羽翼扶手椅的改良，这是凯尔·柯林特的追随者改良的"永恒类型"家具之一。这把椅子被设计成朝向房间的中间放置，远离任何一面墙壁，所以它被视为一个雕塑般的整体对象。韦格纳特别意识到，坐着的人应该可以采用多种不同的坐姿，并鼓励人们无精打采、歪斜地坐下，并把双腿搭到扶手上。还有一个更纤细的、没有角状突起的版本作为配套件生产。

**圣卢卡椅**，1960 年

阿希尔·卡斯蒂廖尼

皮埃尔·加科莫·卡斯蒂廖尼

加维纳/诺尔（1960 −1969 年）

意大利家具品牌贝尔尼尼（1990 年至今）

柏秋纳·弗洛（2004 年至今）

见第 426 页

乍一看，圣卢卡椅类似于 17 世纪意大利巴洛克风格的椅子，但它也受到翁贝托·波丘尼（Umberto Boccioni）未来主义雕塑的影响。椅子的观念是革命性的。阿希尔·卡斯蒂廖尼和皮埃尔·加科莫·卡斯蒂廖尼没有先制作框架再装上软垫，而是把预装建模、预装软垫的面板安装到冲压金属框架上。这种工业技术在汽车座椅的制造中很常见，卡斯蒂廖尼兄弟希望他们的座椅也能如此批量生产。不幸的是，由于它复杂的结构，情况并非如此。这把椅子由三部分组成：用预成型金属制成并覆盖聚氨酯泡沫塑料的椅座、椅背和侧面，并配有红木椅腿。椅子最初用皮革或棉布制成，贝尔尼尼于 1990 年以天然色、红色或黑色皮革重新发行了这把椅子，由阿希尔·卡斯蒂廖尼监制。

**意大利面条椅**，1960 年

詹多梅尼克·贝洛蒂

普鲁里（1970 年）

意大利家具品牌 Alias（1979 年至今）

见第 14 页

1979 年詹多梅尼克·贝洛蒂、卡罗·佛科利尼（Carlo Forcolini）和恩里科·巴莱里（Enrico Baleri）在意大利创立了家具品牌 Alias。该公司的第一款产品是贝洛蒂的意大利面条椅，它由彩色 PVC 条带围绕细长的管状钢框架拉紧形成了椅座和椅背，可以根据人们的体重和体型弯曲。贝洛蒂最初于 1960 年为马里纳迪马萨酒店（Marina di Massa Hotel）的露台设计了这把椅子。原型设计制作出来后，这把椅子被命名为敖德萨（Odessa）。当第一次在纽约展出时，它采用了新名称，它的灵感来自类似意大利面的条带，这些条带为不寻常但非常实用的座椅提供了一个线条利落、不复杂的框架。这把椅子立刻成为畅销产品。与保罗·克耶霍尔姆和汉斯·韦格纳的绳索座椅结构相似，贝洛蒂用更新、更耐用的材料重新定义了这种结构。如今，这把椅子有多种颜色可供选择。

**郁金香椅**，1960 年

埃尔温·拉维恩

埃斯特勒·拉维恩

拉维恩国际（1960—1972 年）

见第 282 页

埃尔温·拉维恩和埃斯特勒·拉维恩最初接受的是绘画教育，20 世纪 50 年代因把艺术与应用设计相结合的深思熟虑的方法而闻名。1960 年，这对夫妻组合设计了精巧的郁金香椅，来回应大众文化对郁金香花卉优雅、有机形状的迷恋。郁金香椅的名字来源有点儿字面意思，它的高椅背和扶手参照了郁金香花的花瓣，并从座位的中心张开。郁金香椅是由白色的模压漆玻璃纤维结构和细长的铝制底座组成的，它可能是设计师最具雕塑感的作品，并预示着 20 世纪 60 年代富有表现力的视觉语言。

# ❶❾❻❶

**蜈蚣椅**，1961 年

保罗·沃尔德

丹麦家具品牌埃里克·约尔根森（1961 年至今）

见第 67 页

蜈蚣椅由丹麦建筑师保罗·沃尔德于 1961 年设计，在视觉和结构上象征着 20 世纪 60 年代初期斯堪的纳维亚家具行业的紧张局势。虽然正处于戏剧性十年设计的风口浪尖，但它仍然回应了过去十年的意识形态和制造原则。它的结构由四个渐变、弯曲的椭圆形界定，它们似乎盘旋在空间之中。氯丁橡胶胶合板结构上的软垫最初是用皮革制造的，后来用织物制造。胶合板结构用镀铬钢框架和旋转底座支撑着。原始模型

的框架用实心橡木制成，由丹麦家具制造商埃里克·约尔根森少量生产。到 1962 年，胶合板已经取代橡木以方便更大规模地生产。这把极其舒适的椅子至今仍是埃里克·约尔根森最受欢迎的产品之一。

**鼹鼠扶手椅**，1961 年

塞尔吉奥·罗德里格斯

Oca（1961 年）

林巴西尔（2001 年至今）

见第 10 页

塞尔吉奥·罗德里格斯被认为是一个有远见的人，他帮助设计界把注意力转向了巴西。鼹鼠扶手椅可能是他最受赞誉的设计。鼹鼠扶手椅设计于 1957 年，正值 20 世纪中期现代主义的鼎盛时期，因散发的舒适感而备受关注。这把扶手椅的名字源于葡萄牙语中的"柔软"一词，它的特点是一个超大的靠垫豪华地披在框架上，它坚固的结构由圆形山毛榉木或巴西胡桃木制成。自构思之初，罗德里格斯的鼹鼠扶手椅一直是巴西家具设计的标志，代表了设计师对宽大而舒适家具的偏爱。这把椅子在 1961 年的坎图国际家具竞赛（Cantù International Furniture Competition）中获得一等奖，并于 1974 年被纽约现代艺术博物馆永久收藏。

**藤椅**，1961 年

剑持勇

日本山川藤公司（1961 年至今）

见第 392 页

藤茎错综复杂的交错图案及其圆形茧状让剑持勇设计的休闲椅具有巢穴般的外观。它被称为藤椅、休闲椅或 38 号椅，是为东京的新日本酒店（Hotel New Japan）设计的。藤条家具的制作过程简单，从收获优质藤条——一种结实的藤蔓——开始。把藤条蒸至柔韧，再安装到夹具上形成所需的形状，然后冷却。剑持勇虽然是传统建筑技术的坚定支持者，但也是尖端生产方法的狂热研究者，尤其是飞机制造方法。藤椅经久不衰的设计非常成功，剑持勇随后在藤椅系列中增加了沙发和凳子。

**CL9 飘带椅**，1961 年

切萨雷·列奥纳迪

弗兰卡·斯塔吉

意大利家具品牌贝尔尼尼（1961—1969 年）

宜科（1969 年）

见第 434 页

CL9 飘带椅由意大利设计二人组切萨雷·列奥纳迪和弗兰卡·斯塔吉于 1961 年设计，雕塑形式背后的想法简单而强大。椅子的主体由一条连续的涂漆玻璃纤维条制成，飘带的褶皱形成舒适的倾斜扶手。座位悬挑在镀铬钢管三角形底座上，虽看起来不稳定，但为坐着的人提供了强大的支撑。底座用橡胶防震架连接到座椅上，提供了额外的灵活性。CL9 飘带椅的雕塑形式和对舒适性的考虑体现了 20 世纪 60 年代设计的乐观精神。

# ❶❾❻❷

**手形椅**，1962 年

佩德罗·弗里德伯格

胡塞·贡萨雷斯（1962 年）

见第 331 页

墨西哥艺术家佩德罗·弗里德伯格是一位出人意料的超现实主义大师，也许没有比他的手形椅更加异想天开的家具设计了。这把椅子是一次意外的惊喜产物。弗里德伯格的导师、艺术家马萨斯·戈尔里兹（Mathias Goeritz）离开墨西哥城度长假，当戈尔里兹不在的时候，弗里德伯格与当地木匠胡塞·贡萨雷斯合作。弗里德伯格对这名工匠制作的第一件作品（人腿形咖啡桌）很满意，因此委托这名木匠制作他的第二件设计作品。这是一件雕塑作品，人们坐在木手掌中，雕刻的手指作为椅背，而拇指作为扶手。一名瑞士收藏家在弗里德伯格的工作室发现了这把椅子，这把椅子几乎立即获得了成功。如今，这把椅子有很多版本，包括一个覆盖着金箔的版本，还有手被放置在雕刻的脚上的版本。

**休闲椅**，1962 年

中岛乔治

中岛乔治木工坊（1962 年至今）

见第 113 页

面对工业生产，中岛乔治坚定地致力于手工艺，他的作品反映了与天然材料之间强烈的精神关系。在使用木材时，中岛乔治融入了木结和树瘤，在不规则和不完美中拥抱美，也陶醉在材料的温暖和诗意的优雅中。在他的休闲椅上,座椅的低重心为高大的纺锤形椅背所抵消,椅背仿佛飘浮在坚固的、起伏的胡桃木鞍座上。椅子的一侧增加了一个边缘不规则的臂状部件,这一雕塑式的平台可以兼作扶手与桌面。

**模型 RZ 62 号椅**,1962 年

迪特·拉姆斯

维松 + 扎普夫(1962 年)

英国家具品牌维松(2013 年至今)

见第 251 页

迪特·拉姆斯设计的 620 椅子项目是首批模块化家具系统之一。该项目中的扶手椅就是模型 RZ 62 号椅。从这件作品中,拉姆斯设想了一个真正经得起时间考验的系统,并打造了一个可以添加元素的完整系列。使用折叠和精加工的金属板框架,620 椅子项目中所有部件都设计为扁平包装且易于组装的形式。在最初生产发行半个世纪之后,维松重新调整、设计了该系统,并重新发行。维松深入研究了原作的磨损情况来改进这个系列,包括用来组装椅子的工具。

**双人吊椅**,1962 年

查尔斯·伊姆斯

蕾·伊姆斯

美国家具品牌赫曼米勒(1962 年至今)

维特拉(1962 年至今)

见第 57 页

公共座椅并不是最耀眼的设计委托,却是最具挑战的设计委托之一。在由华盛顿杜勒斯国际机场推出 50 多年之后,双人吊椅的设计仍然很时髦。第二次世界大战后,查尔斯·伊姆斯和蕾·伊姆斯转向铝业,当时该行业正在寻找新的生产渠道。于是他们的铝系列设计就这样开始了。他们开发了一种铝制框架椅子,它上面的座位像吊索一样悬挂着,泡沫垫密封在两层乙烯基之间来实现饰面耐用。为了确保舒适,椅座到椅背的角度灵活可调节,座位下面的支撑梁下方留出放置行李的空间。铝制框架采用无接头设计,以实现强度最大化,座位也没有容易聚集灰尘的缝隙。

**❶❾❻❸**

**卡里美特 892 椅**,1963 年

维科·马吉斯特雷蒂

意大利家具品牌卡西纳(1963—1985 年)

意大利家具品牌德·帕多华(2001 年至今)

见第 122 页

维科·马吉斯特雷蒂拥有成功的建筑设计作品,自 1959 年设计卡里美特 892 椅之后,他也因家具设计和产品设计而闻名。这把椅子注定要成为他受委托设计的意大利卡里美特高尔夫俱乐部(Carimate Golf Club)建筑设计的一部分,很快它就被卡西纳在 1963 年挑选出来生产。也许这把椅子最显著的特点之一是它的实心山毛榉木框架,在与编织灯芯草椅座的连接处,框架变得更厚,在此处加厚材料最具有结构意义。2001 年,德·帕多华重新发行了这把椅子。

**GJ 椅**，1963 年

格蕾特·雅尔克

家具制造商波尔·耶珀森（1963 年）

丹麦家具品牌 Lange Production（2008 年至今）

见第 274 页

在格蕾特·雅尔克的 GJ 椅看似简单的构造之下隐藏着复杂的层压工艺，这是实现它富有表现力的雕塑形式所必需的。由两块连体成型的胶合板组成，这把椅子连同它的嵌套桌毫无疑问具有强大的存在感。与家具制造商波尔·耶珀森合作开发的 GJ 椅在英国《每日邮报》举办的国际家具大赛中获得一等奖。然而，原版仅制作了约 300 把，直到 2008 年由 Lange Production 公司重新发行，GJ 椅才进入工业生产。如今，GJ 椅被广泛认为是这位丹麦设计师最著名的作品。

**Lambda 椅**，1963 年

理查德·萨帕

马可·扎努索

加维纳/诺尔（1963 年至今）

见第 46 页

汽车制造方法反复影响了马可·扎努索的设计，在他为加维纳设计的 Lambda 椅（与理查德·萨帕共同设计）中尤其明显。虽然椅子采用了通常用于汽车制造的钢板加工方法，但使用这种技术的灵感完全来自建筑：扎努索将一种用钢筋混凝土建造拱顶的技术运用到 Lambda 椅的设计中。最终，Lambda 椅的原型用聚乙烯制成，并

采用了新的热固性材料。扎努索想用单一材料制作一把椅子，但不知道设计会采用什么形状。在整个职业生涯中，扎努索始终致力于打造出兼具创新性和舒适性的设计。与扎努索的大多数设计一样，对 Lambda 椅的研究是漫长而复杂的，但它为后来广泛使用的塑料椅提供了蓝图。

**聚丙烯堆叠椅**，1963 年

罗宾·戴

英国制造商 Hille Seating（1963 年至今）

见第 368 页

罗宾·戴的聚丙烯堆叠椅为人熟知的形式掩盖了它在家具设计史上的重要性。这把椅子的形状简单的一体式外壳带有深弯的边缘和精细的表面纹理，外壳被固定在可堆叠底座上，它是 20 世纪最民主的座椅设计。罗宾·戴于 1960 年就留意到聚丙烯，这种材料虽然成本低，但其模具极其昂贵。改进生产是一个缓慢地微调形状、增加厚度和固定凸台的过程。聚丙烯堆叠椅的开发具有开创性；在制造领域没有先例，这一过程颇为艰巨。这把椅子一经推出即获得了成功，巩固了 Hille Seating 作为英国领先家具制造商的地位。虽然聚丙烯堆叠椅很快就被抄袭了，但在 23 个国家已经售出了超过 1400 万把获得许可的椅子。

**摇椅**，1963 年

山姆·马洛夫

山姆·马洛夫木工坊（1963 年至今）

见第 49 页

从加利福尼亚的一个车库里起家，山姆·马洛夫凭借他标志性的摇椅等简洁优雅的作品成为美国战后工艺美术运动的关键人物。它长而向内的摇杆象征着这名自学成才的家具制造商的雕塑风格（这些摇杆也很实用——其长度有助于保持平衡）。马洛夫主要靠直觉来确保稳定性，因此没有任何模式可以遵循，这意味着每把椅子都略有不同。他选择用胡桃木来切割出纯木的连接部件。美国总统吉米·卡特和罗纳德·里根都有这把摇椅，如今它仍在马洛夫创建的木工坊生产。

**贝壳椅 CH07**，1963 年

汉斯·韦格纳

卡尔·汉森父子公司（1998 年至今）

见第 417 页

汉斯·韦格纳的贝壳椅在丹麦家具传统中并没有先例。它令人难忘的轮廓设法传达出轻盈而稳定的感觉，从它的三腿底座和优雅的椅座开始，座椅的末端向上弯曲（因此它有时被称为"微笑椅"）。虽然它具有直接的视觉吸引力，但韦格纳在设计贝壳椅的过程中所遵循的不仅是纯粹的审美需求。他没有使用实木，转而采用模压硬木层压板，并拆除了扶手，从而让人们可以采取更随意的休闲姿势。虽然在最初发布时，贝壳椅并没有引起公众的关注，也多年没有被投入工业生产，如今它却成为韦格纳最受欢迎的设计之一。

**施特尔特曼椅**，1963 年

赫里特·里特维德

里特维德原创公司（1963 年、2013 年）

见第 217 页

赫里特·里特维德是 20 世纪最重要的荷兰设计师和建筑师之一，也是风格派运动最早的成员之一。1963 年，约翰内斯·施特尔特曼（Johannes Steltman）找到里特维德，让他为自己在海牙的珠宝店设计了一对面对面的椅子。这些椅子是专门为来到施特尔特曼珠宝店挑选结婚戒指的夫妇设计的。最终的设计是两个面对面的座位，采用光滑的白色皮革制成。1963 年只制作了两把椅子，直到里特维德原创家具公司在椅子 50 周年之际重新发行了限量生产的 50 对左右相对的椅子之前，只有这一对椅子存世。

**温斯顿扶手椅**，1963 年

托比约恩·阿夫达尔

内斯杰斯特兰达纺织家具（1963 年）

见第 235 页

托比约恩·阿夫达尔于 1963 年设计的温斯顿扶手椅柔和弯曲的扶手很大程度上归功于斯堪的纳维亚设计师的早期实验，他们试图将木材的造型推向更具雕塑感的形式。但在这位高产的挪威设计师的手中，椅子不仅仅是一种富有诗意的木制结构。1963 年款温斯顿扶手椅纤巧精致的框架与椅座和椅背的豪华皮革软垫形成鲜明的对比。虽然如今他的名字于他同时代人中有些黯然失色，但阿夫达尔的设计生涯非常辉煌。在肯尼迪担任总统期间,他接受委托设计了椭圆形办公室的内部,不仅白宫收藏了他的家具,日本天皇也购买他的家具。

# ❶❾❻❹

**儿童椅**,1964 年
理查德·萨帕
马可·扎努索
意大利家具品牌卡特尔(1964—1979 年)
见第 321 页

从 1957 年开始,这位米兰设计师和他在同一城市的德国设计师同行展开了长达 20 年富有成效的合作。在共同追求一种被称为技术功能主义的审美时,马可·扎努索和理查德·萨帕的第一个项目中就包括这把椅子,它的后侧两条椅腿与椅背两侧的凹槽可以像玩具砖一样互相插入并叠起来。椅子用非增强聚乙烯制成,带有橡胶脚垫,轻巧而实用,但又不失俏皮,并采用了一系列鲜艳的颜色制成。这把椅子为卡特尔公司设计,是这家意大利公司第一款几乎完全用塑料制成的椅子,制作它部分是为了证明这种材料在现代时尚家居中的可行性。

**地标椅**,1964 年
沃德·班尼特
布里克联合公司(1964—1993 年)
盖革(1993 年至今)
见第 132 页

美国设计师沃德·班尼特最知名的设计之一可能就是地标椅,它最初由后来被盖革收购的布里克联合公司于 1964 年生产。这把标志性的椅子象征着纽约人的设计理念,它融合了结构、工业元素,并带有更温暖的特征。通常,这种设计会选择轧钢与饰面的并置,但在地标椅中这种风格演变成暴露的木制框架,并配有隐藏的销钉接头,结果他就打造了一款轻便、多功能、20 世纪中期的软垫扶手椅。班尼特坚持要重新诠释人体工程学的理念,以突破舒适度的极限,按照设计师的想法,这款椅子有两种高度可供选择。这把椅子在 20 世纪 90 年代由盖革重新发行,并带有藤条椅背。

**40/4 型椅**,1964 年
戴维·罗兰
通用防火公司(1964 年—约 20 世纪 70 年代)
丹麦家具品牌 Howe(1976 年至今)
见第 414 页

这款椅子是有史以来最优雅、最高效的堆叠椅之一——结构工程的胜利。它由两个直径 1 厘米的圆形钢条制成的边框组成。单独的椅座和椅背用压制钢的异形面板制成。超薄的外形加上精心设计的嵌套几何形状让这些椅子可以毫无间隙地堆叠在一起。40 把堆叠椅的垂直高度只有 4 英尺(约 1.22 米),因此这款椅子的实用名称是:40/4。罗兰在椅腿上添加了扁平的凸缘,从而使椅子可以成排锁定在一起。四把连接锁定的椅子可以一起拿起来。不出所料,这款椅子已经被大量模仿,但还没有一把椅子比原始设计——也是最终版本——质量更好。

## ❶❾❻❺

**神灵椅**，1965 年

奥利维尔·莫尔吉

国际航空公司（1965—1986 年）

见第 270 页

神灵椅由法国艺术家和设计师奥利维尔·莫尔吉设计，它是最早用聚氨酯泡沫塑料制成的带有钢管框架的家具之一。这种技术让莫尔吉能够创造出一系列具有轻质、有机形状的座椅，并可以轻松携带。神灵椅可以选择一个椅座或两个椅座，并且可以覆盖各种色彩缤纷的衬垫。这把椅子由国际航空公司生产到 1986 年，它的未来主义美学特征使它出现在斯坦利·库布里克 1968 年的电影《2001：太空漫游》中。

**DSC 系列椅**，1965 年

贾恩卡洛·皮雷蒂

卡斯泰利（1965 年至今）

见第 296 页

自 1963 年以来，意大利设计师贾恩卡洛·皮雷蒂一直在考虑一款适用于家庭和公共空间的椅子，但它要挑战现有的经典材料和技术。他将注意力聚焦于压铸铝，那时压铸铝主要用于生产电机。这种探索产生了 106 椅，它的椅座和椅背是预成型胶合板，并由两个压模铝夹具只用了四个螺丝固定在一起。1965 年在米兰国际家居用品展会一亮相，这款非常规的 106 椅立即获得成功并催生了 DSC 系列椅。因此，106 椅产生了3000 轴和 4000 轴的集成椅座：所有座椅可堆叠、

相互连接并配备不同的配件，甚至还配备了自己的运输手推车。如今，这款椅子广泛适用于各种办公空间和公共空间——这是对它多功能性的致敬。DSC 系列椅是一项伟大的成就，它确立了皮雷蒂在技术实验、实用和优雅等方面的标志性综合实力。

**安乐椅**，1965 年

乔·科伦坡

意大利家具品牌卡特尔（1965—1973 年、2011 年至今）

见第 285 页

这款早期的弯曲胶合板休闲椅最初是作为 4801 椅发布的，虽然它现在可能更广为人知的名字来自于米兰、富有远见的设计师乔·科伦坡。科伦坡为卡特尔设计的第一件作品是这个意大利制造商唯一一件全用木材制作的作品，因为该公司成立之初是专门生产高档塑料制品的（科伦坡最初设想的椅子），但是缺乏形成它弯曲曲线的工艺。即便如此，这把椅子仍是一项技术杰作，它用三块互锁在一起、漆成白色的胶合板制成。它成为 20 世纪 60 年代的设计经典，并在维多利亚与阿尔伯特博物馆、蓬皮杜中心和纽约现代艺术博物馆展出。它于 2011 年作为乔·科伦坡椅（Joe Colombo Chair）重新发行，现在用三块透明丙烯酸玻璃制成，或者批量染成黑色或白色。

**埃尔达椅**，1965 年

乔·科伦坡

意大利家具品牌 Fratelli Longhi（1965 年至今）

见第 230 页

埃尔达椅是意大利设计师乔·科伦坡首次涉足椅子时设计的作品。这款软垫转椅塞满了聚氨酯泡沫塑料，并内衬七个软垫。作为一名工业设计师和建筑师，科伦坡以探索使用合成材料设计家具而闻名。埃尔达椅设计于 1963 年并以科伦坡妻子的名字命名，它主要的创新在于设计师对材料的选择，因为它是最早使用玻璃纤维制作的这种尺寸的座椅之一。当科伦坡研究用于造船的轻质材料时，他萌生了给椅子使用玻璃纤维的灵感。这款未来派的椅子曾被用于科幻电视剧《太空：1999》中，至今仍在使用手工制作工艺继续生产。

**牛津椅**，1965 年

阿尔内·雅各布森

丹麦家具品牌弗里茨·汉森（1965 年至今）

见第 415 页

20 世纪 50 年代末，丹麦设计师阿尔内·雅各布森接受了牛津大学圣凯瑟琳学院的委托。除了学院气势磅礴的玻璃和混凝土结构，雅各布森还完成了这座建筑的许多室内设计。也许其中最著名的是 1963 年设计的牛津椅，它被设计为学院餐厅的教师座椅，椅子的高椅背传达出一种声望和权威的氛围。牛津椅最初构思为一把木椅，于 1965 年饰以软垫并投入批量生产。一体式椅座和椅背纤薄的波浪形设计可以根据人们的身体和动作进行调整，以确保高度舒适的坐感体验。

**PK24 躺椅**，1965 年

保罗·克耶霍尔姆

丹麦家具制造商埃文德·科尔德·克里斯滕森

（1965—1980 年）

丹麦家具品牌弗里茨·汉森（1982 年至今）

见第 27 页

保罗·克耶霍尔姆打破了斯堪的纳维亚把木材作为家具设计首选材料的传统，转而对钢产生了浓厚的兴趣，他认为钢也是一种天然材料，就像木材一样。虽然他的 PK24 躺椅的灵感可以追溯到夏洛特·贝里安、皮埃尔·让纳雷和勒·柯布西耶 1928 年的设计杰作，但是克耶霍尔姆进一步缩小了椅子的轮廓，它的形式现在是用细长的钢框架和皮革或柳条椅面组成的俯冲造型。最后再加上一个可调节的皮革头枕，这个头枕悬挂在椅背上方并用配重钢固定到位：有机的曲线打破了结构其余部分的线性。

**波洛克老板椅**，1965 年

查尔斯·波洛克

诺尔（1965 年至今）

见第 446 页

美国设计师查尔斯·波洛克设计了 1250 老板椅，这是 20 世纪 60 年代美国设计的标志。波洛克通过为铝制椅打造一个轮廓或者说边缘来设计这款椅子，这也构成了椅子其余部分的基本结构。它是最早使用注塑成型的塑料框架的椅子。这个框架提供了一个开口，塑料椅背可以从这个开口滑动到位，使椅子成型和具有刚度。软垫于边缘处与椅子框架固定在一起。波洛克的这种结构是家具设计的概念性突破。

**辐条椅**，1965 年
丰口胜平
日本家具品牌天童木工（1965—1973 年、1995 年至今）
见第 159 页

丰口胜平的辐条椅设计于 1963 年，与流行的日本乡土椅子类型——木棍椅——以及斯堪的纳维亚现代主义设计师对这种传统形式的诠释有着惊人的相似之处。但辐条椅也明显具有日本风格，它椭圆形椅座的宽阔表面和低矮的轮廓让人们靠近地面坐着。这款椅子甚至可以让人们舒适地双腿交叠或交叉盘坐在椅子上。扇形椅子的结构用山毛榉木制成，椅座上有一个舒适的织物靠垫，具有高度手工制作的外观，但是辐条椅仍然是为工业生产而设计的。

**Tric 椅**，1965 年
阿希尔·卡斯蒂廖尼
皮埃尔·加科莫·卡斯蒂廖尼
意大利家具品牌贝尔尼尼（1965—1975 年）
家具品牌 BBB Bonacina（1975—2017 年）
见第 290 页

除了生产了 150 种原创设计和倡导"现成"家具，阿希尔·卡斯蒂廖尼还关注"重新设计"——改良现有设计来适应现代生活的需求。Tric 椅的设计灵感来自索耐特 1928 年设计的山毛榉折叠

椅，它被称为 8751 号椅。人们通常认为 Tric 椅是卡斯蒂廖尼设计的，他曾说："有时候制造商会要求设计师对原来的产品进行重新设计。设计师可以重新设计物品，或者减少干预，仅对原来产品进行重新诠释。这就是我重新设计索耐特椅时所发生的事情。"然而，8751 号索耐特椅确立了一个标准，成为最早、最简单的折叠椅设计之一。

## ❶❾❻❻

**球椅**，1966 年
艾洛·阿尼奥
家电品牌雅士高（1966—1985 年）
德国家具品牌阿德尔塔（1991 年至今）
艾洛·阿尼奥原创家具公司（2017 年至今）
见第 221 页

开创性的塑料设计师艾洛·阿尼奥试图设计一款可以营造私人空间的椅子。结果就是球椅（在美国被称为地球椅，Globe Chair）。它用模压玻璃纤维制成，并配有涂漆铝制底座和强化聚酯椅座，于 1966 年在科隆家具展览会上展出。玻璃纤维球置于可旋转的中央椅腿上，给人营造出球体飘浮的错觉，同时使它可以 360 度旋转。玻璃纤维球里面装有红色软垫，营造出一个茧的外形。这种设计反映了 20 世纪 60 年代充满活力的社会风格，椅子成为那个时代的隐喻而出现在电影和杂志封面上。它是向埃罗·沙里宁郁金香椅的致敬，这是第一款引入单腿底座的椅子。1990 年，阿尼奥的所有玻璃纤维设计都授权给阿德尔塔，1991 年重新发行的球椅至今仍可买

到，有超过 60 种颜色的装饰面料可供选择。

**邦芬格椅 BA 1171**，1966 年

赫尔穆特 • 巴茨纳

德国家具品牌邦芬格（1966 年）

见第 258 页

邦芬格椅 BA 1171 由德国建筑师和设计师赫尔
穆特 • 巴茨纳于 1964 年与德国制造公司邦芬格
合作设计，它是一款时尚、由玻璃纤维强化的聚
酯料，通过耗时不到 5 分钟的一次压制成型，几
乎不需要精加工。因此，它被誉为第一把批量生
产的一体式塑料椅。椅子的形状源于实现功能
最大化的愿望——从以经济的方式使用材料到
确保椅子的稳定性、灵活性和易于堆叠。1966
年首次亮相于科隆家具展览会，邦芬格椅有多种
颜色可供选择，室内和室外都适用，它启发了许
多后来的设计。

**信封椅**，1966 年

沃德 • 班尼特

布里克尔联合公司（1966—1993 年）

盖革（1993 年至今）

见第 147 页

由盖革制作的信封椅是沃德 • 班尼特最知名的作
品之一。这把椅子的结构材料是焊接钢管，很像
许多土生土长的纽约人的设计。椅子的名称和
概念源自饰面，它用各样装饰（皮革和纺织品等）
包裹着框架。在与布里克尔联合公司结成合作
伙伴关系之后，班尼特于 1987 年开始与盖革合

作。信封椅已经生产了 50 多年。布里克尔和盖
革后来于 1993 年在班尼特的领导下合作。

**休闲椅**，1966 年

理查德 • 舒尔茨

诺尔（1966—1987 年、2012 年至今）

理查德 • 舒尔茨设计（1992—2012 年）

见第 501 页

由于对大多数室外家具不满意，弗洛伦斯 • 诺尔
委托理查德 • 舒尔茨设计一些经风吹日晒也不会
散架的家具。舒尔茨实验了用耐腐蚀铝制作框架
和用聚四氟乙烯制作椅座。休闲椅系列一经上市
即获得成功。该系列由 8 件不同的家具组成，包
括休闲椅、轮廓休闲椅和可调节休闲椅。这些椅
子是彻底改变室外家具市场的标志性设计。它们
具有雕塑般的简约和优雅，并用聚酯粉末涂层饰
面的铸铝和挤压铝框架制成。这是一件标志性设
计，纽约现代艺术博物馆把可调节休闲椅作为其
永久收藏。这个系列如今仍然由诺尔生产，更新
后的版本采用编织、乙烯基涂层和聚酯网状装饰，
并作为 1966 年休息室家具系列重新推出。

**普拉特纳休闲椅**，1966 年

沃伦 • 普拉特纳

诺尔（1966 年至今）

见第 60 页

沃伦 • 普拉特纳的家具系列包括扶手椅、休闲椅、
安乐椅以及桌子和搁脚凳，不仅在创新的钢丝结
构方面是一项技术杰作，而且在光学难题中它们

的结构使之成为等同于欧普艺术绘画作品的家具。普拉特纳将一系列弯曲的垂直钢条焊接到一个圆形框架上，并创造出摩尔效应，很像布里奇特·赖利（Bridget Riley）的艺术。普拉特纳与传奇设计师雷蒙德·罗维（Raymond Loewy）、埃罗·沙里宁和贝聿铭一起磨炼了他的现代风格。借鉴了路易十五时期的装饰风格，普拉特纳休闲椅采用闪亮的镍饰面和橡胶座椅、红色模压乳胶坐垫。九件式普拉特纳系列于 1966 年获得美国建筑师协会国际奖，并因它的舒适性和令人眼花缭乱的欧普艺术效果而继续流行。

**飘带椅**，1966 年

皮埃尔·鲍林

荷兰家具品牌爱迪佛脱（1966 年至今）

见第 7 页

由于这位法国设计师与荷兰公司爱迪佛脱富有成效的合作，皮埃尔·鲍林未来主义风格的飘带椅因它标志性有机形式之一的雕塑外观脱颖而出。一如既往，舒适是鲍林的出发点。椅座、扶手和椅背由轮廓分明的管状钢框架及横向的弹簧构成，该框架符合人体工程学，便于人们放松下来。框架完全覆盖了两项 20 世纪 60 年代的创新：合成泡沫和弹性织物，它们能避免褶皱或错综复杂的接缝。这把椅子及其配套的搁脚凳都以鲜艳的色彩——杰克·勒诺·拉森（Jack Lenor Larsen）的迷幻图案装饰，椅子置于漆面压木底座上。

**雪橇椅**，1966 年

沃德·班尼特

布里克尔联合公司（1966—1993 年）

盖革（1993 年、2004 年至今）

见第 471 页

沃德·班尼特在后来被盖革收购的布里克尔联合公司担任设计总监期间成果颇丰，为人们带来了一些 20 世纪中期最容易识别的极简主义椅子。其中，雪橇椅以其受欢迎程度和班尼特给温暖的室内设计增添一抹工业风格的标志性特征脱颖而出。雪橇椅的轮廓让人回想起马歇尔·布劳耶、勒·柯布西耶和密斯·凡·德·罗等设计师设计的现代主义最有代表性的座椅。雪橇椅自 1966 年开始生产，最初的设计采用鞣制皮革的饰面，设计很灵活，足以适应任何纺织品和管状金属饰面。

**的里雅斯特折叠椅**，1966 年

皮兰杰拉·达尼洛

阿尔多·雅各布

巴扎尼（1966 年）

见第 436 页

意大利设计师阿尔多·雅各布设计了一款简约的几何形态折叠椅，带有山毛榉木框架和天然藤制坐面（原版），既便于携带又易于存放。从正面看，椅子线条笔直且棱角分明。从侧面看，椅子延续了它三角形轮廓的几何主题。底座前部的轻微弯曲有助于椅子的稳定，这与座椅椅背更加明显的曲线相得益彰。这把椅子有山毛榉木和胡桃木两种材质，也有各种颜色的漆面。

1966 年，的里雅斯特折叠椅在的里雅斯特展览会（Trieste Fair）获得一等奖。伦敦维多利亚与阿尔伯特博物馆和纽约现代艺术博物馆将的里雅斯特折叠椅纳入永久收藏。

**无脚座椅**，1966 年
藤森健二
日本家具品牌天童木工（1966 年至今）
见第 205 页

在传统的日本家庭里，人们直接坐在榻榻米地垫上。为了满足人们坐下的时候可以有所倚靠的愿望，并且增加正式感，无脚座椅（"za" 意为坐在地板上，"isu" 意为椅子）被设计出来。藤森健二 1963 年的设计已被公认为最权威的无脚座椅——能够堆叠并且以低廉价格批量生产。虽然外形小巧，但坐起来非常舒适，背部的形态可以支撑脊柱。座位底部的孔可以防止椅子滑动，也减轻了椅子的重量。藤森健二的无脚座椅是为日本盛冈大饭店（Morioka Grand Hotel）设计的。20 世纪 50 年代，藤森健二在芬兰学习产品设计。他把斯堪的纳维亚和日本的思想融合到一款椅子中，从而产生了一种创新的座椅解决方案。

**❶❾❻❼**

**充气椅**，1967 年
吉奥纳坦·德·帕斯
多纳托·德乌尔比诺
保罗·洛马齐
卡拉·斯科拉里

意大利家具公司扎诺塔（1967—2012 年）
见第 225 页

作为 20 世纪 60 年代经久不衰的视觉宣言，充气椅是第一款成功批量生产的充气设计。它滑稽的球根形状灵感来自米其林轮胎先生，而这种技术则是纯粹的 20 世纪产物（它 PVC 的圆柱体通过高频焊接固定在一起）。这把椅子是 DDL 工作室第一次合作的成果，工作室是吉奥纳坦·德·帕斯、多纳托·德乌尔比诺和保罗·洛马齐于 1966 年在米兰创立的。该工作室对各种材料进行了实验，并从气动建筑装置中寻找灵感。他们尝试用充满戏谑感和轻盈的设计制作实用的家具，这些特点反映在充气椅上。这把可以在家里轻松充气的椅子是家具设计的里程碑。室内和室外都可以使用，充气椅的预计使用寿命很短，甚至还带有维修工具，它低廉的价格反映了这一点。

**唐多洛摇椅**，1967 年
切萨雷·列奥纳迪
弗兰卡·斯塔吉
意大利家具品牌贝尔尼尼（1967—1970 年）
贝拉托（1970—约 1975 年）
见第 370 页

由切萨雷·列奥纳迪和弗兰卡·斯塔吉设计的唐多洛摇椅于 1969 年在米兰国际家居用品展会期间推出，意大利制造商贝尔尼尼为两年前的原型设计提供了资金。唐多洛摇椅的概念是用玻璃纤维强化聚酯树脂制造一个连续轮廓，它挑战了用钢或曲木管状框架制成摇椅的想法。这把模制椅子拥有与其轮廓平行的肋拱：悬臂式座椅椅背处于斜倚的状态，并与底座一起形成一个宽阔的曲线。最初的制造商贝尔尼尼于 1970 年倒闭后，贝拉托几乎没有生产过这款椅子。

**花园派对椅**，1967 年

路易吉·克拉尼

海因茨·埃斯曼 KG（1967 年）

见第 439 页

德国工业设计师路易吉·克拉尼的产品以其生物形态和复杂的形式而著称，这通常是通过他的技术创新实验实现的。克拉尼深入研究了从汽车到电器的所有概念。1967 年，克拉尼设计了由海因茨·埃斯曼 KG 在德国制造的花园派对椅。座椅的框架是用玻璃纤维模制而成的。它旨在作为室外环境中的休闲椅。克拉尼设计的高度风格化轮廓也有更长的长凳版本。

**潘顿椅**，1967 年

维尔纳·潘顿

美国家具品牌赫曼米勒 / 维特拉(1967—1979 年)

家具品牌 Horn/WK-Verband（1983—1989 年）

维特拉（1990 年至今）

见第 134 页

潘顿椅看似简单——一种有机流动的形式，其实最大限度地利用了塑料无限形式的适应性。潘顿以整个一体的形状打造出一把可堆叠的悬臂椅。这把设计于 1960 年的椅子是第一把面向

系列生产和批量生产的无连接连续材料的椅子。直到 1963 年潘顿才找到有远见的制造商维特拉和赫曼米勒。第一批可投产的椅子于 1967 年限量生产了 100~150 把，使用了冷压玻璃纤维强化聚酯。自 1990 年起，维特拉改用注塑聚丙烯生产这把椅子。初版潘顿椅的七种鲜艳色彩和流动的形状是波普艺术时期的缩影。因此，这把椅子很快开始代表 20 世纪 60 年代 "一切皆有可能" 的技术和社会精神。

**糖果椅**，1967 年

艾洛·阿尼奥

家电品牌雅士高（1967—1980 年）

德国家具品牌阿德尔塔（1991 年至今）

见第 32 页

芬兰设计师艾洛·阿尼奥因 1966 年设计了胶囊状的球椅而声名大噪。他接下来的热门设计是糖果椅，它获得了美国工业设计奖（American Industrial Design Award，1968 年）。这款糖果色的座椅也被称为陀螺椅（Gyro Chair），它是 20 世纪 60 年代对摇椅的回应。它的形状取自糖果，或者说 "香锭"。阿尼奥糖果椅的原型是用聚苯乙烯制成的，方便计算出尺寸。然而，1973 年的石油危机导致他的许多聚苯乙烯产品都停产了。到 20 世纪 90 年代，有几件产品重新投入生产，如今它采用模压玻璃纤维强化聚酯制成。阿尼奥和阿德尔塔用各种颜色制作这些椅子，从酸橙绿、黄色、橙色、番茄红、浅蓝色和深蓝色到黑色和白色。

**万能椅**，1967 年

乔·科伦坡

意大利家具品牌卡特尔（1967—2012 年）

见第 211 页

科伦坡的设计与 20 世纪 60 年代和 70 年代意大利的政治和社会背景以及新兴的流行文化密不可分。科伦坡在作为艺术家时期的训练对其作为设计师的作品产生了许多影响，他大量借鉴了第二次世界大战后表现主义的有机形式。科伦坡的设计引起家具制造商卡特尔的朱利奥·卡斯泰利（Giulio Castelli）的兴趣。1967 年的万能椅（又名通用椅，Universal Chair）是第一把完全用一种材料模制而成的椅子设计。科伦坡最初的设计是用铝作为材料，但他对实验新材料的兴趣使热塑性塑料的原型设计应运而生。他设计的椅子具有可互换的椅脚：可以用作标准餐椅、儿童椅、高脚椅或酒吧凳。科伦坡色彩斑斓、灵活多变的家具与 20 世纪 60 年代的精神完全契合。

**无扶手单人椅**，1967 年

亚历山大·吉拉德

美国家具品牌赫曼米勒（1967—1968 年）

见第 469 页

亚历山大·吉拉德最出名的经历是担任成立于 1952 年的赫曼米勒公司纺织部门的设计总监。在赫曼米勒公司，他为墙纸、印花、家具和其他物品设计了 300 多种纺织图案。吉拉德于 1967 年为赫曼米勒设计了一系列座椅，这些作品基于他为布拉尼夫国际航空公司设计的作品。这家航空公司委托吉拉德重新设计整个公司形象——从机票到候机室的所有东西。这些椅子用胶合板和聚氨酯泡沫塑料制成，并带有铸铝椅背和张开的椅腿。它采用赫曼米勒公司面料的软垫，并有多种颜色组合可供选择。这一系列明亮俏皮的座椅于 1968 年停产。

**堆叠椅**，1967 年

柳宗理

秋田木工（1967 年）

见第 79 页

作为战后最重要的日本设计师之一，柳宗理把西方工业实践与日本手工艺传统相结合，在日本现代设计领域的基础上发挥了关键作用。他是受工艺美术运动启发的日本民艺运动的主要推动者柳宗悦的儿子，曾在法国设计师夏洛特·贝里安的日本工作室工作。这两种灵感在这把曲木堆叠椅中融合在一起，这把椅子把他标志性的蝴蝶凳的技术和他的玻璃纤维大象凳易于存放的特点结合在一起。由此，柳宗理将日本的简约、有机形式和尊重材料的传统同重视功能的西方思想相结合。

**舌头椅**，1967 年

皮埃尔·鲍林

荷兰家具品牌爱迪佛脱（1967 年至今）

见第 135 页

20 世纪 50 年代后期，荷兰家具制造商爱迪佛脱做出了重要决定。通过聘请富有远见的设计师郭梁乐担任美学顾问，该公司从根本上对其整个系列进行了现代化改造。皮埃尔·鲍林接受过雕塑家的教育，但在为索耐特工作期间，他对家具设计的兴趣日益增长。舌头椅是一款可堆叠、超时尚的休闲家具，为"坐"的概念赋予了新的含义，它意味着坐着的人可以把自己包裹于曲线之中，而无须笔直端坐。通过借鉴汽车行业的生产技术，这种新形态成为可能。金属框架上覆盖着织带、橡胶帆布和厚厚的泡沫层。通过在框架上使用一块带有拉链的弹性织物，设计师简化了传统的饰面。多年来，舌头椅舒适的形态始终包裹着人们的身体，证明了它的成功。

## 🄡🄨🄤🄦

**泡泡椅**，1968 年

艾洛·阿尼奥

艾洛·阿尼奥原创家具公司（1968 年至今）

见第 293 页

继艾洛·阿尼奥 1963 年著名的球椅之后，泡泡椅保留了它身前大胆、圆形的形式，但 1968 年的泡泡椅不是放在底座上，而是悬挂在天花板上。这把椅子反映了阿尼奥对透明度的兴趣。它是用亚克力制成的，被加热吹成肥皂泡的形状，然后连接到不锈钢框架上。虽然视觉上是透明的，但泡泡椅的半圆形为坐着的人提供了空间和隔音效果。泡泡椅的视觉创新形式和对合成材料的灵感式使用反映了 20 世纪 60 年代的俏皮精神，并确保它持续流行至今。

**花园蛋椅**，1968 年

彼得·吉奇

路透（1968—1973 年）

民主德国维布·施瓦热德（1973—1980 年）

盖奇·诺沃（2001 年至今）

见第 119 页

如果花园家具是为了把一些家居室内设计带到室外空间，那么彼得·吉奇的花园蛋椅也许是完美的设计。折叠式椅背置于玻璃纤维强化聚酯制成的蛋状外壳里，椅背可以向下折叠形成防水密封层，因此可以把椅子放在室外。与这种坚硬、不透水的外观相比，它的内部有一个柔软、织物衬里的可拆卸座椅。通过这种方式，花园蛋椅把经典的舒适理念与现代材料和制造方法相融合。虽然吉奇对他设计背后的灵感保持沉默，但整体风格一目了然是 20 世纪 60 年代纯粹的波普风格。彼得·吉奇在 1956 年的革命后离开了匈牙利，并搬到了当时的德意志联邦共和国，在那里他学习了建筑，然后加入了一家生产塑料产品的公司路透。花园蛋椅于 2001 年由设计师自己的公司盖奇·诺沃重新发行。虽然设计保持不变，但新型设计用可回收塑料制成，并包含一个可选的旋转底座。

**竖琴椅**，1968 年

约尔根·赫维尔斯科夫

克里斯滕森和拉森手工模型制造( 1968—2010 年)

科赫设计（2010 年至今）

见第 490 页

虽然竖琴椅形式的最初灵感来自维京海盗船的船头，但它因竖琴一样的编织弦椅背而被评论家们赋予了现在的名字。除了赋予这把椅子独特的视觉效果，椅座的旗绳还通过与人们的坐姿相契合提供灵活性的支撑。绳索缠绕在一个极简主义的木框架上，椅子三条弯曲的腿在中央通过一个金属螺栓连接在一起。这是一把经典的椅子，它既是现代主义雕塑，又是功能性家具。

**萨科豆袋椅**，1968 年
皮耶罗・加蒂
切萨雷・保利诺
弗兰科・特奥多罗
意大利家具公司扎诺塔（1968 年至今）
见第 338 页

意大利制造商扎诺塔加入了"流行家具"的潮流，推出了萨科豆袋椅。这是由皮耶罗・加蒂、切萨雷・保利诺和弗兰科・特奥多罗设计的第一款商业生产的豆袋家具。设计师最初提出使用一种充满液体的透明外壳，但由于过重和填充过于复杂，他们最终使用了数百万个微小的半膨胀聚苯乙烯球。然而，由于一袋聚苯乙烯球申请专利困难但制作容易，不久后市场上就充斥着廉价的萨科豆袋椅。因此，最初作为高品质设计师家具的产品很快发展成低成本、批量生产的空间填充物。虽然如今人们普遍认为豆袋椅已经过时，但萨科豆袋椅作为 20 世纪 60 年代乐观情绪的象征且因它开创性的设计而留存下来。

**剪刀椅**，1968 年
沃德・班尼特
布里克尔联合公司（1968—1993 年）
盖革（1993 年至今）
见第 41 页

沃德・班尼特剪刀椅的外形是对 19 世纪布莱顿沙滩椅（Brighton Beach Chair）的致敬。据报道，班尼特称剪刀椅是他最舒适的座椅，这个说法很有意义，不仅因为这位高产的设计师设计了150 多把椅子，还因为众所周知，他患有背部疾病。他在设计生涯里深入研究人体工程学，甚至偶然为桌子的高度和舒适度创造了新标准。剪刀椅最初设计于 1964 年，1968 年设计师改造了最初的改观，它用途广泛、经典、流行，自那以后，可以选择各种木饰面和装饰。盖革于 2004 年重新推出了椅子的金属版。

**吊椅**，1968 年
查尔斯・霍利斯・琼斯
查尔斯・霍利斯・琼斯设计（1968—1991 年、2002—2005 年）
见第 233 页

对美国设计师查尔斯・霍利斯・琼斯来说，玻璃一直是他长期着迷的源泉之一。然而，它的材料质量使之在家具设计中限制多多，无法轻松用于承重物体的设计。霍利斯・琼斯转而采用丙烯材料取而代之，它具有类似的透明感，但结构更坚固。然而，用丙烯材料设计也有它自身的局限性，这也促使霍利斯・琼斯应用从飞机行业中获得的经验，这种材料在飞机窗户的制造中已经很普遍。霍利斯·琼斯了解到，当被拉伸和冷却时，丙烯酸的坚固性可以显著增强，因此在 1968 年的吊椅中，丙烯酸部件可在优雅钢框架之间尽情延展。

**软垫躺椅**，1968 年

查尔斯·伊姆斯

蕾·伊姆斯

美国家具品牌赫曼米勒（1968 年至今）

维特拉（1968 年至今）

见第 207 页

软垫躺椅是为伊姆斯一家的老朋友导演比利·怀尔德设计的，他表示自己想要一把可以用来在拍摄现场小睡片刻的躺椅。最终产生的椅子有一个铝制框架，椅子的框架上方有软垫皮革装饰，进一步增强了休闲体验，软垫由 6 个用拉链连接在一起的固定靠垫和两个额外的可移动靠垫组成。这把椅子的设计是为了舒适，但又不过分舒适。它狭长的设计（椅子只有 46 厘米宽）让坐着的人将双臂交叉在胸前，从而确保一旦手臂垂到身体两侧，他们就会从午睡中醒来。

**托加椅**，1968 年

塞尔吉奥·马扎

意大利灯具品牌阿特米德（1968—1980 年）

见第 70 页

托加椅是意大利设计师塞尔吉奥·马扎和阿特米德合作和技术实验的产物。创新的设计避开了扶手椅设计的传统概念，用一块模制塑料实现了符合人体工程学的形式。最初托加椅是用木制模型制成的，使用的工艺与制造汽车或船体所需的相同，涂有玻璃纤维涂层和聚酯树脂。然而，阿特米德用彩色的热塑性 ABS 树脂从钢模中制造了这款椅子。由此方式产生的托加椅一直生产到 1980 年，它是一款轻巧、可堆叠的单品。

# ❶❾❻❾

**杰特森椅**，1969 年

布鲁诺·马松

瑞典家具品牌 Dux（1969 年至今）

见第 339 页

为了从以流畅的曲木造型而闻名的方向转型，布鲁诺·马松设计了杰特森椅，这是强烈工业风格的设计。20 世纪 50 年代，马松暂时放弃了设计而专注于建筑，10 年后他带着一系列探索新材料潜力的创造性设计重返设计领域。其中最重要的是杰特森椅，电镀皮革软垫和不锈钢框架置于镀铬的旋转底座上。杰特森椅还体现了马松的主要关注点之一：人体工程学。马松经常研究自己的身体在雪中留下的印记，并根据这些非正式的实验进行绘图。杰特森椅于 1969 年在斯德哥尔摩的诺迪斯卡画廊（Nordiska Galleriet）的一次展览中首次亮相，一亮相即获得成功。

**生活塔**，1969 年

维尔纳·潘顿

美国家具品牌赫曼米勒 / 维特拉（1969—1970 年）

丹麦家具品牌弗里茨·汉森（1970—1975 年）

斯泰加（1997 年）

维特拉（1999 年至今）

见第 187 页

也许没有一件作品比他 1969 年设计的雕塑环境作品生活塔更能代表维尔纳·潘顿作品中不敬、俏皮的精神。这位丹麦设计师的职业生涯始于在著名建筑师阿尔内·雅各布森的公司工作，他试图捕捉波普艺术时代的实验性时代精神，并打破了现代主义教条。1955 年，潘顿成立了自己的设计事务所，并很快以新颖的椅子设计在设计界引起轰动。生活塔也不例外。它有时被称为潘顿塔（Pantower），1970 年作为科隆家具展览会的一部分展出。不寻常的形式意味着它几乎无法被定义，因为生活塔介乎座位单元、存储区和艺术品之间。生活塔的雕塑形式由两个部分组成，把它们推到一起就形成一个正方形。生活塔由坚固的桦木胶合板制成，配以克瓦德拉特（Kvadrat）所产面料的泡沫软垫，鼓励各种坐姿和休闲姿势；高度超过 2 米，有 4 种不同高度可调节。

**发光椅**，1969 年

仓俣史朗

限量版

见第 292 页

富有远见的日本设计师仓俣史朗的主要艺术关注之一是对材料特性的实验。以发光椅为例，自 1969 年起，仓俣史朗试图通过一种设计形式探索光的特性，并打造了一个模压丙烯主体，其中

隐藏了一个光源。漫射的光线赋予这把椅子一种近乎超凡脱俗的存在感。发光椅的有机形态源自波普艺术的传统，而它飘逸的特质则反映了仓俣史朗的前卫哲学。这把椅子由石丸生产并限量发行 30 把，进一步模糊了它在艺术和设计世界之间的界限。

**密斯椅**，1969 年

阿齐组公司

意大利家具品牌 Poltronova（1969 年至今）

见第 19 页

20 世纪 60 年代和 70 年代，意大利是激进设计思想的大熔炉。也许在当时意大利的创意氛围中最有影响力的是阿齐组公司，这是一家由建筑师安德里亚·布兰齐（Andrea Branzi）、吉尔伯托·科雷蒂（Gilberto Corretti）、保罗·德加内洛（Paolo Deganello）和马西莫·莫罗兹（Massimo Morozzi）于 1966 年在佛罗伦萨成立的设计工作室。阿齐组公司的目标是为停滞不前的设计行业注入一股挑衅式的幽默和创新性的颠覆。在设计 1969 年的密斯椅时，阿齐组公司着手对那年去世的路德维希·密斯·凡·德·罗富有传奇色彩的遗产表示敬意和批判。这把椅子由三角形镀铬支架和在其间拉伸的橡胶板组成，它看起来僵硬而不吸引人，但在它看似不切实际的形式背后，隐藏着一个功能齐全的结构，这要归功于橡胶椅座、牛皮软垫头垫和脚凳。

**月神椅**，1969 年

维科·马吉斯特雷蒂

意大利灯具品牌阿特米德（1969—1972 年）

赫勒公司（2002—2008 年）

见第 362 页

维科·马吉斯特雷蒂不是第一个尝试一体成型塑料椅的设计师，但月神椅是这种特殊设计模式最优雅的表达之一。20 世纪 60 年代，当马吉斯特雷蒂开始尝试塑料时，他已经是一位经验丰富的建筑师和设计师了。在此设计之前的 10 年里，塑料技术取得了巨大的进步，许多合成材料可用于批量生产。月神椅由注塑成型的聚酯纤维制成，并用玻璃纤维强化。技术先进的制造商阿特米德为马吉斯特雷蒂提供了这种材料。这把椅子最引人注目的特点是创新的 S 形腿。它们实际上是空心的薄塑料平面，可以与椅座和椅背一起模制成型。此外月神椅也是可堆叠的，更增惊喜。

**UP 系列扶手椅**，1969 年

盖塔诺·佩思

意大利家具制造商 B&B Italia（1969—1973 年、2000 年至今）

见第 350 页

设计师盖塔诺·佩思凭借他 UP 系列的 7 把拟人扶手椅在 1969 年米兰国际家用品展会上首次亮相，奠定了他作为 20 世纪 60 年代意大利设计界最不落俗套设计师之一的地位。UP 系列的椅子用聚氨酯泡沫塑料制成，在真空下压缩至平板状，然后用 PVC 包膜包装。当包膜被打开且材料与空气接触时，聚氨酯膨胀，体积就变大了。这种设计创造性地以先进技术使用材料，让购买

者成为产品创造的参与者。UP 系列还包括 UP 7，它是一只巨大的脚，就像一尊巨大雕像的一部分。但真正成功复兴的是由 B&B Italia 于 2000 年重新发行的 UP 5_6 扶手椅。

## 🄡🄨🄦🄝

**马拉泰斯塔椅**，1970 年

埃托雷·索特萨斯

意大利家具品牌 Poltronova（1970 年）

见第 342 页

意大利设计怪才埃托雷·索特萨斯不断挑战优秀设计的传统，并远离现代主义严格的功能主义。然而，他还是经常回到他认为充满象征意义的原型形式。1970 年他设计的马拉泰斯塔椅由几何形状的聚酯、泡沫橡胶和乙烯基组成，展现出近乎图腾的存在。椅子的精简形式可以追溯到索特萨斯有影响的一些早期作品，如约瑟夫·霍夫曼和柯洛曼·莫泽为维也纳工坊所做的设计。光滑的表面和合成材料的使用让这把椅子清晰地表达出波普艺术和 20 世纪 70 年代其他俏皮挑衅的语境。

**Plia 折叠椅**，1970 年

贾恩卡洛·皮雷蒂

卡斯泰利（1970 年至今）

见第 195 页

自 1970 年首次投产以来，卡斯泰利已经售出超过 400 万把贾恩卡洛·皮雷蒂设计的 Plia 折叠椅。这种对传统木制折叠椅的现代诠释——由抛光

的铝制框架和透明的模压有机玻璃椅座和椅背组成——在第二次世界大战后的家具设计中具有革命性。它的主要特点是一个三金属圆盘铰链组件。椅背和前部的支撑以及椅座和后部的支撑构建在两个矩形框架和一个 U 形箍里。Plia 椅的折叠形式压缩到单把椅子仅 5 厘米的紧凑厚度。作为卡斯泰利的内部设计师，皮雷蒂的设计理念——实用、廉价且面向批量生产——体现在 Plia 折叠椅中。Plia 折叠椅在折叠或展开时都可堆叠，时尚、实用且结构优雅，至今仍继续保持着它的独特性。

### 灵长类跪坐椅, 1970 年

阿希尔·卡斯蒂廖尼

意大利家具公司扎诺塔（1970 年至今）

见第 231 页

由于对工业产品的探索，1956 年阿希尔·卡斯蒂廖尼成为意大利工业设计协会（Associazione per il Disegno Industriale，ADI）的创始成员之一。卡斯蒂廖尼以敏锐的观察力著称，擅长对日常设计进行令人吃惊的诠释。灵长类跪坐椅于 1970 年为扎诺塔设计，是他对非常规座椅设计的探索之一。这款椅子有两张垫子，一张是坐垫，另一张更大的垫子构成底座，让人们可以舒适地跪下。

### 海螺椅, 1970 年

马里奥·贝里尼

原型设计

见第 76 页

早在与卡西纳成功合作出著名的凯伯椅（Cab Chair）的 6 年前，马里奥·贝里尼就构思了海螺椅弹簧般的轮廓。受突破性材料技术研究启发的马里奥·贝里尼的人体工程学办公椅实验设计仅作为原型生产。这把椅子美学上的复杂形式原本用一体成型的聚氨酯制成，但因生产过于复杂而在商业上不可行。贝里尼生于米兰，他的设计获得了许多奖项，设计领域从家具设计、建筑设计到城市规划均有涉及。

### 管状椅, 1970 年

乔·科伦坡

意大利家具品牌 Flexform（1970—1979 年）

意大利家具品牌卡佩里尼（2016 年至今）

见第 142 页

乔·科伦坡的管状椅是这位意大利设计师对波普的先锋性探索中经久不衰的作品之一。4 个不同尺寸的塑料管包裹着聚氨酯泡沫塑料和乙烯基，它们同心地嵌套在抽绳袋中；打开包装后，人们可以按任何顺序用钢管及橡胶连接头把它们组合起来。管状椅属于被科伦坡称为"结构序列"的一种设计类型，或者说可以用多种方式进行多任务处理的单个对象。1958 年，当科伦坡开始在他家族的电导体工厂尝试使用塑料生产工艺，并再次与 Flexform 等富有冒险精神的意大利制造商合作时，他对直线天生的厌恶被转变成一种设计美学。该制造商于 20 世纪 70 年代生产了管状椅。

## ❶❾❼❶

**阿尔塔椅**, 1971 年

奥斯卡·尼迈耶

家具品牌 Mobilier de France（20 世纪 70 年代）

埃特尔（2013 年至今）

见第 201 页

阿尔塔椅设计于 1971 年，是巴西传奇建筑师奥斯卡·尼迈耶设计的第一件家具，与他的女儿安娜·玛丽亚·尼迈耶（Anna Maria Niemeyer）合作设计。这把椅子有一个由漆木制成的底座结构，上面覆盖着厚厚的软垫，有皮革或各种织物可供选择。这把椅子展现了尼迈耶对弯曲有机形式的独特兴趣，这些形式经常出现在他的建筑设计中。一条曲线既可作为椅子的后腿，又可作为椅背的支撑，这是一种功能强大且具有视觉冲击力的解决方案。另一张弯曲的薄片形成了椅子的前腿。这把椅子还有配套的脚凳。

**Due Più 椅**, 1971 年

南达·维戈

康科尼（1971 年）

见第 493 页

南达·维戈从 20 世纪 50 年代就开始在米兰的工作室工作，她坚决追求独特的、受科幻小说启发的构想，正如她最知名的家具设计 Due Più（"另外两把"）所描绘的那样。这把椅子专门为米兰 More Coffee 设计，框架由镀铬钢管制成，并以仿皮草羊毛装饰，这两种材料都属于维戈标志性的设计。这种并置结合了对包豪斯工业功

能的参考和对 20 世纪 60 年代波普艺术的热爱。2015 年，在米兰 SpazioFMG 建筑事务所举办的 20 世纪 60 年代和 70 年代维戈作品回顾展上，这把椅子颇具特色。

**草坪椅**, 1971 年

风暴集团

乔治·切雷蒂

彼得罗·德罗西

里卡多·罗索

意大利家具制造商 Gufram（1971 年至今）

见第 186 页

草坪椅是 1971 年由意大利设计团体风暴集团设计的非常规作品，风暴集团是一群反对功能主义国际风格的意大利建筑师。草坪椅以它超大的叶片来实验比例和材料上的不协调。草茎是柔韧的，并用聚氨酯泡沫塑料制成。由于它可以弯曲形状来适应使用者，因此既可以作为座椅，也可以作为躺椅，使用姿势多种多样。在第一版草坪椅发行 45 年之后，意大利制造商 Gufram 发行了限量版的北欧草坪椅（Nordic Pratone），它是原版的白色版本。

## ❶❾❼❷

**蟒蛇椅**, 1972 年

保罗·塔特尔

瑞士家具制造商 Strässle（1972 年）

见第 157 页

1972 年，美国设计师保罗·塔特尔在科隆家具

展览会上首次展示了他设计的蟒蛇椅。像塔特尔的其他设计一样,这把椅子的特点是用到了铬管,就这把椅子来说,铬管围绕椅座外壳弯曲和扭曲,椅子外壳覆盖有软垫玻璃纤维和皮革。塔特尔在瑞士制造商 Strässle 工作期间设计了蟒蛇椅,属于包括玻璃桌面在内的一个系列。然而,由于设计成本高,蟒蛇椅只生产了最初的 6 种型号。不过它出现在了 1973 年詹姆斯·邦德的电影《007 之你死我活》中。

**椅子**, 1972 年

柳宗理

日本家具品牌天童木工(1972 年)

见第 37 页

日本设计师柳宗理在第二次世界大战后声名鹊起,他的设计融合了受到勒·柯布西耶、夏洛特·贝里安、查尔斯·伊尔斯和蕾·伊姆斯启发的 20 世纪中期的创新方法以及日本传统手工艺。柳宗理的设计作品非常丰富,尤其以他富有表现力的椅子设计而闻名。柳宗理的椅子设计于 20 世纪 70 年代,拥有明亮、天然的品质。但在它看似简约而俏皮、柔和起伏的曲线背后,是对橡木的深思熟虑和细致处理。通过他精湛的工艺和对多余细节的去除,柳宗理的椅子如今与最初的设计一样具有现代感。

**祖母摇椅**, 1972 年

保罗·塔特尔

瑞士家具制造商 Strässle(1972 年至今)

见第 130 页

自学成才而高产的设计师保罗·塔特尔设计了时尚而舒适的祖母摇椅,由瑞士家具制造商 Strässle 于 1972 年生产。这把椅子的设计依赖于两种材料的混合——用于椅子底座的管状铬合金和用于制作弯曲扶手的漆曲木:这两种元素使传统摇椅现代化。这把具有雕塑感的椅子是为 Strässle 设计的,从 1968 年起,塔特尔就在 Strässle 担任家具设计师。祖母摇椅独特的椅腿支撑着圆形座椅椅背,长而独特的皮革坐垫包裹在座椅框架周围。

**奥姆克斯塔克椅**, 1972 年

罗德尼·金斯曼

金斯曼联合公司 / OMK 设计(1972 年至今)

见第 191 页

英国设计师罗德尼·金斯曼设计的奥姆克斯塔克椅强烈地表达了 20 世纪 70 年代的高科技风格,是那 10 年间家具制造委托中最优雅的代表作之一,旨在用工业材料和生产系统批量生产高质量、低成本、美观实用的物品。这款椅子有多种颜色的油漆饰面,由环氧树脂涂层的冲压钢板椅座和椅背组成,并连接到钢管框架上。这种设计便于堆叠和成排摆放。金斯曼意识到,只有低成本和多功能的产品才能满足年轻消费者(他的目标人群)对经济和风格的需求。因此,金斯曼的咨询公司 OMK 设计使用工业材料和廉价的生产方法。金斯曼的奥姆克斯塔克椅可用于室内和室外,至今仍在生产。

**P110 躺椅**，1972 年

阿尔贝托·罗塞利

意大利家具品牌 Saporiti（1972—1979 年）

见第 18 页

意大利建筑师阿尔贝托·罗塞利的作品反映了 20 世纪 70 年代出现的对适应性和模块化环境的兴趣，因为设计师试图挑战人们对当代生活先入为主的观念。罗塞利极大地受到吉奥·蓬蒂设计作品的启发，在纽约现代艺术博物馆 1972 年的著名展览"意大利：新的住宅景观"（Italy: The New Domestic Landscape）中展示了他的 P110 躺椅。这把椅子出现于罗塞利轻巧且可扩展的移动房屋中，展示在由折叠椅组成的露台上。正如《纽约时报》评论家艾达·赫克斯特布尔（Ada Huxtable）评论展出作品时所描述的，这把实验性的椅子由钢管框架和 ABS 塑料椅座组成，揭示了罗塞利对新形式、实验技术和"巧妙的反叛行为"的兴趣。

**合成 45 椅**，1972 年

埃托雷·索特萨斯

意大利奥利维蒂公司（1972 年）

见第 455 页

埃托雷·索特萨斯担任奥利维蒂公司的顾问 20 多年，设计了一系列把功能性和这个时期特有的俏皮精神融为一体的作品。也许他为这家意大利制造商设计的最具创新性的项目是一系列为工作场所设计的模块化产品。虽然与索特萨斯为奥利维蒂公司设计的其他作品相比，合成 45 椅的形式很低调，但是该系列中的塑料和喷漆金属椅子反映了索特萨斯的信念，即在日常物品中隐藏着奇迹。椅子简约的外观和低成本的材料为现代办公室宣扬了一种新的视觉语言。

**Tripp Trapp 儿童餐椅**，1972 年

彼得·奥普斯维克

思多嘉儿（1972 年至今）

见第 106 页

Tripp Trapp 儿童餐椅源于设计师彼得·奥普斯维克想让孩子们在餐桌上有一席之地的愿望——很直白。奥普斯维克留意到，他的儿子托尔渴望成为家庭聚餐中的一员；两岁时，托尔已经长大了，无法坐进儿童餐椅里，但是他仍无法安全地坐在成人用椅子上。作为解决方法，奥普斯维克设计的 Tripp Trapp 儿童餐椅是一款可调节的高脚椅，可以陪伴孩子从婴儿到成年，其座位和脚踏板的高度和深度都可以轻松调整。Tripp Trapp 儿童餐椅坚固的结构确保孩子可以安全地爬上椅子，而山毛榉木框架的永恒特性确保了它多年来的持续流行。自 1972 年首次推出以来，Tripp Trapp 儿童餐椅的销量已超过 1000 万把。

**波纹瓦楞椅**，1972 年

弗兰克·盖里

杰克·布罗根

藏羚羊（1982 年）

维特拉（1992 年至今）

见第 69 页

波纹瓦楞椅的曲线不仅展现了生于加拿大的建筑师弗兰克·盖里对形式富有表现力的运用，还展现了他重新创作历史经典设计时的幽默——这把椅子是对赫里特·里特维德的 Z 形椅（1934年）的致敬。波纹瓦楞椅用层叠的厚纸板制成，以实现坚固的外观，它极具触感的表面掩盖了它所用纸张的不足。盖里说波纹瓦楞椅"看起来像灯芯绒，摸起来也像灯芯绒，很诱人"。波纹瓦楞椅属于名为"简单边缘"（Easy Edges）的面向大众市场的低成本家具系列，但盖里在仅仅 3 个月后就召回了这个系列，因为他担心志在建筑设计的自己会成为一名家具设计师。1992 年，维特拉将 4 件作品投入生产。维特拉是波纹瓦楞椅合适的归宿，因为盖里是德国维特拉设计博物馆的建筑师。

**佐克椅**，1972 年

路易吉·克拉尼

伯克哈德·勒布克顶级系统（1972 年）

见第 309 页

德国工业设计师路易吉·克拉尼以他大量的塑料设计作品而闻名。克拉尼利用塑料的特性和功能将椅子塑造成非常具体和复杂的形式，打造出生物形态和创新的形状，就像这把聚乙烯椅一样。佐克椅用旋转成型的塑料制成，利用材料的灵活性提供符合人体工程学的办公桌椅组合。佐克椅最初是为伯克哈德·勒布克顶级系统设计的儿童家具。克拉尼因他的交通设计而广为人知，包括汽车、飞机、船只和卡车。

**❶❾❼❸**

**可调节打字员椅**，1973 年

埃托雷·索特萨斯

意大利奥利维蒂公司（1973 年）

见第 129 页

1959 年，意大利制造商奥利维蒂公司委托埃托雷·索特萨斯为工作场所设计了一系列产品。这次委托促成了合成 45 椅（也称西斯特玛 45 椅）、索特萨斯的乌托邦工作空间项目和由 100 多个组件组成的设计系列。索特萨斯用极为全面的方式构思了合成 45 椅，他研究了人体工程学、工作场所的生产效率和办公室设计的历史。除了使合成 45 系列中包含的产品具有功能性，索特萨斯还希望它们能够吸引新一代的上班族。索特萨斯设计的可调节打字员椅（也称合成 45 办公椅，注塑 ABS 框架的亮黄色正是工作场所所需要的新鲜气息。

**小松鼠扶手椅**，1973 年

塞尔吉奥·罗德里格斯

Oca（1973 年）

林巴西尔（2001 年至今）

见第 263 页

塞尔吉奥·罗德里格斯为他在巴西自己创立的工作室 Oca 设计了小松鼠扶手椅。由于担心自己原来工作室的作品过于昂贵，罗德里格斯开了另一家公司梅亚 – 帕塔卡（Meia-Pataca），提供更简单的设计版本。罗德里格斯把小松鼠扶手椅定位成公司可以用实惠的价格销售的产品，这时他已经卸任 Oca 设计总监的职位。Oca 当时的首席设计师弗雷迪·范坎普（Freddy Van Camp）提出用内六角螺钉作为接头的想法，从而简化了制造过程。小松鼠扶手椅用木制结构搭配皮革座位，因此易于包装和组装。这把椅子的名字"Kilin"是"esquilinho"（小松鼠）的缩写，这是罗德里格斯对妻子维拉·比阿特里斯（Vera Beatriz）的昵称。

**小马椅**，1973 年

艾洛·阿尼奥

家电品牌雅士高（1973—1980 年）

德国家具品牌阿德尔塔（2000 年至今）

见第 281 页

这些色彩斑斓、抽象的小马看起来好像是为小孩子设计的，但是艾洛·阿尼奥将它们视为成年人的俏皮座椅。人们可以面向前方"骑"马，也可以侧身坐在马匹上。这把带衬垫、以织物覆盖管状框架的椅子明确地参考了波普艺术的敏感性，调侃了对成人家具的既定期望。在 20 世纪 60 年代后期，许多斯堪的纳维亚设计师尝试使用塑料、玻璃纤维和其他合成材料。在阿尼奥和维纳·潘顿的引领下，他们强调几何形状，然后将之转化成可用的家具。小马椅可以在阿德尔塔购买，白色、黑色、橙色和绿色的软垫弹性织物至今仍为成年人提供想象和欢乐。

**❶❾❼❹**

**4875 椅**，1974 年

卡洛·巴托利

意大利家具品牌卡特尔（1974—2011 年）

见第 478 页

意大利设计师卡洛·巴托利设计的 4875 椅具有卡通般的特征、柔和的曲线和紧凑的比例，这在很大程度上归功于它在卡特尔的两款知名经典设计：马可·扎努索和理查德·萨帕设计的儿童椅（1964 年）和乔·科伦坡设计的万能椅（1967 年），它们都用 ABS 塑料制成。然而，4875 椅是用新发明的聚丙烯制成的，这是一种用途更广泛、更便宜且更耐磨的塑料。巴托利研究了这些早期椅子的结构，使用相同的单一主体，并将椅座和椅背整合到一个模具中。座位下面是用来加强椅腿连接处的小肋拱。然后分别模制四个圆柱形腿。到 20 世纪 70 年代，塑料已经过时，因此 4875 椅从未获得以往设计产品的地位。然而，这把椅子还是立即成为畅销产品，并于 1979 年获得意大利金圆规奖。

**博鲁姆椅**，1974 年

奥利维尔·莫格

Airborne 国际航空公司 /Arconas 机场家具制造商（1974 年至今）

见第 99 页

奥利维尔·莫尔吉用儿时好友的名字为这款异想天开的拟人化椅子命名，这款舒适的椅子一直深受人们喜爱，最近出现于谷歌加利福尼亚州的总部。博鲁姆椅的轮廓模仿人体形状提供最佳的舒适度。由于这位法国设计师与 Airborne（现称 Arconas）国际航空公司的关系，博鲁姆椅用注塑的冷固化聚氨酯泡沫塑料制成，覆盖在内部管状钢框架上。它的椅背可调节，以便人们坐下或躺下来。这把椅子目前在加拿大制造，机场家具制造商 Arconas 的总部就在那里，它的椅座使用了可回收聚酯套软垫。

**Lassù 椅**，1974 年

亚历山德罗 • 门迪尼

限量版

见第 299 页

亚历山德罗 • 门迪尼的作品经常介乎艺术和设计之间。门迪尼为意大利建筑与设计月刊《卡萨贝拉》（Casabella）的第 391 期封面设计了两把原型木椅，他当时担任杂志编辑。两把椅子都命名为 Lassù（意思是 "在那里"），门迪尼将它们放在一个倾斜的金字塔顶上，然后把它们点燃。门迪尼这种破坏熟悉的设计对象的仪式感行为符合当时流行的艺术运动，包括贫穷艺术（Arte Povera）。其中一把椅子几乎完全烧毁，它的残骸存放在帕尔马博物馆（Museum of Parma）的档案中。在化为灰烬的过程中，椅子失去了原来的功能，但获得了强大的象征地位，这突显了家居用品的短暂。第二把椅子被烧焦但仍完好，现在是维特拉设计博物馆的藏品之一。

**Sedia 1 椅**，1974 年

恩佐 • 马里

原型设计（1974 年）

阿泰克公司（2010 年至今）

见第 488 页

意大利艺术家兼设计师恩佐 • 马里在 1974 年出版的《自行设计》（Autoprogettazione）一书中发表了 19 款自己动手制作的家具设计，这是他希望实现设计领域民主化并为既定的消费设计模式提供替代方案的实践。这些只使用最基本和最实惠的材料的设计就包括 Sedia 1 椅。Sedia 1 椅目前可以从阿泰克购买，预先切割成各种尺寸的未经处理的松木板、钉子和一套关于如何仅用锤子组装椅子的说明会一并提供给人们。该套件还包括一块额外用来练习的木头。这个过程体现了马里的坚定信念，即 "设计永远是教育"。

**❶❾❼❺**

**纸板椅**，1975 年

亚历山大 • 埃尔莫拉耶夫

全苏工业设计科学研究院（1975 年）

见第 489 页

1962 年，苏联成立了全苏工业设计科学研究院（All-Union Research Institute of Technical Aesthetics）来开发优于西方消费主义的设计方法。在全苏工业设计科学研究院，亚历山大 • 埃尔莫拉耶夫于 1975 年莫斯科国际工业设计大会设计了这件纯纸板作品。他受到苏联构成主义原则（一种为社会目的而严格运用形式的原则）的启发，但也考虑到环境因素，因为纸板既便宜又易于生产。埃尔莫拉耶夫的这把椅子仅仅用三个部分组成：两个侧板插入主条带，主条带折叠在侧板上面形成前部、后部和椅座。随着人们对这一时期的兴趣日益浓厚，这把椅子重新

出现在从伦敦到莫斯科的设计展览中。

## ❶❾❼❻

**箱椅**, 1976 年

恩佐·马里

卡斯泰利（1976—1981 年）

意大利家具品牌德里亚德（1996—2000 年）

见第 353 页

艺术家和理论家恩佐·马里于 1971 年设计的箱椅是一款可自行组装的椅子，它利用了 20 世纪 70 年代人们对扁平包装家具日益增长的需求。虽然马里不是专业的设计师，但他与意大利设计界知识分子群体接触密切，在此期间设计了自己的产品。马里成功的箱椅有一个穿孔、注塑成型的聚丙烯座位，很容易与可折叠的管状金属框架组合在一起，并且可以在拆开后整齐地放到一个盒子里。箱椅有多种鲜艳迷人的颜色可供选择，虽然它已经停产，但在 1981 年之前由卡斯泰利大量发行，后来由德里亚德发行到 2000 年。

**玻璃椅**, 1976 年

仓俣史朗

限量版

见第 88 页

在真正的后现代风格中，日本设计师仓俣史朗经常着手颠覆既定的设计规范。仓俣史朗试图摒弃功能性的现代主义教条，并摒弃传统的形式和材料。仓俣史朗的玻璃椅的设计灵感来自观看斯坦利·库布里克 1968 年的电影《2001 太空漫游》。虽然仓俣史朗很喜欢这部电影的叙事，但他发现自己对导演决定在电影布景中使用传统家具设计感到失望。玻璃椅是仓俣史朗对设计行业未来前景思考所做的回应。玻璃椅的简约形式是通过 6 片玻璃的相互作用而实现的，这些玻璃无须螺钉或支架连接，而是用合成胶黏剂 Photobond 100 固定在一起，这是一种可以轻松黏合玻璃板的创新黏合剂。

**波昂椅**, 1976 年

中村登

瑞典家具制造商宜家（1976 年至今）

见第 312 页

为了解更多关于斯堪的纳维亚设计传统的知识，1973 年，日本设计师中村登加入宜家。3 年后，中村登与设计师拉斯·英格曼（Lars Engman）合作，为这家瑞典制造商宜家设计了波昂椅。中村登从 1939 年阿尔瓦·阿尔托的 406 号扶手椅中汲取灵感，但是用薄的软靠垫取代了原来的网状椅座。这把椅子最大的吸引力在于它微妙的摇摆运动，这是由悬臂式模压胶合板结构产生的。再加上轻便和价格实惠的品质，很快它就成了宜家最知名的设计之一。如今，波昂椅仍然在学生和年轻公寓居民的家中无处不在。

**椎体椅**, 1976 年

埃米利奥·安柏兹

贾恩卡洛·皮雷蒂

美国家具品牌 KI（1976 年至今）

卡斯泰利（1976 年至今）

日本家具品牌伊藤喜（1981 年至今）

见第 185 页

椎体椅设计于 1974 年至 1975 年，它是第一款自动响应人们动作的办公椅，并用弹簧和平衡系统来支持日常的使用。椎体椅这个名字表达了人们背部和椅子之间的动态关系。设计包括无须手动调整就能自动响应人们动作的椅座和椅背，从而建立了"腰椎支撑"（lumbar support）这个术语。椅子的机械装置大多置于座椅底盘下方，或者用两根 4 厘米粗的管子支撑着椅背。凭借它的铸铝底座和柔性钢管框架，椎体椅获得多个设计奖项，包括 1977 年的 ID 卓越设计奖，多年来它仅有细微的改动。安柏兹和皮雷蒂开启了关于家具的新对话，40 年后他们的椎体椅仍在延续这场对话。

# ❶❾❼❼

**凯伯椅**，1977 年

马里奥·贝里尼

意大利家具品牌卡西纳（1977 年至今）

见第 259 页

作为建筑师、工业设计师、家具设计师、记者和讲师，马里奥·贝里尼是当今国际设计界最著名的设计师之一。他的凯伯椅由卡西纳在米兰生产，作为 20 世纪后期意大利创新和工艺的象征经久不衰。这把椅子由合体的皮套包裹着搪瓷钢管框架，沿着内侧椅腿和椅座下方延伸的四个拉链则将它包裹起来。它仅由座椅内的塑料板加固。钢管家具以前依赖对比鲜明的材料来产生视觉冲击力。而贝里尼在这里结合金属和覆盖物这两种元素，打造了一个封闭、优雅的结构。到 1982 年，扶手椅和沙发这两件配套产品投入生产，有棕色、白色和黑色可供选择。在贝里尼的早期设计生涯中，他曾担任奥利维蒂公司的首席设计顾问（从 1963 年开始），有人认为凯伯椅的皮革表面是对打字员椅外壳的参考。

# ❶❾❼❽

**羚羊椅**，1978 年

霍安·卡萨斯·奥尔蒂内斯

西班牙制造商印地卡萨（1978 年至今）

见第 150 页

没有什么椅子比霍安·卡萨斯·奥尔蒂内斯设计的羚羊椅更能代表现代咖啡馆文化。羚羊椅用阳极氧化铝管制成，简洁干净的线条使它成为室内室外空间都适合的多功能设计。作为一名平面设计师、工业设计师和讲师，1964 年霍安·卡萨斯·奥尔蒂内斯与西班牙制造商印地卡萨开启了合作。他的 Clásica 堆叠椅系列（羚羊椅就是其中之一）如今被誉为欧洲咖啡馆家具的经典之作。羚羊椅的设计用铝板或木板条和铸铝接头来增加强度。羚羊椅的轻便、耐用和可堆叠使它成为畅销产品。这把椅子完美展现了霍安·卡萨斯·奥尔蒂内斯的理念："对我来说，设计意味着为工业和销售设计产品，这些产品具有功能性，可以取悦成千上万的人，多年后这些设计将获得经典地位，并成为我们周围环境的一部分。"

**普鲁斯特扶手椅**，1978 年

亚历山德罗·门迪尼

阿尔奇米亚工作室（1979—1987 年）

意大利家具品牌卡佩里尼（1994 年至今）

意大利家具品牌玛吉斯（2011 年至今）

见第 125 页

亚历山德罗·门迪尼把普鲁斯特扶手椅想象成向法国作家马塞尔·普鲁斯特致敬。普鲁斯特将风格与多彩的饰面并置，以它异想天开的设计历史方法而著称。原作于 1978 年独立制作，以现有的洛可可复兴为特色，手绘点彩派风格的笔触灵感来自 19 世纪法国艺术家保罗·西涅克（Paul Signac）的画作，他与普鲁斯特是同时代人。门迪尼用不同的材料制作了许多版本的椅子，包括大理石、陶瓷和青铜。普鲁斯特椅于 2011 年由意大利家具品牌玛吉斯发行生产，现在是旋转模塑产品，有蓝色、红色、白色、橙色、黑色和原始的点彩图案。

**❶❾❽❹**

**眨眼椅**，1980 年

喜多俊之

意大利家具品牌卡西纳（1980 年至今）

见第 412 页

眨眼椅是第一件让日本设计师喜多俊之获得国际认可的设计产品。眨眼椅的坐姿比一般躺椅低一些，它反映了年轻一代的轻松态度和日本传统的坐姿。得益于底部的侧把手，这把椅子可以从座椅变成躺椅，两件式的头枕可以向后或向前

移动到"眨眼"的位置来获得更多的支撑。它像熊猫一样折叠的"耳朵"和流行的拉链颜色让它有了"米老鼠"的昵称。作为一个同时拥有欧洲和日本文化背景的设计师，喜多俊之从未将自己与特定的学派或运动联系在一起。相反，他选择开发一种完全个人的风格，机智十足，技术能力强。1981 年，这把椅子入选纽约现代艺术博物馆的永久收藏。

**❶❾❽❶**

**整体花园椅**，1981 年

设计师佚名

各式整体花园椅（1981 年至今）

见第 358 页

整体塑料椅的第一个原型是由道格拉斯·科尔本·辛普森（Douglas Colborne Simpson）和阿瑟·詹姆斯·多纳休（Arthur James Donahue）设计的。1946 年，在加拿大国家研究委员会工作时，辛普森和多纳休制作了被认为是世界上第一款塑料家具的原型。整体式椅子是一种轻巧的玻璃纤维堆叠椅。然而直到 20 世纪 60 年代合成材料兴起，单体椅子的批量生产才成为可能。更新的版本很快就设计了出来，比如 1964 年赫尔穆特·巴茨纳（Helmut Bätzner）设计的博芬格椅（Bofinger Chair）和 1967 年维纳·潘顿设计的潘顿椅。1972 年，法国设计师亨利·马松（Henry Massonnet）设计了扶手椅 300（Armchair 300），这是一款仅需两分钟即可制造出来的塑料椅。到 20 世纪 80 年代，第一批大规模批量生产的整体塑料椅问世，其中一个关键的例子是

1981 年格罗斯菲莱克斯〔Grosfillex〕集团生产的低成本花园椅。这把椅子的椅座和椅背采用了开放式的板条，让主要用于室外的座椅能够有效地排出雨水。这种塑料花园椅在世界各地普遍使用。

**涅槃椅**，1981 年

内田繁

限量版

见第 298 页

1966 年，日本设计师内田繁在从东京桑泽设计研究所毕业 4 年后成立了自己的设计工作室。他通过内田设计工作室参与了从室内设计到城市规划的一系列项目，他的家具设计经常与其室内设计搭配，与他的大型作品一样广为人知。涅槃椅是内田繁设计创意的一个例子，它坚实的椅腿在接触地面时似乎与地板融合了。它的椅背是镀黄铜钢，而独特的底座则是用弯曲的搪瓷钢棒制成的。

**罗孚椅**，1981 年

罗恩·阿拉德

One Off 公司〔1981—1989 年〕

维特拉〔2008 年〕

见第 310 页

罗恩·阿拉德的职业生涯始于罗孚椅的设计，这是这位以色列建筑师、设计师兼艺术家首次涉足家具设计。罗孚椅是两个现成品的并置：包括罗孚废弃的汽车座椅和用香港配件公司 Keeklamp 的配件制成的带有弯曲扶手的框架。阿拉德在当地的废车场找到了罗孚汽车座椅，它在汽车上原来的连接件让它可以轻松地安装到新框架中。相比产品设计师，阿拉德受马塞尔·杜尚等艺术家的启发更多。阿拉德在自己的工作室 One Off 中与一家汽车装饰公司合作翻新座椅，直到 1989 年。2008 年阿拉德与维特拉合作重新推出这款椅子的限量版。

# ❶❾❽❷

**向后倾斜椅 84**，1982 年

唐纳德·贾德

塞莱多尼奥·梅迪亚诺〔1982 年〕

吉姆·库珀和加藤一郎〔1982—1990 年〕

杰夫·贾米森和鲁伯特·迪斯〔1990—1994 年〕

杰夫·贾米森和唐纳德·贾德家具公司〔1994 年至今〕

见第 163 页

已故的极简主义艺术家唐纳德·贾德是出于需要开始设计家具的，首先是 20 世纪 70 年代初期为他在纽约苏豪区的公寓设计家具，然后是 1977 年为他在得克萨斯州马尔法的住宅添置家具。在设计椅子时，贾德的灵感来自他收藏的其他家具，包括阿尔瓦·阿尔托、赫里特·里特维德和古斯塔夫·斯蒂克利的设计作品。他对实木有着强烈的偏爱，经常把实木保留在原材料的状态，然后对木材进行处理并打造出看似简单的几何形状。就像他的艺术作品一样，贾德的家具是对材料、形式和体量的探索，虽然这位艺术家坚持要区分艺术和设计领域，并拒绝将自己的艺术作品和家具设计一起展出。

**Costes 椅**, 1982 年

菲利普 • 斯塔克

意大利家具品牌德里亚德（1985 年至今）

见第 460 页

古怪而时尚精致的 Costes 椅是 20 世纪 80 年代新现代美学的缩影。椅子的饰面采用相当朴素的桃花心木，并配有软皮皮革椅座，它的设计向装饰艺术及传统的绅士俱乐部致敬。这把椅子最初是巴黎 Costes 咖啡馆室内设计的一部分，现在由意大利制造商德里亚德批量生产。这把三条腿椅子的设计（显然）是为了防止服务员被椅腿绊倒；三条腿的主题很快就成为斯塔克的标志。斯塔克后来成为 20 世纪后期最著名的设计师之一，在这个过程中，毫无疑问，他的表演技巧和吸引世界媒体注意的能力帮助人们建立了对这位著名设计师的崇拜。

**❶❾❽❸**

**第一把椅子**, 1983 年

米歇尔 • 德 • 卢奇

孟菲斯（1983—1987 年）

见第 418 页

当孟菲斯于 1981 年在米兰举办备受争议的展览时，它全新的视觉风格与家具、配饰和时尚理念受到了热情的追捧。这次展览被视为与当时古典现代主义和沉闷的工程产品设计的创新对抗。在这种后现代语境下，米歇尔 • 德 • 卢奇设计了他的因其形状和具象细节而吸引人的"第一把椅子"。椅子与坐姿的相似之处显而易见，它的

轻盈感、灵活性和趣味性引发了人们的情感反应。这把椅子最初是用金属和漆木制成的小系列。与孟菲斯集团创造的许多产品一样，这把椅子代表了设计趋势的一个短暂时期。从建筑专业毕业后，德 • 卢奇跟随孟菲斯进入激进的建筑领域，然后开始为阿特米德、卡特尔和奥利维蒂几家公司设计产品，后来他创立了自己的公司 aMDL。

**❶❾❽❹**

**格林街椅**, 1984 年

盖塔诺 • 佩思

维特拉（1984—1985 年）

见第 117 页

传奇意大利建筑师盖塔诺 • 佩思用他在纽约苏豪区工作室的地址格林街命名了这把椅子。这是一把不寻常的椅子：看起来几乎像一张脸的椅背，不规则、高度抛光的椅身和用细金属杆制成的椅腿，而且椅脚上有吸盘。这把椅子诞生于建筑师对树脂结晶过程的探索，以及即使为了批量生产而设计时也能增添一丝个性的可能性。佩思通过在混合物中加入了少量红色树脂，为每把椅子提供了这样一个点睛之笔。所以每把椅子的椅座上都会在随机位置出现一个独特的红色标记，每一把批量生产的椅子在某种程度上都是独一无二的。

**664 号喜来登椅**, 1984 年

罗伯特 • 文丘里

诺尔（1984—1990 年）

见第 360 页

功能主义的现代主义教条几十年来几乎没有受到任何挑战，现在，设计界的变革时机已经成熟。20 世纪 70 年代和 80 年代崭露头角的新一代设计师对设计的语义属性比对它的物理属性更感兴趣，并从各种文化中寻找灵感。在他为诺尔设计的异想天开的系列家具中，罗伯特·文丘里挖掘了传统家具风格，并为陈旧的模式注入了不敬的幽默。在 1979 年到 1983 年设计的 664 号喜来登椅的生产中，文丘里使用了层压胶合板，这是现代主义经典作品中的一种重要材料。但是，文丘里并没有像现代主义设计师那样呈现原始状态的胶合板，而是将它简化为一个单纯的面板，在经典椅子造型的雕刻轮廓上展现装饰图案，从而在形式和表面之间建立视觉对话。

**Teodora 椅**，1984 年

埃托雷·索特萨斯

维特拉（1984 年）

见第 391 页

意大利设计师埃托雷·索特萨斯的作品颠覆了现代性的叙事，他的作品承载了超越其直接功能的多重象征意义。索特萨斯将传统与现代融合起来，出人意料地探索形式的表现潜力。他 1984 年设计的 Teodora 椅是对宝座的一种后现代解构。椅子的木结构用简约但非常令人回味的形状构成，上面覆盖着石纹层压板和透明的有机玻璃椅背。这把椅子囊括了索特萨斯的许多指导

思想，包括对模仿传统材料的装饰表面图案的兴趣，以及对原型形式的当代诠释。

**❶❾❽❺**

**驯养动物椅**，1985 年

安德里亚·布兰齐

Zabro（1985 年）

见第 472 页

安德里亚·布兰齐和尼科莱塔·布兰齐（Nicoletta Branzi）用树干、石头和动物皮毛等天然材料打造了新原始风格（Neoprimitive Style），并在他们的书《驯养动物》（Domestic Animals，1987 年）中介绍了这种风格。在这些物品中，有一些是功能性的，但所有物品都引人深思。布兰齐的驯养动物椅就是设计元素与原始自然特征结合的一个典型例子。这把椅子的椅座是用平坦木制底座制成的，被涂上漆并连接到极少加工的桦木上形成椅背。作为系列产品的一部分，驯养动物椅仅限量生产。

**Ko-Ko 椅**，1985 年

仓俣史朗

石丸（1985 年）

日本家居品牌 IDÉE（1987—1995 年）

意大利家具品牌卡佩里尼（2016 年至今）

见第 226 页

Ko-Ko 椅用染黑的白蜡木和镀铬合金制成，反映了设计师仓俣史朗对当代西方文化的迷恋。仓俣史朗是众多寻求把日本传统与开创性新技

术及西方影响相结合的艺术家之一。他使用了如亚克力、玻璃、铝和钢网等现代工业材料，并打造出功能齐全但往往充满诗意和幽默感的作品。他希望消除设计结构中的重力，并打造出似乎飘浮在太空中的轻盈部件。他接受了传统的木工训练，并于1964年在东京开设了设计事务所。20世纪70年代和80年代，他因家具设计和商业室内设计而声名鹊起。20世纪80年代初期，仓俣史朗加入了总部位于米兰的孟菲斯。Ko-Ko椅属于孟菲斯所鼓励的后现代主义风格：它的抽象形式指涉出一个可以坐的物体，钢带则暗示了椅背的姿态。

## 托尼塔椅，1985年

恩佐·马里

意大利家具公司扎诺塔（1985年至今）

见第480页

对意大利设计师恩佐·马里来说，设计对象的形式应该与它的含义紧密相联。根据这种观念，日常使用的椅子应该简洁明了，并避免使用视觉特效，从而实现最有效、最经济的形式。恩佐·马里设计的托尼塔椅用铝制框架制成，聚丙烯椅座用光滑的皮革覆盖，与后现代主义运动的古怪设计形成鲜明对比。我们反而能看到它对经典的参考借鉴，包括迈克·索耐特的14号椅——在对功能的追求中，马里利用了各种新旧材料和资源。托尼塔椅是恩佐·马里于1985年为意大利制造商扎诺塔设计的，此后成为真正的意大利设计经典。

## 🅐🅞🅝🅝

## 月亮有多高扶手椅，1986年

仓俣史朗

日本家具品牌Terada Tekkojo（1986年）

日本家居品牌IDÉE（1987—1995年）

维特拉（1987年至今）

见第357页

月亮有多高扶手椅的尺寸和经典轮廓似乎与它使用不适合工业化生产的钢网相矛盾。然而，这把椅子提供了极佳的舒适感，并且它的设计至今仍是具有启发性和智慧性思维的重要范例。细钢网的骨架结构是仓俣史朗现代主义出身的产物。网眼曾出现在仓俣史朗的早期作品中，但在月亮有多高扶手椅的设计中，仓俣史朗定义了椅座、椅背、扶手和底座这些关键结构部件。曲面与平面和谐平衡，并与材料固有的刚性相对抗。虽然钢铁原材料成本低廉，但所需的劳动密集型工艺造就了昂贵的座椅设计。仓俣史朗不会将数百个单独焊接的生产技术替换为其他任何会损害椅子透明度和细纹的解决方案。仓俣史朗对亚克力、玻璃和钢铁的处理方式对一代设计师产生了很大的影响。

## NXT椅，1986年

彼得·卡尔夫

制造商Iform（1986年至今）

见第275页

丹麦建筑师彼得·卡尔夫设计生涯早期的大部分时间都在实验可以用多种方式排列的可调节、

可堆叠的座椅。这些探索促使他为制造商 Iform 设计了 VOXIA 系列。卡尔夫设计的 VOXIA 系列背后的意图是使用可持续获取的材料，从而最大限度地减少浪费。最早的原型可以追溯到 1962 年，但是直到 1986 年才开始生产。该系列的第一把椅子就是 NXT，其次是 Oto 椅和 Tri 胶合板椅。NXT 椅用压缩成型的木材制成，可选用山毛榉木或胡桃木，并可以染色或做漆面处理。

**脊体椅**，1986 年
安德烈•杜布雷伊尔
安德烈•杜布雷伊尔装饰艺术（1986 年）
塞科蒂•科莱齐奥尼（1988 年至今）
见第 491 页

在通过工业设计师汤姆•迪克森（Iom Dixon）了解到焊接工艺之前，法国艺术家安德烈•杜布雷伊尔从事古董生意。在他的设计作品中，杜布雷伊尔吸取了艺术史的教训，并将之运用到高度个性化的创作中，他细致入微的作品与当时流行的极简主义设计形成了鲜明对比。杜布雷伊尔 1986 年设计的脊体椅的手工弯曲钢曲线借鉴了巴洛克家具中的涡卷纹和弯脚腿（cabriole legs），但并没有直接仿制。虽然椅子的结构使用了工业材料，但椅子的形式模仿了人类脊柱的外观，赋予了这把椅子一种有机的感觉。在设计脊柱椅时，杜布雷伊尔设计了一个高度雕塑化的物体，虽然它功能强大，但他仍然优先考虑形式而不是实用性。

**好脾气椅**，1986 年
罗恩•阿拉德
维特拉（1986—1993 年）
见第 110 页

罗恩•阿拉德于 1986 年设计的好脾气椅对历史悠久的俱乐部椅类型做了异想天开的重新诠释。作为阿拉德用弹性钢（一种柔韧但坚固的材料）做实验的结果，好脾气椅用四块回火钢组成，这些钢弯曲形成椅子的构成部件：两块回火钢塑造了椅子的扶手，一块回火钢制成椅座，另一块回火钢制成椅背。阿拉德揭示了形成椅子结构的工艺过程，并打造了一把形式和功能一样强大的椅子。好脾气椅的生产始于 1986 年，由于无法获得制作椅子框架所需的钢材，于 1993 年停产。

# 🄵🄷🄸🄷

**幽灵椅**，1987
奇尼•博埃里
片柳吐梦
意大利家具品牌 Fiam Italia（1987 年至今）
见第 240 页

奇尼•博埃里和片柳吐梦设计的这款幽灵椅虽然是一件很沉重的家具，但是看起来像空气一样轻盈。这款大胆的设计用一块实心玻璃制成，由意大利家具品牌 Fiam Italia 制作。当米兰建筑师兼设计师奇尼•博埃里为意大利家具品牌 Fiam Italia 构思设计思路时，高级设计师片柳吐梦建议设计玻璃扶手椅。幽灵椅可承受高达 150 千克的重量，即使其弯曲的悬空水晶玻璃仅有 12

毫米厚。Fiam Italia 至今仍在生产这款椅子：先在隧道炉中加热玻璃，然后把大块玻璃弯曲成型。包括菲利普·斯塔克、维科·马吉斯特雷蒂和罗恩·阿拉德在内的许多设计师都为 Fiam Italia 设计过产品，但鲜有设计能与博埃里和片柳吐梦设计的幽灵椅所产生的惊人、几乎超现实的影响相媲美。

**弗雷·埃吉迪奥椅**，1987 年

丽娜·柏·巴蒂

马塞洛·费拉兹

马塞洛·铃木

巴西家具品牌马塞纳里亚·巴拉乌纳（1987 年至今）

见第 499 页

与她的大部分设计作品一样，生于意大利的丽娜·柏·巴蒂设计的弗雷·埃吉迪奥椅是用巴西当地材料制成的，这把椅子使用了巴西橡木 tauari。弗雷·埃吉迪奥椅由她与马塞洛·费拉兹和马塞洛·铃木于 1986 年共同设计，它是为萨尔瓦多的格雷戈里奥·德·马托斯剧院（Teatro Gregorio de Mattos）设计的。设计师需要制作轻巧且便于运输的椅子。在设计椅子时，他们借鉴了意大利文艺复兴时期的折叠椅。他们把文艺复兴时期椅子的多根板条缩减成三排木板。这把椅子以一位修道士的名字命名，他曾邀请巴蒂设计位于乌贝兰迪亚（Uberlândia）的塞拉多圣灵教堂（Igreja Espirito Santo do Cerrado）。这把简约而时尚的椅子是纽约现代艺术博物馆的永久收藏品之一。

**长颈鹿椅**，1987 年

丽娜·柏·巴蒂

马塞洛·费拉兹

马塞洛·铃木

巴西家具品牌马塞纳里亚·巴拉乌纳（1987 年至今）

见第 260 页

生于意大利的巴西现代主义建筑师丽娜·柏·巴蒂致力于推动促进社会和文化进步的建筑和设计的发展。高产的巴蒂以她的珠宝设计、家具设计以及建筑设计而闻名，她于 1987 年为巴西制造商马塞纳里亚·巴拉乌纳设计了长颈鹿椅。该设计是与建筑师马塞洛·费拉兹和马塞洛·铃木共同设计完成的。长颈鹿椅用各种硬木制成，包括巴西橡木 tauari，具有高度抛光的饰面和对比鲜明的榫钉。长颈鹿系列包括凳子、酒吧凳和桌子。

**I Feltri 椅**，1987 年

盖塔诺·佩思

意大利家具品牌卡西纳（1987 年至今）

见第 50 页

I Feltri 椅用厚羊毛毡制成，类似于现代萨满的宝座。虽然底座浸在聚酯树脂中，但是椅子的顶部柔软且具有延展性，像帝王的斗篷一样包裹着坐着的人。I Feltri 椅作为佩思设计的"不规则系列"的一部分于 1987 年首次亮相于米兰国际家居用品展会。这个系列中各件设计作品——衣橱、桌子、组合沙发和扶手椅——在

美学上完全不同。为了与当时占主导地位的高雅风格和高产品价值形成对比，这些设计都有一种不熟练、"不听话"的手工制作外观。佩思原本打算通过用技术水平不高、价格低廉的制造工艺，在发展中国家用旧地毯批量生产这款椅子。然而，卡西纳对这种崇高的理想并不感兴趣。佩斯回忆道："我记得他们告诉我，他们有义务照顾自己的工人。"如今，这些椅子用厚毛毡精心制成，并相应地定价。

**超轻椅**，1987 年

阿尔贝托·梅达

意大利家具品牌 Alias（1987—1988 年）

见第 302 页

20 世纪 80 年代，意大利设计师阿尔贝托·梅达对探索复合材料对住宅的用途很感兴趣，并为制造商 Alias 设计了复合材料椅子的早期范例。这把椅子用诺梅克斯蜂窝制成的芯材和覆盖着环氧树脂的单向、垂直排列的碳纤维基质制成，梅达设法打造了一款重量不到 1 千克的椅子。这是对吉奥·蓬蒂的 699 型超轻椅的致敬。这款超轻椅超薄的框架需要专门的制造工艺，生产成本很高。结果，Alias 只制作了 50 把。

**小河狸椅**，1987 年

弗兰克·盖里

维特拉（1987 年至今）

见第 420 页

与在他之前的许多建筑师和设计师一样，弗兰

克·盖里渴望为设计家居产品提供创新且实惠的解决方案。在这些努力中，盖里经常使用工业材料，同时试图通过赋予它们美学维度来改变公众对这些实用物品的看法。在他 1987 年的小河狸椅中，盖里使用了瓦楞纸板，通过加工轻质材料提供坚固而耐用的座位。与盖里的其他一些纸板设计实验不同，小河狸椅软化了材料粗糙的表面，厚瓦楞纸板被垂直切割，并刻意暴露粗糙的边缘。虽然盖里希望设计价格实惠的家用产品替代品，但他的瓦楞纸板椅价格仍然很高，因此产量有限。

**米兰椅**，1987 年

阿尔多·罗西

意大利家具品牌 Molteni&C（1987 年至今）

见第 495 页

米兰椅是传统与创新和谐共存的典范。它被构思为用硬木制作，有樱桃木或胡桃木的版本，板条椅背和椅座非常舒适。米兰椅借鉴了传统设计，反映了意大利建筑师和设计师阿尔多·罗西的信念，即建筑不能脱离城市的传统。罗西可能觉得设计工业产品更加自由，因为这些产品意味着要适应不同环境的用途，而不是强硬地介入城市环境。一系列图纸说明了如何在不同场合下使用椅子：在桌子周围的非正式会议中，在地板上有一条狗的情况下，或者在工作室的环境中使用。米兰椅如今仍是罗西重要作品的有力象征。

**S 椅**，1987 年

汤姆·迪克森

限量版（1987 年）

意大利家具品牌卡佩里尼（1991 年至今）

见第 318 页

S 椅有一些拟人化的东西，也许是对收紧的腰身、曲线优美的臀部以及脊柱和肋骨的隐喻。也许椅子更像蛇形而不是人形。无论何种方式，S 椅的吸引力从根本上来说都是有机的，这源于其天然的灯芯草软垫。椅子的轮廓用焊接的弯曲金属杆制成，它的周围编织着灯芯草。S 椅的悬臂式座位可以与赫里特·里特维尔德的木制 Z 形椅和维尔纳·潘顿的塑料潘顿椅相媲美。汤姆·迪克森的早期作品通常是限量版金属制品，通常用可回收金属制成。1987 年，迪克森设计了 S 椅，起初于 20 世纪 80 年代后期在他的伦敦工作室制作了大约 60 把。迪克森后来把该设计授权给卡佩里尼，卡佩里尼至今仍在生产这款椅子，并尝试用天鹅绒和皮革做饰面。

**斯特林椅**，1987 年

亚历山德罗·门迪尼

埃兰（1987 年）

见第 289 页

亚历山德罗·门迪尼在 20 世纪下半叶意大利艺术和设计改革中发挥了不可或缺的作用。也许没有比斯特林椅——他对传统座椅的俏皮解构——更能体现他作品的反传统价值的例子了。这款金属管椅子设计于 1987 年，带有塑料座位，可以诠释为对类人形象或近乎原始图腾形式的暗示。这款异想天开的椅子由数量非常有限的

元素组成，它只是作为观察者解读它拟人形式的线索，并揭示了门迪尼对语义学及在设计对象中发现的诠释潜力的兴趣。

**❶❾❽❽**

**清友椅**，1988 年

仓俣史朗

日本制造商 Furnicon（1988 年）

见第 62 页

最初，仓俣史朗清友椅的设计旨在作为概念设计在东京 AXIS 画廊和日本静冈的伊势丹百货商店展出。这把椅子用漆木底座、钢管与镀铬合金的座椅背制成，通过设计师与日本制造商 Furnicon 的合作做了改良，以方便生产。这把椅子随后在仓俣史朗于东京清友寿司吧的室内设计中找到了它的归宿，在那里它一直使用到 2004 年清友寿司吧关闭。2014 年，清友寿司吧连同清友椅一起被送到香港西九龙文化区的视觉文化博物馆 M+ 收藏。

**2 号椅**，1988 年

唐纳德·贾德

莱尼（1988 年至今）

唐纳德·贾德家具（1988 年至今）

见第 224 页

唐纳德·贾德最初以雕塑家的身份而闻名，但是后来他的家具作品成为他标志性的作品。贾德最初为自己的住宅设计了精选的设计物品，到 20 世纪 80 年代他拓宽了自己的设计范畴，包

括更多的颜色和材料。1984 年设计的贾德 2 号椅保留了以往设计的简约视觉语言，并将关注焦点放在材料特性和简单的功能上，但采用了新材料——铝、黄铜或铜。在此期间，贾德也开始制作不同版本的家具。但是他对设计的规格仍然非常挑剔，并靠技艺精湛的木匠和工匠帮助实现他的愿景。

**胚胎椅**，1988 年

马克·纽森

日本家居品牌 IDÉE（1988 年至今）

意大利家具品牌卡佩里尼（1988 年至今）

见第 105 页

澳大利亚设计师马克·纽森设计的胚胎椅是 20世纪 80 年代后期他在海滨度假胜地过一段时间的产物。受到这个地区冲浪文化的启发，纽森打算用制作潜水服常用的氯丁橡胶材料来打造一款形状独特的座椅。胚胎椅的三条锥形腿从一个有机体中延伸出来，而这个有机体用注塑成型的聚氨酯泡沫塑料覆盖在钢框架上。胚胎椅首次亮相于悉尼动力博物馆（Sydney's Powerhouse Museum）的"请坐"（Take a Seat）展览，椅子自 1988 年以来一直在生产。在日本，日本家居品牌 IDÉE 用原始的氯丁橡胶外壳生产这把椅子，而在欧洲，卡佩里尼则用合成双弹性织物软垫。

**布兰奇小姐椅**，1988 年

仓俣史朗

石丸（1988 年至今）

见第 232 页

据说布兰奇小姐椅的灵感来自费雯·丽在电影《欲望号街车》中佩戴的花饰。漂浮在丙烯酸树脂中的人造红玫瑰旨在代表布兰奇·杜波依斯（Blanche DuBois）的脆弱。椅子的扶手和椅背轻轻弯曲，彰显了女性的优雅，然而，它的棱角分明和铝制椅腿插入座椅底部的方式带来了一种令人不舒服的紧张感，并抵消了任何甜美的女性化概念。作为日本最重要的设计师之一，仓俣史朗喜欢将看似不容置疑的概念结合起来。他特别喜欢使用模棱两可的材料丙烯酸：这种材料冷如玻璃，暖如木头。据报道，在布兰奇小姐椅制作的最后阶段，他每隔 30 分钟就给工厂打一次电话来确保达到花朵漂浮的效果。

**巴黎椅**，1988 年

安德烈·杜布雷伊尔

独特的作品（1988 年）

见第 303 页

为了回应当代家具设计的极简主义倾向，法国艺术家安德烈·杜布雷伊尔设计了极为非常规的作品。与既定风格背道而驰，杜布雷伊尔以他极具雕塑感和诗意的作品而闻名，这些作品既吸引眼球，又吸引身体。用打蜡钢板制成的三腿巴黎椅设计于 1988 年，并饰有乙炔炬留下的豹斑图案。与他的大部分其他作品一样，杜布雷伊尔更喜欢凭直觉设计椅子，而不需要为作品绘制初步草图。正因如此，每一把巴黎椅都是独一无二的定制品，而且装饰独特。

**极简空背椅**，1988 年

贾斯珀·莫里森

维特拉（1989 年至今）

见第 115 页

贾斯珀·莫里森的极简空背椅不仅是经典的设计作品，还提供了对莫里森实用主义设计方法的洞察。椅子的前腿和椅座明显简约而严谨的构型表现了纯粹的功能主义，与后腿和椅背的曲线平衡来支撑着坐着的人。在薄胶合板座椅下方的凹形横杆提供了缓冲效果。椅子的结构和固定装置暴露在外展现了设计的结构。极简空背椅是为 1988 年在柏林举办的设计工坊展（Design Werkstadt）而设计的。莫里森用有限的设备制作了这把椅子，使用了一种他认为可以应对那个时期繁复风格的材料。由于手边可用的材料不多（胶合板、钢丝锯和一些"船的曲线板"），莫里森的设计把二维切割形状转变为三维座椅设计。维特拉认识到设计的品质，并生产了背面开放的极简空背椅，以及椅背填满的第二个版本的极简椅。莫里森的实用主义掩盖了奢侈，并证明了他的设计具有经久不衰的品质。

**思想者椅**，1988 年

贾斯珀·莫里森

意大利家具品牌卡佩里尼（1988 年至今）

见第 450 页

1987 年，英国设计师贾斯珀·莫里森的早期作品思想者椅在展览中首次亮相，它立刻引起意大利著名制造公司董事朱利奥·卡佩里尼（Giulio Cappellini）的关注。这把椅子激发了富有成效的合作关系，一直持续至今。思想者椅富有个性，采用管状和扁平金属骨架结构，造型让人想到传统模型，同时被赋予了现代感。这把椅子的诸多巧妙细节之一是弯曲的扶手末端装有小托盘，当人们坐在椅子上休闲时，它提供了一个摆放饮料的地方。

**托莱多椅**，1988 年

豪尔赫·彭西

AMAT-3（1988 年至今）

见第 209 页

在 20 世纪设计史的发展中，西班牙并未发挥重要作用。贝伦格集团（Grupo Berenguer）是一个例外，它由豪尔赫·彭西、阿尔贝托·利沃雷（Alberto Liévore）、诺贝托·查维斯（Noberto Chaves）和奥里奥尔·皮耶伯纳特（Oriol Piebernat）于 1977 年在巴塞罗那成立，并开始定义一种现代、精致和实用的风格。1984 年，彭西创立了自己的设计工作室。他的托莱多椅最初是为西班牙街头咖啡馆在户外使用而设计的。设计师选择了经抛光和阳极氧化的细长铸铝结构；椅座和椅背上的缝隙受到日本武士盔甲的启发，从而让雨水通过耐腐蚀和可堆叠的椅子排出。屡获殊荣的托莱多椅的非凡成功标志着豪尔赫·彭西开启了繁荣的职业生涯，他已经成为西班牙领先的设计顾问之一。

**木椅**，1988 年

马克·纽森

Pod 公司（1988 年）

意大利家具品牌卡佩里尼（1992 年至今）

见第 68 页

这把木椅是马克·纽森设计的，用于在悉尼举办的一个使用澳大利亚木材的椅子展览。为了强调材料的自然美，纽森打算将木结构拉伸成一系列曲线，他着手寻找能够生产这款椅子的制造商，但接触过的每一家公司都说他的设计不可能实现，所以这把椅子最初是由纽森自己的公司 Pod 制作的，使用了加拿大的岩枫木和澳大利亚的角瓣木。20 世纪 90 年代初期，纽森开始与意大利制造商卡佩里尼合作。纽森说："我一直试图用具有挑战性的技术打造美丽的物体。"木椅是这种设计理念的早期例子，它利用材料的内在特性，通过拉伸来展现它的自然美和设计可能性。纽森的设计方法不是简单地改进现有的设计类型，而是横向审视并想象完美的版本。

## ❶❾❽❾

**大安乐椅**，1989 年

罗恩·阿拉德

One Off 公司（1989 年）

莫罗索（1990 年至今）

见第 34 页

最初，罗恩·阿拉德通过对钢结构进行实验来找到后来成为明亮的软垫扶手椅的形状，从而打造了大安乐椅的"第 1 卷"系列。"第 2 卷"系列是限量版，对材料和形式做了一些调整。这种创意过程的效果是，虽然这把椅子是为实用目的

而设计的，但经常被当作艺术品购买。1990 年，阿拉德与莫罗索合作设计了可批量生产的椅子，这款椅子现在有软垫版或旋转成型的可回收聚乙烯版。

**速写椅**，1989 年

罗恩·阿拉德

维特拉（1989 年）

见第 228 页

作为罗恩·阿拉德仅有的木制设计，速写椅推动了传统材料的特性和意义。阿拉德设计了速写（意大利语中的"草图"）椅来响应维特拉的设计提案，该提案建议设计节省空间的椅子。他的解决方案是设计一款双人椅，可以拉开来形成两个相同的独立座椅，或者通过水平开槽形成一把椅子。这款椅子是用弯曲的胶合板制成，胶合板被层压成宽条带，然后切成薄片。多条板条用管状钢棒在 6 个点固定在一起。速写椅采用时尚的铝制外壳，外壳也可当作椅子。

**银椅**，1989 年

维科·马吉斯特雷蒂

意大利家具品牌德·帕多华（1989 年至今）

见第 352 页

维科·马吉斯特雷蒂被公认为第二次世界大战后意大利设计的先驱之一。经过 30 年的家具设计，马吉斯特雷蒂为德·帕多瓦设计了银椅，至今仍在生产。银椅是对原型曲木椅的重新诠释，类似出现于 1925 年索耐特产品目录中的布拉格

椅。最初的设计用实心蒸汽弯曲山毛榉与藤条、甘蔗或穿孔胶合板制成。马吉斯特雷蒂的椅子用抛光焊接铝管和板材制成，并配有聚丙烯座和椅背。它可以配有扶手、脚轮和底座，也可以没有。马吉斯特雷蒂将这把银椅诠释为"向制作过类似椅子的索耐特致敬……我一直喜欢索耐特的椅子，虽然我这些椅子不再用木头和稻草制成"。

# ①⑨⑨⓪

**AC1 椅**，1990 年

安东尼奥·奇特里奥

维特拉（1990—2004 年）

见第 193 页

维特拉的 AC1 椅由安东尼奥·奇特里奥于 1988 年设计，并于 1990 年推出，以没有操作杆而著称。在它推出的时候，办公家具行业痴迷于高度调节，生产的椅子上布满了小机关，而且看起来很笨重。因此，奇特里奥精简的产品带来了令人耳目一新的优雅变化。椅背外壳采用适应性材料聚甲醛树脂，并采用无氯氟烃泡沫聚氨酯的饰面。这把椅子没有隐藏的机械装置。相反，灵活的椅背通过扶手连接到座椅上的两点，使座椅表面的位置随着椅背的角度而变化，意味着这两个元素是完全同步的。座椅的长度和高度、腰部的支撑和椅背的反压力可以根据使用者的身高和体重不断地调整。奇特里奥还为高端市场设计了一款姊妹椅，即体量更大的 AC2 椅。

**洛克希德躺椅**，1990 年

马克·纽森

限量版

见第 144 页

洛克希德躺椅是澳大利亚设计师马克·纽森最著名的作品之一，它是一把完全用铆接铝包裹的玻璃纤维躺椅，躺椅三条腿的底部涂有橡胶。用飞机制造商命名的这把洛克希德躺椅是 LC1 椅的改良版，这把椅子于 1986 年在悉尼的 Roslyn Oxley9 画廊首次亮相。纽森的意图是用铝来覆盖他的设计，这是他接受珠宝商培训后完成的设计。薄薄的铝板铆接在手工雕刻的玻璃纤维主体上。在巴斯克拉夫特（Basecraft）只生产了 1 个原型、4 个艺术家的样椅和 10 个座椅版本。

**玫瑰椅**，1990 年

梅田正德

意大利家具品牌 Edra（1990 年至今）

见第 397 页

日本设计师梅田正德虽然主要以对意大利后现代主义团体孟菲斯的贡献而闻名，但他在 20 世纪 80 年代后继续创作了一系列广受好评的设计作品，这些设计作品以异想天开的形式参考了自然世界和日本流行文化。梅田正德设计于 1990 年、视觉上十分奢华的玫瑰椅用花瓣状的聚氨酯衬垫层组成，其上覆盖着毛绒天鹅绒饰面。靠在三个圆锥形铝腿上的钢架支撑着柔软的座椅。继玫瑰椅的成功之后，梅田正德又为创新的意大利制造商 Edra 设计了另外几款极具表现力的家具。

## ❶❾❾❶

**破布椅**，1991 年

特霍·雷米

楚格设计（1991 年至今）

见第 421 页


居住在荷兰的特霍·雷米是一名产品设计师、室内设计师和公共空间设计师。由楚格设计制作的他的破布椅是用层叠的衣服和废弃的破布制成的。这些再利用的纺织品被收集起来，并用黑色金属废料塑造成一个巨大、笨重而古怪的椅子。这把椅子背后的观念是提供一件独特的家具，同时提供一系列可以翻阅和珍惜的记忆。由荷兰设计师雷米手工制作的每一把椅子都是独一无二的，只要提前寄给楚格设计，买家自己的衣服甚至可以纳入设计。楚格设计从 1991 年以来一直就按需生产每把椅子。


## ❶❾❾❷

**2 号椅**，1992 年

马尔滕·凡·塞维恩

马尔滕·凡·塞维恩家居公司（1992—1999 年）

Top Mouton（1999 年至今）

见第 202 页


马尔滕·凡·塞维恩的作品值得仔细思考。在 2 号椅中，设计师力求隐藏每一个接合处，所以这把椅子只由平面和相交线组成。这把椅子的椅座和椅背的平面在几乎不知不觉中逐渐变细，前腿不是垂直的，而是微微倾斜的。20 世纪 80 年代后期，凡·塞维恩开始在比利时制作家具。

他对装饰不感兴趣，偏爱本色的天然材料，比如山毛榉木胶合板、铝、钢和丙烯酸。2 号椅来自一系列探索还原理念的设计。早期版本是凡·塞维恩用铝和浅色山毛榉木胶合板制成的，随后被 Top Mouton 接手生产。维特拉还成功地将这个设计转化为聚氨酯泡沫塑料版本。虽然凡·塞维恩最初的设计坚决反对工业化，但维特拉高度工程化的可堆叠版本则支持工业生产，并在椅背中嵌入弹簧来增加舒适感。


**交叉编织椅**，1992 年

弗兰克·盖里

诺尔（1992 年至今）

见第 216 页


最好的设计有时来自最简单的想法。交叉编织椅由建筑师弗兰克·盖里设计，他以激进的有机建筑——如古根海姆博物馆毕尔巴鄂分馆——而闻名。这把椅子的灵感来自盖里童年记忆中的苹果箱编织结构。椅子的框架由 5 厘米宽的硬质白枫木贴面和极薄的条带构成，并用高黏合度的尿素胶层压到 15~23 厘米厚。热固性组装胶提供了刚性结构，最大限度地减少对金属连接件的需求，同时增加了椅背的移动性和灵活性。这把椅子设计于 1982 年至 1992 年，1992 年在纽约现代艺术博物馆预展，为盖里和诺尔赢得了很多设计奖项。


**尼可拉椅**，1992 年

安德里亚·布兰齐

意大利家具公司扎诺塔（1992—2000 年）

见第 475 页

安德里亚·布兰齐一直是意大利 20 世纪下半叶文化复兴的重要参与者，参与了几个重要的设计运动，包括激进设计运动和孟菲斯运动。自1966 年共同创立阿齐齐公司以来，布兰齐一直致力于打造介乎概念性和功能性之间的、具有戏剧张力的雕塑设计对象。在设计 1992 年的尼可拉椅时，布兰齐从椅子的钢管框架和皮革饰面中汲取了现代主义运动的灵感。但他通过独特的后现代形式组合和添加一个不协调的藤条头枕，颠覆了人们对极简主义风格的期望。

**面对面椅**，1992 年
安东尼奥·奇特里奥
格伦·奥利弗·勒夫
维特拉（1992 年至今）

见第 476 页

也许面对面椅成功的秘诀在于它的永恒。基于简约的几何形状和得到充分利用的材料，这把椅子的每个元素都清晰地呈现了出来。悬臂式金属框架可以追溯到 20 世纪 20 年代马歇尔·布劳耶设计的椅子及其他椅子，而模制塑料椅背使椅子更加现代化。椅子背面的穿孔方形图案让人想起维也纳分离派的设计。自 1990 年以来，意大利建筑师和设计师安东尼奥·奇特里奥和德国设计师格伦·奥利弗·勒夫为维特拉设计了许多把椅子。面对面椅被设计成会议用椅，但同样适用于家庭。后来，维特拉推出了全软垫面对面椅的变体 Visasoft 椅，还推出了带有四个脚

轮的 Visarroll 椅和用于等候区的全软垫版本的Visacom 椅。作为维特拉的畅销产品，面对面椅的成功可能有赖于它与任何内部空间都协调的中立性。

**①⑨⑨③**

**543 百老汇椅**，1993 年
盖塔诺·佩思
意大利家具品牌贝尔尼尼（1993—1995 年）

见第 244 页

由于厌倦了现代主义对普遍性和统一性的坚持，设计师兼建筑师盖塔诺·佩思从 20 世纪 60 年代初开启他的职业生涯以来，一直在探索大规模制作个性化精致设计的方式。在 543 百老汇椅的设计中，佩思用浇铸树脂（这是佩思经常使用的材料，因其富于表现力，且具有无定形的特性）形成椅子的多色椅座和椅背——每把椅子都有独一无二的旋涡图案。但在这把椅子异想天开的背后隐藏着对实用性的坚持。通过使用弹簧，不锈钢框架变得更灵活，它能巧妙地适应坐在椅子上休息的人的姿势。佩思于 1993 年米兰国际家居用品展会首次展出了 543 百老汇椅。由贝尔尼尼制作的这款椅子很快成为佩思最知名的作品之一。

**玛莫特儿童椅**，1993 年
莫滕·谢尔斯特鲁普
阿伦·厄斯特
宜家（1993 年至今）

见第 210 页

斯堪的纳维亚设计师阿尔瓦·阿尔托、汉斯·韦格纳和娜娜·迪泽尔为儿童设计了家具套件，但各种型号的销量都相当少。宜家的玛莫特系列改变了这一点。为儿童设计的家具通常并没有考虑到儿童与成人的身体比例不同。建筑师莫滕·谢尔斯特鲁普和时装设计师阿伦·厄斯特在这一点上很明智，因此玛莫特儿童椅采用了特定的比例和坚固的塑料。谢尔斯特鲁普和厄斯特从儿童电视的卡通片中汲取了灵感，结果证明，这种故意显得笨拙而色彩鲜艳的形状非常受儿童欢迎。至关重要的是，选择宜家作为制造商使玛莫特系列的价格足够便宜，足以吸引普通成年人为此买单。1994 年，这把椅子在瑞典获得了著名的"年度家具"奖。

**生命力椅**，1993 年

马克·纽森

勒夫勒公司（1993 年至今）

见第 435 页

最初，马克·纽森的生命力椅是限量制作的铝制家具设计，这是澳大利亚设计师早期的铝制作品洛克希德躺椅的进一步改良。勒夫勒公司用更实惠的纺丝聚乙烯版本重新发行生命力椅，可用于室内和室外。椅子的有机形状为人们提供了舒适的弧度，而新材料让椅座略有弹性。1994 年，这把椅子和同一系列的弹力躺椅一起在纽森的米兰国际家居用品展会首次个展上展出。

**翻边椅**，1993 年

安德里亚·布兰齐

意大利家具品牌卡西纳（1993 年）

见第 335 页

自 20 世纪 60 年代开启设计生涯以来，意大利建筑师兼设计师安德里亚·布兰齐一直对设计的表现潜力感兴趣，并发展了一种充满活力的视觉语言，寻求在设计对象和设计产品使用者之间建立一种新的关系。1993 年为意大利制造商卡西纳设计的翻边椅中，布兰齐使用了如皮革和木材这些丰富、充满意义的材料，打造了一款格外不寻常的设计对象，既让人想起设计史，同时又完全具有新鲜感。翻边椅的涂漆曲木扶手环绕着木制或皮革椅座，显得有机而科学，椅子的轮廓充满了象征意义。

## ❶❾❾❹

**阿埃隆椅**，1994 年

唐纳德·T. 查德威克

威廉·斯顿夫

美国家具品牌赫曼米勒（1994 年至今）

见第 184 页

结合开创性的人体工学、新材料和独特的外观，阿埃隆椅为办公椅开创了一种全新的设计方法。它采用没有饰面或衬垫的生物形态设计，用先进的材料制成，包括经压铸、玻璃纤维强化的聚酯和再生铝。椅子的黑色薄膜织带座椅结构经久耐用，具有支撑性，并让空气在人们的身体周围流通。设计师唐纳德·T. 查德威克和比尔·斯顿夫（Bill Stumpf）与人体工学家和骨科专家进行了广泛研究，打造出这款以人为本的椅子。精密的悬挂系统将人们的体重均匀地分布在椅座和椅背上，符合个人的体型，并最大限度地减少对脊柱和肌肉的压力。这款椅子有三种尺寸可供选择，具有一系列合乎逻辑的旋钮和调节杆，允许人们从多方面调整出完美的姿态。为了便于拆卸和回收而设计的阿埃隆椅反映了对环境问题的关注，并已售出数百万把。

**大框架椅**，1994 年

阿尔贝托·梅达

意大利家具品牌 Alias（1994 年至今）

见第 17 页

意大利设计师阿尔贝托·梅达对技术方面和材料质量的关注标志着一种非凡的设计方法，在这种方法中人们首先从内部观察物体，用梅达的话来说，设计的任务是"解放事物中包含的智慧……因为每个物体及其制作材料都固有地包含着它自身的文化和技术背景"。大框架椅是梅达理想主义的典型代表，它用令人惊叹且结构合理的方式使用最先进的材料。这把椅子紧跟在他 1987 年具有雕塑感的超轻椅之后诞生，超轻椅使用了蜂窝芯和碳纤维矩阵来实现强度和轻盈感。大框架椅的框架使用管状抛光铝，椅座和椅背使用聚酯网布，提供了极致的舒适感，展现了梅达对技术先进但本质上有机的简单设计悖论的迷恋。

**❶❾❾❺**

**LC95A 椅**，1995 年

马尔滕·凡·塞维恩

马尔滕·凡·塞维恩家居公司（1995—1999 年）

Top Mouton（1999 年至今）

见第 336 页

LC95A 椅设计于 1993 年至 1995 年，是一款用单片铝制成的躺椅，可自行弯曲。LC95A 椅（LCA 意为极简铝制椅）的设计几乎是偶然出现的。通过把一块剩余的铝折叠起来，一款低矮的椅子形成了。他把一块 5 毫米厚、长而薄的铝板改造成一把椅子，然后用特殊的橡胶将两端连接起来，达到正确的张力和弯曲度。使用一种名为甲基丙烯酸的透明丙烯酸塑料和厚 1 厘米多的板，这把椅子成功地转化为卡特尔更商业化的 LCP 塑料椅，并有霓虹色可供选择。

**❶❾❾❻**

**银杏椅**，1996 年

克劳德·拉兰纳

限量版

见第 367 页

法国艺术家克劳德·拉兰纳的作品难以归类。这位艺术家不喜欢自己的作品被称为装饰艺术，并认为自己主要是一位雕塑家。然而，在她作品的表现形式之下，隐藏着对功能的考虑。拉兰纳从自然界的动植物中找到创作灵感——她的银杏椅以银杏树叶为灵感，这是她反复重复的主题。椅子精致的曲线源自世纪之交的新艺术运动传统，而铝材料则非常适合受植物启发物体的细致细节。

**结绳椅**，1996 年

马塞尔·万德斯

楚格设计（1996 年）

意大利家具品牌卡佩里尼（1996 年至今）

见第 347 页

结绳椅是一款能引发一系列复杂反应的设计。它可能会让人对生产的材料和技术产生误解，而且人们对这把椅子是否能够支撑他们的体重持谨慎态度。设计的通透感和轻盈感总会给人们带来一种令人敬畏之感。这把小巧的四脚椅子精细编织的轮廓是用缠绕碳纤维内核的绳索制成的。椅子的外形以手工精心制作，然后用树脂浸渍并挂在框架内使它硬化。它的最终形状取决于重力："一个有腿的吊床，冻结在太空中。"马塞尔·万德斯成为极具影响力的荷兰团体楚格设计的重要力量之一。这把结绳椅源于楚格设计 1996 年的 Dry Tech I 项目。他继续为许多受到他个人主义方法启发的人们进行设计，他说："我想为我的设计提供视觉、听觉和动态方面的信息，以便让更多人感兴趣。"

**拉莱格拉椅**，1996 年

里卡多·布鲁默

意大利家具品牌 Alias（1996 年至今）

见第 485 页

拉莱格拉椅是一款异常轻便的堆叠椅，用贴有两层薄薄单板的心材框架构成，单板中间的空腔注入聚氨酯树脂。框架提供了足够的强度来承载一个人的重量，而聚氨酯可以防止椅子塌陷，这种技术借鉴了滑翔机机翼构造的技术。椅子的枫木或白蜡木心材框架可以用枫木、白蜡木、樱桃木或鸡翅原木贴面，也可以涂漆。意大利建筑师兼设计师里卡多·布鲁默以探索轻盈为志向。拉莱格拉椅用 1957 年吉奥·蓬蒂设计的 699 型超轻椅命名。699 型超轻椅重量为 1.75 千克，拉莱格拉椅稍重，但也仅为 2.39 千克。1998 年这把椅子获得了金圆规奖，这出乎 Alias 的意料，该品牌方并没有想到需求量会大到需要建立特殊的生产工厂的程度。

**梅达椅**，1996 年

阿尔贝托·梅达

维特拉（1996 年至今）

见第 273 页

这是一次完美的合作——世界上最伟大设计师之一的阿尔贝托·梅达与最具创意的制造商之一维特拉的合作。这次合作并未令人失望。梅达将机械与操作杆保持在最低限度。侧面的两个枢轴由椅背和桥架之间的一对弹簧所控制，它可以把椅背降下来，从而改变座椅的形状。按下右扶手下方的按钮就可以调节高度，另一侧的操作杆则可以固定它的位置。梅达椅、梅达 2 号椅和梅达 2 XL 椅都有一个五星形压铸抛光的铝制底座；还有一个会议室版本。梅达椅外观漂亮，没有明显的设计感或显著的高科技感，既不咄咄逼人，也没有明显的男性特征，至今仍然是伟大的办公椅之一。

**冈崎椅**，1996 年

内田繁

日本建业有限公司（1996 年）

见第 162 页

1943 年，内田繁生于日本横滨；1970 年，他创办了自己的公司内田设计研究所，1981 年，他与西冈彻创办了 80 工作室。内田繁的工作包括室内设计、家具设计、工业产品设计以及城市规划，但他最出名的可能是他的各种设计项目。冈崎椅是内田繁为日本冈崎的冈崎心景博物馆（Okazaki Mindscape Museum）设计的。为了实现最简约的形式，椅子的部件保持在最少的限度。这把椅子看起来轻盈且材料实惠，它由一个正方形底座和一块经过处理的与底座交叉的木板组成。木板成一定角度，这就形成高度几何化的侧视图。这把椅子完全用平板材料组成，并将工艺放在首位。1996 年，托普顿公司（Toptone Co.）还制作了这把椅子的彩绘版。冈崎椅是冈崎心景博物馆、神户时尚美术馆、丹佛艺术博物馆和 M+ 博物馆的永久收藏之一。

**❶❾❾❼**

**锥形椅**，1997 年

坎帕纳兄弟

费尔南多·坎帕纳

翁贝托·坎帕纳

意大利家具品牌 Edra（1997 年）

见第 13 页

1989 年起，巴西坎帕纳兄弟开始作为家具设计师相互合作。翁贝托是一位自学成才的艺术家，而费尔南多曾接受过建筑师的教育。自从开始合作，坎帕纳兄弟就创作了大量作品，用简单的材料创造出直截了当又极具特色的设计作品。锥形椅就是这样的设计作品，它的外壳用一块有机玻璃制成，固定在带有四条张开的腿的涂漆金属结构上。休闲椅的简约结构和透明材料使它看起来很轻盈，这是对乔治·尼尔森的锥形休闲椅，也就是椰子椅的现代演绎。

**FPE 椅**，1997 年

罗恩·阿拉德

意大利家具品牌卡特尔（1997 年至今）

见第 16 页

FPE 椅是一款采用革命性生产技术的轻便堆叠椅。它是罗恩·阿拉德为卡特尔设计的，旨在以工业化生产制造椅子，通过减少多余的材料和工艺来简化制作，并创造出柔软、弯曲的解决方案。这款半透明的轻便椅子有各种不同的颜色可供选择，可用于室内或室外。两个双筒铝挤压件被切割成交错的长度，注塑成型的半透明聚丙烯板被插入挤压件中。然后把金属和塑料弯曲成一个整体，这种独特的工艺自动将构成椅座和椅背的塑料薄膜黏合到位，无须任何黏合剂。这种技术减少了所需的材料，并降低了所需工具的成本。

**贝壳椅**，1997 年

罗恩·阿拉德

维特拉（1999 年至今）

见第 6 页

1997 年，《住宅》（Domus）杂志邀请罗恩·阿拉德为米兰一年一度的米兰国际家居用品展会创作一件引人注目的雕塑作品。阿拉德建造了一座用 67 把椅子堆叠而成的塔，每把椅子都用一种材料卷成一个连续的椅座和椅背。椅子上布满了波纹，既能表现表面，又能加强表面。塔里的椅子是用真空（vacuum）成型的铝制成的，这是它们名字（Vac）的来源之一。另一个来源则是阿拉德的摄影师朋友汤姆·维克（Tom Vack）。如今，维特拉生产的这款椅子用聚丙烯制成，有各种椅腿。一个带有木制摇椅的版本是对 1950 年伊姆斯 DAR 椅的特意致敬。这款椅子有一个用透明丙烯酸制成的版本和一个碳纤维的限量版，这再次改变了椅子的特性。

🄟🄎🄎🄏

**.03 椅**，1998 年
马尔滕·凡·塞维恩
维特拉（1998 年至今）
见第 28 页

与雷姆·库哈斯（Rem Koolhaas）的事务所 OMA 合作设计私人住宅波尔多住宅（Maison à Bordeaux）之后，马尔滕·凡·塞维恩引起了瑞士制造商维特拉的关注。这位比利时设计师已经将半工业化方式运用在他朴素的设计中，现在准备进行批量生产。事实上，他在维特拉的第一个设计项目 .03 椅正是改进了他自己工作室的两个早期设计作品，并因此得名。凡·塞维恩的主要创新是用整皮聚氨酯——一种当时人们并不熟悉的材料——制造座椅外壳。这种泡沫塑料虽然外形纤薄，却能适应人体。椅座包裹着优雅的钢框架，椅背嵌入了锥形钢板弹簧，当人们向后倾斜时，外壳可以进一步弯曲。

**纸椅**，1998 年
坂茂
意大利家具品牌卡佩里尼（1998 年）
wb form 公司（2015 年至今）
见第 229 页

虽然许多设计师都渴望在家具设计中应用不断更新和越来越高科技的材料，但日本设计师坂茂主要感兴趣的是提升简陋的材料，这些材料很容易获得，却经常为人们所忽视。几十年来，坂茂一直尝试在他的建筑设计和家具设计中用细长的纸板管作为结构材料。对坂茂来说，纸板的吸引力在于它的特性：环保、可生物降解，而且价格实惠。此外，经过聚氨酯树脂处理后，它变得耐用且防水，适合在各种环境中使用。这种材料在纸椅中可能运用得最好：纸板管连接到桦木胶合板框架上，只有几个隐形螺丝，因此创造了一种外观不起眼但情感上吸引人的结构。

**海岸椅**，1998 年
马克·纽森
塔利亚布埃（1998 年）
意大利家具品牌玛吉斯（2002 年）
见第 502 页

这把色彩鲜艳的椅子最初是为奥利弗·佩顿（Oliver Peyton）位于伦敦的海岸餐厅设计的，用多才多艺的设计师马克·纽森自己的话来说，这是他"全力以赴设计一切"的第一个项目。椅子用橡木和明亮的自结皮聚氨酯制成，它们的曲线形态反映了纽森对20世纪60年代设计的兴趣。纽森将椅子的椅背比作电视屏幕，并把椅背连接到四条微微张开的椅腿上类似形状的椅座。随后，阿莱西把许多餐厅产品投入生产，如双子座盐罐和胡椒研磨瓶（Gemini salt and pepper grinders）。2002年，纽森为意大利塑料专家玛吉斯重新设计了采用空气成型玻璃纤维和聚丙烯泡沫塑料制作的海岸椅，这次采用了全球顶级纺织品公司克瓦德拉特的Tonus面料。

**Go 椅**，1998 年
洛斯·拉古路夫
伯恩哈特设计公司（1998 年至今）
见第 284 页

洛斯·拉古路夫为伯恩哈特设计公司设计了 Go 椅，该公司自 1998 年以来生产了一些非常成功的座椅。Go 椅呈现出独特的有机形状和有光泽的饰面，这种美学已经定义了拉古路夫的作品，Go 椅的特点是进一步推动了纤薄和稳定的结构。Go 椅有木制或聚碳酸酯可供选择，施以银色粉末涂层或白色轻质镁合金制成。拉古路夫的客用椅可用于室内和室外，最多可堆叠 3 把。

**棉绳椅**，1998 年
坎帕纳兄弟

费尔南多·坎帕纳
翁贝托·坎帕纳
意大利家具品牌 Edra（1998 年至今）
见第 100 页

棉绳椅是坎帕纳兄弟第一款引起意大利制造商 Edra 创意总监马西莫·莫罗兹关注的设计作品。在 1998 年同意生产这把椅子后，也就是最初的设计构思提出 5 年之后，坎帕纳兄弟和 Edra 建立了一种高产的合作伙伴关系，打造了包括坎帕纳兄弟一些最重要的设计作品在内的许多成功设计产品。对这把棉绳椅，设计师的灵感源自巴西的编织材料和传统。在制作这把椅子的时候，兄弟俩使用了超过 500 米带有丙烯酸芯的亮色棉绳。他们将绳子悬挂在管状金属线框上，然后在为期一周的时间里，将绳子手工编织成饰面。

**Ypsilon 椅**，1998 年
克劳迪奥·贝里尼
马里奥·贝里尼
维特拉（1998—2009 年）
见第 447 页

作为那个时代的标志，Ypsilon 椅把最先进的材料和对办公室生活的彻底反思相结合。它专为踌躇满志的商务人士设计，并有着与之相匹配的棱角分明的外观。马里奥·贝里尼与其子克劳迪奥·贝里尼共同设计的 Ypsilon 椅因椅背的 Y 形结构而得名。这款椅子的主要特点是椅背和头枕可以调节到几乎完全倾斜的状态，同时仍将头部和肩膀保持在可以看得到电脑屏幕的位

置。这把椅子像外骨骼一样把坐着的人框起来：椅子腰部区域的特殊凝胶"记住"了坐着的人背部的形状。这把椅子曾获得著名奖项，包括 2002 年德国红点奖年度最佳产品设计奖。

# 1999

**卡塞塞椅**，1999 年
赫拉·约格利乌斯
限量版
见第 82 页

赫拉·约格利乌斯的设计作品包括与美国纺织品品牌 Maharam、瑞士家具品牌维特拉、宜家、西班牙鞋履品牌看步和荷兰陶瓷制造商 Royal Tichelaar Makkum 等品牌的合作。1993 年，约格利乌斯创立了自己的设计工作室约格利乌斯工作室（Jongeriuslab）。她在这个工作室制作了各种物品，比如 1999 年为意大利家具品牌卡佩里尼制作的卡塞塞椅。在一次前往乌干达卡塞塞的旅行中，这位荷兰设计师遇到了一把非洲祈祷椅，这把椅子启发她设计出一款可以完全折叠成一个平面的座椅。卡塞塞椅拥有三条腿，并用高科技碳纤维材料创造出一种意想不到的效果。这款椅子的限量版是用毛毡或泡沫塑料材料制成的，充分展现了约格利乌斯在自己的设计中将工业与传统形式融合起来的能力。

**低垫椅**，1999 年
贾斯珀·莫里森
意大利家具品牌卡佩里尼（1999 年至今）
见第 54 页

低垫椅将优雅、简约与尖端的生产技术相结合。简约的造型赋予了它一种失重感，这在很大程度上借鉴了 20 世纪中期现代设计的外观。贾斯珀·莫里森承认保罗·克耶霍尔姆设计的 PK22 椅是低垫椅的灵感来源。莫里森的想法是设计一款与克耶霍尔姆的经典作品一样体积小、用料少的低矮椅子。卡佩里尼鼓励莫里森的实验，帮他找到一家生产汽车座椅并具备压制皮革技术的公司。莫里森在椅背上安装了胶合板，并根据所需要的轮廓将多密度聚氨酯泡沫塑料成型。它被切割成各种形状，上面缝有皮革或坐垫。制造商在饰面方面的技术适合莫里森的设计，在形状和饰面之间达成了平衡。

**等候椅**，1999 年
马修·希尔顿
德国设计公司 Authtics（1999 年至今）
见第 64 页

英国天才设计师马修·希尔顿设计的这把完全可回收塑料椅，标志着其职业生涯的转折点：从高价值、低产量的家具转向经济实惠、批量生产的家具。这把椅子设计于 1997 年，用一体注塑成型的聚丙烯制成，椅座和椅背上加入了加强肋，为这种自然柔韧的轻质材料提供了稳定性。希尔顿和德国 Authtics 公司巧妙地实现了比标准、设计粗糙的替代品更贵，但比其他全塑料"设计师"座椅要便宜得多的价位。这把椅子通过经典的好设计避免了前一种情况，并刻意摒弃时尚前卫的外观，以规避后一种情况，结果就是一款不显眼、美观、舒适且价格实惠的椅子诞生了。

这把椅子可堆叠，可用于室内或室外，并有多种颜色可供选择。

## ❷❶❶❶

**空气椅**，2000 年
贾斯珀・莫里森
意大利家具品牌玛吉斯（2000 年至今）
见第 394 页

通过为玛吉斯设计几种同样成功的较小型塑料产品，贾斯珀・莫里森引入了用于空气椅设计的气体辅助注塑成型技术。气体辅助意味着熔化的塑料在压力下达到模具的极限，并在模具较厚的部分留下空隙。椅子的"框架"实际上是一系列管子，几乎不使用玻璃纤维强化聚丙烯，从而减轻了重量。几分钟内就能制作一把完全成型且饰面几乎无缝的椅子。空气椅的零售价最初不到 50 英镑，对精心设计、制作精良的"设计师"家具来说，这个价格非常便宜。这款有多种颜色、既可用于室内也可用于室外、既可用于家庭也可用于公司的椅子立即获得成功，并催生了其他"空气"产品的设计：餐桌、矮桌、电视柜和折叠椅。

**敲打椅**，2000 年
马林・凡・德・波尔
楚格设计（2000 年至今）
见第 145 页

通过设计强调过程而不是设计行为结果的概念性作品，荷兰楚格设计在设计界脱颖而出，这些设计作品充满了幽默感。敲打椅是马林・凡・德・波尔设计的，首次亮相于米兰国际家居用品展会，最初是一个简单的不锈钢立方体，配有一把大锤。这个沉重的工具邀请人们参与到设计过程中：当人们敲打立方体时，这个立方体就会被塑造成椅子的形状（过多次敲击之后，只会给人们留下一尊独特的雕塑——设计师并不完全反对）。作为设计产品和艺术品，敲打椅的价值在于将破坏的冲动转化为创造的过程。

**哈德逊椅**，2000 年
菲利普・斯塔克
电机设备公司（2000 年至今）
见第 249 页

菲利普・斯塔克的哈德逊椅是与电机设备公司合作设计的。哈德逊椅是为纽约哈德逊酒店设计的，它是电机设备公司海军椅的一个版本。海军椅和哈德逊椅都使用了电机设备公司 70 多年前建立的用于潜艇的 77 道流程，生产的椅子轻便、耐腐蚀。由此产生的椅子用 80% 的再生铝制成，使用寿命约为 150 年。哈德逊椅比海军椅更进一步，还需要 8 小时的抛光过程，从而呈现出镜面般的效果。

**MVS 躺椅**，2000 年
马尔滕・凡・塞维恩
维特拉（2000 年至今）
见第 278 页

从侧面看，马尔滕・凡・塞维恩的 MVS 躺椅的雕刻般的线条让人想起一系列经典的椅子，从勒·柯布西耶设计的柯布西耶躺椅到查尔斯·伊姆斯和蕾·伊姆斯设计的软垫躺椅。然而，凡·塞维恩把这些已经很流畅的形式提炼成一种独特的简约形态。这把椅子又长又窄的椅座靠在一条不锈钢椅腿上，看起来就像悬浮在空中，但在这种看似不稳定的坐感体验背后，却是一种高度平衡的结构。副框架可以让坐着的人随着重心变化从坐姿转换到斜倚的姿势，而柔软有弹性的聚氨酯外壳贴合人体，赋予人们极大的舒适感。头垫用皮革或耐用聚氨酯制成，适合室外使用。早在 20 世纪 90 年代首次与瑞士公司维特拉建立富有成效的关系时，凡·塞维恩就帮助维特拉率先使用了聚氨酯。

**软椅**，2000 年

沃纳·艾斯林格

意大利家具公司扎诺塔（2000 年）

见第 486 页

对德国家具设计师沃纳·艾斯林格来说，一个关键的设计挑战是在创新材料和技术的帮助下制作永恒的设计作品。1999 年，艾斯林格首次展示了他的软细胞（Soft Cell）作品集，部分作品探索了以前主要用于医疗行业的聚氨酯材料 Technogel 凝胶在设计中的应用。这种材料的半透明特性赋予软椅一种脆弱的外观，而它的弹性确保其可为人们提供高度舒适的坐感体验。凝胶表面以对称网格图案布置的不锈钢丝结构支撑着。虽然这种凝胶材料贵得让人望而却步，使这把屡获殊荣的椅子成为令人垂涎的奢侈品，但

软椅标志着设计师在家具设计领域使用非常规材料进行创新的重要转折点。

**弹簧椅**，2000 年

埃尔万·布劳莱克

罗南·布劳莱克

意大利家具品牌卡佩里尼（2000 年至今）

见第 66 页

弹簧椅是罗南·布劳莱克和埃尔万·布劳莱克兄弟为卡佩里尼设计的第一款座椅，是一款小型休闲椅。椅子的底座采用缎面不锈钢制成，结构是填充聚氨酯泡沫塑料的硬质聚氨酯。舒适性是它的设计理念，在这把椅子上可以添加头枕和摆动的脚凳。椅子的头枕就像汽车头枕一样，是可调节的，而脚凳铰接在一个能响应使用者腿部运动的弹簧上面。人们可以根据自己对舒适度的偏好来定制弹簧椅，有四种选择：带头枕或不带头枕、带脚凳或不带脚凳。弹簧椅有多种颜色和面料可供选择。

**❷⓿⓿❶**

**海葵椅**，2001 年

坎帕纳兄弟

费尔南多·坎帕纳

翁贝托·坎帕纳

意大利家具品牌 Edra（2001 年）

见第 84 页

费尔南多·坎帕纳和翁贝托·坎帕纳设计的海葵椅采用了弯曲成符合人体工程学形状的圆形金

属框架，并连接到四个微微张开的椅腿上。然后，坎帕纳兄弟将手工编织的空心塑料管用螺钉连接到框架上。塑料管以弯弯曲曲垂落下来的方式悬挂在座椅框架上的效果赋予了这把椅子直观的名字。海葵椅由意大利家具品牌 Edra 生产，是巴西设计师和意大利制造商的长期合作的产品之一。

**蜂巢椅**，2001 年
吉冈德仁
限量版
见第 160 页

日本设计师吉冈德仁设计的蜂巢椅把纸当成名副其实的承重结构。这把椅子用 120 层薄薄的玻璃纸制成，方法类似于制作纸灯笼，通过形成一个单一、弯曲的切口来塑造椅背和座椅。这把椅子最初看起来是平的，展开后，就会呈现出蜂窝状图案。一旦第一个人坐下来，压缩纸张并在座椅上留下印记，椅子的最终形态就形成了。虽然外观看起来很脆弱，但是由于坐着的人的体重椅纸折叠固定到位，所以这把椅子具有强大的结构强度。也许是意料之中，蜂巢椅从未投入工业生产，只用手工制作的方式限量生产了 300 把。然而，它的一些设计原则后来用到了吉冈德仁设计的东京波普椅（Tokyo-Pop Chair）上。

**❷❶❶❷**
**宴会椅**，2002 年
坎帕纳兄弟
费尔南多 • 坎帕纳
翁贝托 • 坎帕纳
限量版
见第 413 页

巴西设计师翁贝托 • 坎帕纳和费尔南多 • 坎帕纳在从事家具设计之前的职业是律师和建筑师。在他们的设计作品中，兄弟俩经常使用现成物品，把这些不起眼的日常生活碎片变成异想天开的组合。他们充满活力的宴会椅源于渴望采用非常规材料的新方法进行家具装饰。这把椅子把一系列毛绒动物用铝制网格紧紧地固定在一起，里面有泰迪熊、短吻鳄、熊猫和鲨鱼，每把椅子都是手工制作而成的，限量发行了 25 把或 35 把。

**贫民窟椅**，2002 年
坎帕纳兄弟
费尔南多 • 坎帕纳
翁贝托 • 坎帕纳
意大利家具品牌 Edra（2002 年）
见第 473 页

贫民窟椅的灵感来自圣保罗的贫民窟，人们在那里用他们能找到的各种材料建造房屋。这把椅子似乎完全是用胶合在一起的木材制成的，事实上，坎帕纳兄弟最初是用水果市场附近的废品打造这款椅子的。在坎帕纳兄弟的系列作品中，许多设计都是以材料为主要灵感，用木屑、绳索甚至玩具来推动设计的过程。贫民窟椅是这对兄弟设计方法的一个例子，这种方法包括用经济的材料和简单的过程来设计独特的作品。

**路易幽灵椅**, 2002 年

菲利普·斯塔克

意大利家具品牌卡特尔（2002 年至今）

见第 194 页

当法国设计师菲利普·斯塔克着手重新诠释经典的路易十五风格扶手椅时，他与以塑料的创新使用而闻名的卡特尔合作。这把路易幽灵椅呈现出一种突破性的设计，并迅速成为经典。路易幽灵椅用单片透明的模制聚碳酸酯制成，很轻，但它的原型比较重。这个设计以多功能的座椅回顾了经典设计的形式，既可用于室外，也可用于室内。这个新的经典设计激发了整个半透明系列家具的灵感，包括维多利亚幽灵椅，一款透明的无扶手单人椅；再来，再来一把椅子（One More, One More Please），一款带有椭圆形或方形椅背的透明无扶手工作台凳；查尔斯幽灵凳，一款透明的无背凳；还有原版路易幽灵椅的儿童椅版本 Lou Lou 椅。

**马里奥纳椅**, 2002 年

恩佐·马里

意大利家具品牌玛吉斯（2002 年至今）

见第 245 页

马里奥纳椅的精简形式延续了恩佐·马里于 1985 年首次提出的设计理念，以及他代表性的托尼塔椅（Tonietta Chair）。马里奥纳椅形式朴实无华，是一款旨在提供最大实用性的椅子。它重量轻、坚固，且最多可堆叠 12 把，可用于从公共空间到家庭内部的各种环境。椅座和椅背有低调的灰色和白色以及亮橙色可供选择，用注塑成型的聚丙烯制成，以铬钢管框架固定到一起。马里奥纳椅用不显眼的形式代表了对日常椅子所有不同需求的永恒解决方案。

**叔叔椅**, 2002 年

弗朗兹·韦斯特

独特的作品

见第 496 页

通过把工业纺织品条带编织和捆绑在一起，奥地利艺术家弗朗茨·韦斯特设计了这把叔叔椅。这就产生了一系列独特的椅子，这些椅子把各种颜色编织成复杂的图案。他这把椅子的创意让人想起经常用于市场购物袋的拼贴风格。韦斯特被认为是艺术家而不是设计师，但他的作品在艺术和设计之间游走，显然受到行为艺术的影响。除了他一直生产到 2010 年的叔叔椅，为了响应 20 世纪 70 年代早期的维也纳行动主义运动，韦斯特还创作了能够与之互动而不仅是观看的艺术品，这些小雕塑被称为"适应物"（Adaptives）。

**❷❶❶❸**

**椅子 1 号**, 2003 年

康斯坦丁·格尔齐茨

意大利家具品牌玛吉斯（2003 年至今）

见第 20 页

椅子 1 号由通常生产新奇塑料产品的意大利玛吉斯公司制作，是曾在英国学习设计的德国设计师康斯坦丁·格尔齐茨的设计作品。由于椅子 1

号是世界上第一把压铸铝椅壳，所以这个设计意义重大，铸铝自此成为家具行业的主要材料。但与椅子1号关系更近的是维多利亚时代的铸铁花园椅。除了材料和重量的差异，最明显的区别是这把椅子毫不妥协地使用了电脑设计的形式。它纤长的线性结构看起来就像科幻电影里的东西，但是这把椅子符合人体工程学，并完美地契合了身体的形状。这把椅子成了Family_One系列家具的一部分，该系列包括四条椅腿的版本、桌子和酒吧凳。这把椅子还有一个专用的公共座椅版，它采用类似的几何压铸外壳，但安装在锥形浇铸混凝土底座上。

**大象座椅**，2003 年
宫城龙纪
宫城龙纪设计事务所（2003 年至今）
见第 11 页

为了在自己的公寓里展示和使用，建筑师宫城龙纪最初将他的大象座椅设计成介于雕塑和实用家具之间的混合体。在朋友的鼓励下，他决定与设计界分享自己的设计，大象座椅很快就拥有了声誉，并因其创新设计获得了一系列荣誉。大象座椅的构想是为了回应工业毛毡的美学和材料特性，这种材料被约瑟夫·博伊斯（Josef Beuys，宫城龙纪的灵感源泉）等艺术家使用过，但很少用于家具设计，尤其是椅子上。然而，宫城龙纪发现工业毛毡易于使用和维护，强大的视觉效果更是强化了它的实用性。

**Gubi 1F 椅**，2003 年
Komplot 设计
鲍里斯·柏林
波尔·克里斯蒂安森
丹麦家具品牌 Gubi（2003 年至今）
见第 198 页

Komplot 设计于 2003 年为丹麦制造商 Gubi 设计了 Gubi 1F 椅，它俏皮的造型是技术领先进步的结果。这把椅子是第一款使用 3D 贴面成型的创新技术制作的工业产品，这种技术使椅子外壳可以呈现双曲面形状，并将外壳的厚度保持在 5.5 毫米，从而将预期的木材消耗量减半。对波尔·克里斯蒂安森和鲍里斯·柏林经营的多学科设计工作室——位于哥本哈根的 Komplot 设计来说，Gubi 1F 椅的有机形状不仅代表了技术和结构上的壮举，也反映了设计师想要设计一件能很好地适应人体的友好产品。这款椅子不限制坐着的人的姿势，并提供了动态的舒适感。

**❷❶❶❹**

**碳椅**，2004 年
贝特扬·波特
马塞尔·万德斯
荷兰设计品牌 Moooi（2004 年至今）
见第 459 页

荷兰设计品牌 Moooi 的联合创始人兼设计师马塞尔·万德斯与贝特扬·波特一起设计了这把碳椅。为了打造透明轮廓的椅子，设计师们探索了碳纤维的用途。环氧树脂浸泡过的碳纤维束是

手工编织的，这样就能让椅子的外壳和椅腿分开。椅腿用金属螺丝固定在座位的底部。这两部分组装在一起，就形成了一个坚固而轻巧的结构，并具有纤薄而独特的轮廓。这种脊状结构让这把椅子适用于室内和室外。事实证明，这两位荷兰设计师的椅子非常受欢迎，以至后来他们又在 2015 年合作设计了一把用作酒吧凳的碳椅。

**贝壳椅**，2004 年
巴布尔与奥斯戈比公司
爱德华 • 巴布尔
杰 • 奥斯戈比
伦敦伊索康 Plus 家具公司（2004 年）
见第 441 页

巴布尔与奥斯戈比公司的贝壳椅是对薄如纸张的胶合板的探索。这把椅子最显著的特点是作为椅腿和椅座之间视觉连接的折叠。为了减少机械接头，包括一张桌子在内的贝壳系列作品需要专业的技术和高精准的制造流程，与英国制造商伊索康 Plus 的合作使这些成为可能。巧妙的折叠方式为这把椅子提供了视觉和物理结构。在发行后不久，在线画廊 20Ltd 委托他们制作了手工抛光金属制成的特别版贝壳椅。

**❷❶❶❺**
**馄饨椅**，2005 年
格雷戈 • 林恩
维特拉（2005 年）
见第 305 页

美国建筑师和设计师格雷戈 • 林恩设计的馄饨椅是自动化流程的结果。林恩的工作主要致力于探索优化生产和执行复杂功能的计算机辅助设计流程。为了打造一把现代扶手椅，在设计馄饨椅时，林恩用计算机模拟将平面的设计转化为立体的设计。椅子的生产包括两个部分的制作：一个装有三维编织垫片的软垫外壳和一个作为座椅底座的塑料外壳。椅子的织物套有不同的颜色和图案，也是用数字技术设计的。这把椅子被纽约现代艺术博物馆和芝加哥艺术学院永久收藏。

**草图椅**，2005 年
Front 设计工作室
索菲娅 • 拉格科威斯特
安娜 • 林德格林
限量版
见第 386 页

为了打造这把草图椅，瑞典女性设计师团队 Front 设计工作室结合了两项前沿技术：3D 打印和动作捕捉影像。这家位于斯德哥尔摩的工作室用动作捕捉影像来记录三维设计，并用特制的"笔"的设备在半空中绘制草图。然后，设计师将这个文件传输到通常用于制造赛车零件的 3D 打印机（他们用芬兰 3D 打印制造商 Alphaform 的打印机打印）。这把椅子用微小的陶瓷颗粒强化的液体树脂一层层地挤压成型，几乎没有浪费。这款椅子只有 3 把限量版，它推动艺术、设计和技术前沿的概念性可能远大于它作为椅子的用途。

**条纹椅**, 2005 年

埃尔万·布劳莱克

罗南·布劳莱克

意大利家具品牌玛吉斯（2005 年至今）

见第 151 页

自 2004 年以来，法国设计师罗南·布劳莱克和埃尔万·布劳莱克兄弟一直与意大利家具品牌玛吉斯合作。当他们为这个意大利制造商设计条纹椅时，设计师的目标是通过最大限度减少使用模具来简化生产。这把椅子只使用了两种模制塑料结构元件来固定：不同长度的条纹和一个用于把条纹与椅子的金属结构连接起来的固定装置。这种高效设计的效果是一个强大的图形元素，它迅速发展成整个座椅系列的特征，包括扶手椅、高脚凳和长椅。

**超自然椅**, 2005 年

洛斯·拉古路夫

莫罗索（2005 年至今）

见第 384 页

伦敦设计师洛斯·拉古路夫将设计堆叠超自然椅的过程称为有机本质主义，使带有穿孔椅背的堆叠椅成为进化过程的结果，而不是传统的设计方法。拉古路夫从天然的细胞基质中获得灵感，于2005 年为意大利家具制造商莫罗索设计了这把超自然椅。椅子用一体注塑成型的聚丙烯构成，并用玻璃纤维强化。超自然椅的穿孔椅背成为它最独特的元素，不仅起到减少多余的材料和重量的作用，也增加了椅子的弹性。超自然椅最多

可以堆叠 8 把。推出两年后，拉古路夫和莫罗索制作了一款超自然扶手椅。

# ❷❶❶❻

**100 天 100 把椅子**, 2006 年

马蒂诺·甘珀

独特的作品（2006 年至今）

见第 365 页

2007 年，生于意大利的设计师马蒂诺·甘珀给自己设定了 100 天制作 100 把椅子的挑战。每一把椅子都是用他在街上或他朋友家中找到的废弃家具拼凑在一起的。甘珀用意想不到的方式融合了各种风格元素，产生了一系列混合风格的作品，从诗意到幽默风格甚至反常的风格，这个项目体现了我们对完美的追求。令人难忘的椅子包括奇异的篮子椅（Basketful），它是乔·科伦坡塑料椅与传统木材打破常规的融合；十四行诗蝴蝶椅（Sonnet Butterfly），它结合了塑料花园椅与柳宗理优雅的蝴蝶凳；以及如图所示的两把椅子的组合。100 天 100 把椅子在伦敦首次亮相就为这位在英国工作的设计师带来了世界级赞誉。100 天 100 把椅子已经在世界各地展出，无论在何处举办展览，甘珀都会创作新的作品。

**骨骼椅**, 2006 年

约里斯·拉尔曼

限量版

见第 307 页

骨骼椅的起源可以追溯到 1998 年，当时通用汽

车的德国子公司欧宝公司开发了一种可以模拟制造产品（最初用于汽车零部件）中生物进化的软件，能用最少的材料实现最大的强度。受到算法及其过程与进化原理相似性的启发（特别是在骨骼的结构方面），荷兰设计师约里斯·拉尔曼在 2006 年设计的骨骼椅中应用了这个软件。由此产生的铝制椅既纤细又结实，它复杂而有机的形状使其处于艺术、设计和工程之间的交会处。

**青铜保利椅**，2006 年

马克斯·兰姆

独特的作品（2006 年至今）

见第 400 页

英国设计师马克斯·兰姆的青铜保利椅源自他早期成功尝试的青铜保利凳（Bronze Poly Stool），即用消失模铸造工艺（lost foam casting）来制作家具。这位英国设计师试图把带雕刻的聚苯乙烯和砂型铸造金属结合起来制作家具，以捕捉聚苯乙烯复杂的串珠纹理。兰姆在椅子上增加了一条椅腿和椅背，用一块低密度的发泡聚苯乙烯雕刻了这把椅子，然后使用了制造铝发动机缸体的工业铸造工艺。熔化的青铜具有流动性，能够精准地复制出原作的形状，将它埋在沙子里，然后把金属倒在沙子上面，就破坏了铸件。因此，兰姆制作的每一把椅子都是独一无二的。

**黏土无扶手单人椅**，2006 年

马尔滕·巴斯

荷兰 Den Herder Production House 公司（2006 年至今）

见第 366 页

马尔滕·巴斯的黏土家具系列是用包裹在超薄金属骨架上的合成黏土制成。巴斯的每一件作品都是手工制作的，不使用模具辅助制作，因此他的家具系列中的每一件作品都独一无二。就像巴斯的大部分作品一样，黏土家具介于艺术和设计之间。这位荷兰设计师体现了后千禧一代设计的典型方法：功能性中彰显了个性。与他系列家具中的每一件作品一样，黏土无扶手单人椅需要 8 周的时间制作，并有 8 种颜色可供选择。

**珊瑚椅**，2006 年

坎帕纳兄弟

费尔南多·坎帕纳

翁贝托·坎帕纳

意大利家具品牌 Edra（2006 年）

见第 374 页

在制作珊瑚椅时，坎帕纳兄弟用复杂的形式以手工弯曲和编织钢丝，形成一张可以自支撑的网，他们非常小心地确保每个独特的部分都具有柔软的边缘。每把椅子都是手工制作的，这确保了没有两把椅子是一样的。这对设计师的作品通常用废弃或不寻常的材料制成，并用精致的工艺赋予这些材料新的生命。这把珊瑚椅的椅座让人联想到自然的形式，非常适合用于室外环境。整把椅子都施以珊瑚色、黑色或白色的环氧树脂漆。

**德拉沃尔美术馆椅**, 2006 年

巴布尔与奥斯戈比公司

爱德华·巴布尔

杰·奥斯戈比

英国家具品牌 Established & Sons（2006 年至今）

见第 466 页

当爱德华·巴布尔和杰·奥斯戈比接受委托为海滨贝克斯希尔（Bexhill-on-Sea）翻新的德拉沃尔美术馆设计椅子时，他们不得不由埃里希·门德尔松（Erich Mendelsohn）和谢尔盖·谢尔马耶夫（Serge Chermayeff）于 1935 年设计的现代主义海滨休闲中心悠久而辉煌的历史相抗衡。设计师打造了一款创新的铝制椅，并尊重了这个现代主义建筑的历史，椅子后部滑道般的椅腿借鉴了这座建筑清晰的线条，椅子的颜色则是向这座建筑中阿尔瓦·阿尔托最初设计的木椅致敬。除了对功能性和实用性的考虑，设计师还考虑了其他因素：穿孔椅座和椅背既减轻了座椅的重量，又有助于承受室外露台上强烈的海风，同时也让这把椅子具有视觉吸引力。

**丝瓜藤 2 号椅**, 2006 年

中村龙治

限量版

见第 85 页

虽然中村龙治设计的雕塑般的丝瓜藤 2 号椅乍一看非常复杂，但它的基本设计却很简单。对这位日本建筑师兼设计师来说，这把椅子的设计提供了一个探索硬化纤维材料特性的机会。硬化纤维是一种由纤维素组成的层压材料，它的视觉效果轻盈通透，却有着令人惊讶的坚硬和弹性结构。它的柔韧性、强度和形状让人联想到巢穴，而它精确的设计则呼应了自然界中的对称性。在丝瓜藤 2 号椅的构造中，工业纸片以起伏的层状连接在一起，赋予椅子网状的外观，并为人们创造了一种极度飘逸的坐感体验。

**纳米椅**, 2006 年

中村龙治

限量版

见第 161 页

日本建筑师中村龙治主要以他优雅的临时装置而闻名，就像他在家具设计方面的作品一样，这些临时装置跨越了功能和艺术之间的界限。中村龙治于 2006 年设计的纳米椅在东京棱镜画廊（Prism Gallery）展出，展现了这位艺术家最好的状态。纳米椅采用精确而平衡的结构，展现了建筑师如何巧妙地使用复杂、重复的图案，使这把椅子在视觉上引人注目。虽然这把兼具雕塑感和飘逸感的纸椅没有批量生产，但它巩固了中村龙治在日本设计界的地位。

**面包椅**, 2006 年

吉冈德仁

限量版

见第 33 页

吉冈德仁设计的面包椅很大程度上受到《国家地理》杂志中一篇文章的影响。这篇文章向日

本设计师介绍了新开发的纤维结构的特性，虽然纤维结构表面柔软，但表现出了极大的强度和承受力。通过他对热塑性聚酯弹性体（TPEE）材料的研究，用意大利语中"面包"一词命名的面包椅诞生了，并采用了类似的烘烤方法制成。作为椅子制造过程的一部分，吉冈德仁把一块纤维卷成纸管，并在窑中烘烤，直到纤维形成椅子的形状。从构思到做出成品用了 3 年时间，在这个过程中，吉冈德仁做了无数次实验。作为意大利制造商莫罗索主办的装置之一，面包椅于 2007 年在米兰国际家居用品展会首次亮相。面包椅为人们提供了一把坚固的座椅，同时看起来犹如飘浮在空中。

**扶手椅**，2006 年

亚米·海因

BD 巴塞罗那设计公司（2006 年至今）

见第 220 页

亚米·海因设计了引人注目的扶手椅，这是他为 BD 巴塞罗那设计公司设计的表演（Showtime）系列家具的一部分。除了独特的兜帽扶手椅，海因还设计了沙发和传统扶手椅。这位西班牙设计师将座椅以有机、夸张的形式与经典的饰面细节相结合。座椅宽大的框架用滚塑聚乙烯制成。最初的系列作品的外壳涂有亚光漆，并用皮革装饰。经过 10 年的成功生产，海因和 BD 巴塞罗那设计公司推出了新的漆面、颜色以及更有光泽的饰面。

**工人扶手椅**，2006 年

赫拉·约格利乌斯

维特拉（2006—2012 年）

见第 295 页

在她的整个职业生涯中，荷兰设计师赫拉·约格利乌斯一直着迷于色调和纹理，并将这些兴趣用于高科技生产和传统工艺的融合之中。受到 1936 年荷兰风格派领袖人物荷兰设计师赫里特·里特维德所设计的极简主义风格的乌得勒支椅的启发，约格利乌斯用工人扶手椅厚实的坐垫和可见的底座唤起了一种坚实的感觉，旁边是一个方形截面的实心橡木框架，暗示着它的半木结构。同时，一个抛光铝桥把椅背连接到车削扶手，使它们看起来仿佛在飘浮。宽大的椅座和宽松的两层坐垫（其中一个呈公文包的形状）由织物和皮革所覆盖，实现了不同的质地和色彩的和谐。这是设计师第一批委托家具之一，与瑞士维特拉公司建立了卓有成效的合作关系，约格利乌斯还是维特拉公司的色彩和材料的艺术总监。

**❷⓿⓿❼**

**似曾相识椅**，2007

深泽直人

意大利家具品牌玛吉斯（2007 年至今）

见第 255 页

这把似曾相识椅是设计师深泽直人想要打造一种可以在任何环境中产生共鸣的设计的结果。这款椅子采用轮廓简约的抛光或黑色喷漆压铸铝框架，非常轻便且用途广泛，可以轻松地从餐厅搬到室外。这把椅子有三种不同的高度可供选择，是包括桌子和凳子在内的系列家具之一。似曾相识椅成为平凡至极（Super Normal）运动的代表，深泽直人和英国设计师贾斯珀·莫里森都始终坚持这种设计理念。像似曾相识椅这样低调的椅子并不是为了引起人们的注意，而是在任何环境中都能安静而出色地起到作用。

**挤压椅**，2007 年
马克·纽森
限量版
见第 337 页

鉴于座位下面的空间，这把大理石椅子只是看上去很轻，但是由于它使用的材料，挤压椅仍具有纪念意义。澳大利亚设计师马克·纽森赋予了具有悠久历史和传统的石灰岩一种现代感。这把椅子出现于纽约高古轩画廊第一场由设计师举办的大型展览上，也是纽森在美国首次亮相。这位伦敦的设计师选择用自己不熟悉的材料设计新的限量版系列作品，并以单一、无缝的形式为目标。带状挤压椅是用一整块大理石切割而成的，最终的成品是根据平面图纸挤压而成的。完整的高古轩版本由 8 块白色卡拉拉大理石和 8 块灰色巴底格里奥大理石组成。每把椅子都有单独的编号，并贴着这位伦敦设计师的摹真签名。

**无人椅**，2007 年
Komplot 设计
鲍里斯·柏林
波尔·克里斯蒂安森

丹麦家具品牌 Hay（2007 年至今）
见第 271 页

无人椅由丹麦 Komplot 设计工作室于 2007 年设计，就像披在椅子上的一块布，其幽灵般的存在几乎否定了椅子的传统形式。这把椅子引人注目的外观背后是借鉴了汽车行业高度领先的制造工艺。无人椅用压制和加热的工业毛毡制成，并由再生塑料瓶组成。这种一体成型的技术不需要螺钉或其他加固方式，从而实现了流线型、轻微起伏的轮廓。除了提炼基本元素，无人椅的轻盈和可堆叠的特性确保了它非常实用，能用于多种场合。

**开放式座椅**，2007 年
詹姆斯·欧文
意大利家具品牌 Alias（2007 年至今）
见第 25 页

詹姆斯·欧文的开放式座椅专门为户外空间的日常使用而设计，它满足了户外要求能承受暴露在自然环境中使用的所有需求。这款冷压实心钢椅轻便耐用，最多可堆叠 10 把。椅子的椅座和椅背是穿孔的，圆孔既满足实用目的（让雨水容易排出），又为椅子的精致轮廓增添了视觉趣味。为意大利制造商 Alias 设计的开放式座椅于 2007 年投入生产，此后成为商业和住宅外部空间的热门选择，这很大程度上是由于它不显眼、俏皮的形式。

**表演椅**，2007 年

亚米·海因

BD 巴塞罗那设计公司（2007 年至今）

见第 410 页

对于亚米·海因的表演家具系列，这位西班牙设计师从米高梅音乐剧中汲取了灵感，旨在把舒适感与令人瞩目的视觉效果结合起来。表演椅是为家庭使用和预配置家具而设计的，具有连接到弯曲椅背和扶手的凹形侧面，可以定制。座椅可置于雪橇状喷漆钢管上，或是置于一个有铁辊轴承的独特铝旋转底座上。椅座和椅背用胶合板制成，外侧是涂漆的橡木或胡桃木，或涂有各种颜色的漆饰层。钢纽扣与整体配色方案相匹配。有铁板制成的扶手可选，涂有纹理饰面或者用织物或皮革装饰。

**托斯卡椅**，2007 年

理查德·萨帕

意大利家具品牌玛吉斯（2007 年至今）

见第 116 页

托斯卡椅是德国设计师理查德·萨帕为玛吉斯设计的。萨帕丰富多彩的设计生涯使他成为一系列产品背后的设计师，比如 1992 年设计的 IBM 的笔记本电脑 ThinkPad，以及阿莱西的第一个设计师茶壶 9091。透明的托斯卡椅由一体空气成型的聚碳酸酯制成，重量轻，并可堆叠至多 9 把，室内或室外都适用。2007 年，萨帕设计了托斯卡椅，萨帕之前曾与玛吉斯合作过一次，即 2000 年他广受赞誉的 Aida 椅。

# ❷⓪⓪❽

**巴塞尔椅**，2008 年

贾斯珀·莫里森

维特拉（2008 年至今）

见第 254 页

英国设计师贾斯珀·莫里森与维特拉的合作可以追溯到 1989 年。2008 年首次推出的巴塞尔椅代表了这位英国设计师对平凡至极运动的热烈拥护，这场运动旨在提炼经典和实用的设计，而不是追求奢华。这把椅子用实木制成，有着简约而细致的规格。座椅椅背和椅座比结构更柔软，用塑料成型技术制成，可以提供更舒适的坐姿。不同材料的混合使色彩组合具有附加值，它有 6 种颜色的塑料和两种木制饰面可供选择。

**卷心菜椅**，2008 年

nendo 建筑与设计工作室

佐藤大

限量版

见第 168 页

卷心菜椅的设计是为了回应时装设计师三宅一生挑衅性的设计提案，该提案主张用废弃的褶皱纸制作产品，这是三宅一生工作室的副产品。根据 nendo 建筑与设计工作室设计师佐藤大的说法，由此产生的设计过程更多的是展现褶皱纸的形式，而不是从头开始设计，一旦设计师剥掉即将被丢弃的纸卷，椅子就展现出来了。卷心菜椅的最终版模仿了这个发现过程。先把卷成圆筒状的褶皱纸从一侧垂直向下切割，然后人们可以像剥玉米皮或卷心菜叶一样，一层层地展开这把椅子。卷心菜椅首次亮相于 2008 年三宅一生在东京举办的 21 世纪人（XXIst Century Man）展览，佐藤大对废弃材料深思熟虑的再利用，反映了当代设计师处理可持续性主题颇具灵感的方式。

**碳纤维椅**，2008 年
马克·纽森
限量版
见第 47 页

继 2007 年在纽约高古轩画廊的首次展览之后，次年，马克·纽森在他的第二故乡伦敦举办了一场类似的限量版新椅子的展览。设计师想再次用特定材料的无缝连接构思和制作每一件作品，继续他对结构和尖端技术的探索。这 250 把碳纤维椅就是一个完美的例子。该设计基于纽森在纽约展览中的现有模型，即一把反光、流畅但有分量的镍椅。此处，纽森则设计了一把截然相反的椅子：碳纤维椅具有很强的吸附性，但形态轻巧，我们的目光为椅子部分中空的椅腿的空隙所吸引。

**钻石椅**，2008 年
nendo 建筑与设计工作室
佐藤大
限量版
见第 58 页

根据钻石的原子结构，2008 年 nendo 建筑与设计工作室设计了钻石椅，用一种快速成型的粉末烧结技术制成，根据设计师提交的数据，用激光将聚酰胺颗粒转化为硬模具。由于激光选区烧结机的尺寸限制，钻石椅分成两部分制作，当结构硬化之后，它们就会连接起来。在技术先进的结构和晶莹剔透的美学之下，钻石椅是一把与人体高度协调的椅子，它的形式能根据人们的需要而伸缩。虽然这款椅子目前还没有批量生产，但它流线型的制造工艺意味着这把椅子可以轻松且经济地工业化批量生产。

**广岛扶手椅**，2008 年
深泽直人
日本家具品牌马鲁尼（2008 年至今）
见第 453 页

为了向日本一丝不苟的传统工艺致敬，深泽直人的广岛扶手椅以柔和的曲线、坚固的框架和宽大的椅座等可触知的特点突出了实木的基本特征。广岛扶手椅展现了不受油漆或清漆影响的天然材料的内敛之美。然而，广岛扶手椅的生产过程并没有停留在过去。深泽直人用先进的技术和手工艺打造出具有雕塑感且坚固耐用的广岛扶手椅和该系列的其他作品。广岛系列由日本制造商马鲁尼于 2008 年首次发行。

**拉图雷特椅**，2008 年
贾斯珀·莫里森
限量版
见第 15 页

拉图雷特修道院是法国里昂附近的修道院，

由勒·柯布西耶和伊恩尼斯·泽纳基斯（Iannis Xenakis）设计，该修道院委托贾斯珀·莫里森为修道院的餐厅设计 100 把这样的餐椅：考虑到这位英国设计师代表性简约、理性主义和功能主义的设计，这是一个恰当的选择。莫里森本人在修道院住了一夜，并为修道院平和的氛围所打动。由休伯特·温齐尔（Hubert Weinzierl）制造的拉图雷特椅具有鲜明的欧洲橡木框架，后部带有横档，柔和弯曲的椅座和立柱营造出感性的感觉。这把椅子重 3 千克，便于移动，后腿和椅背上的对角线柔和了方形框架。受到教堂传统长凳的启发，莫里森设计了带有聚四氟乙烯涂层的滑雪板状的封闭框架，这样椅子就可以无声地移动。正如勒·柯布西耶所说，拉图雷特椅"不会说话，但很实用"。

**Myto 椅**，2008 年

康斯坦丁·格尔齐茨

意大利家具品牌 Plank（2008 年至今）

见第 166 页

悬臂椅通常由管状框架而不是四条直立的腿支撑，是现代主义设计的经典。康斯坦丁·格尔齐茨与德国巴斯夫、意大利家具品牌 Plank 的合作，以新材料和全新的方式重新诠释了原有的概念。这把椅子的悬臂用塑料型材制成，这得益于巴斯夫的塑料技术，意味着 Myto 椅完全用 Ultradur High Speed 聚对苯二甲酸丁二醇酯制成，融合形成了带有网状外壳的座椅椅背和格尔齐茨作品的结构设计特征。Myto 椅的一个特点是它的生产时间非常短，从概念到成品只花了一年多一

点的时间。由此产生的作品是一把可堆叠的椅子，既环保又能抵御风雨和紫外线。

**纸鹤椅**，2008 年

奥山清行

日本家具品牌天童木工（2008 年至今）

见第 402 页

奥山清行设计的纸鹤椅的形式可能看起来完全新鲜，但它仍然深深植根于传统。在设计这把椅子的形式和基本结构时，奥山清行从日本的折纸艺术中获取灵感：使用折纸这种方法不需要使用剪刀或胶水就能形成复杂的结构。这款椅子的悬臂形状类似于纸鹤，这是一种常见的折纸主题。而且与用一张纸折成纸鹤相似，纸鹤椅也是用一整块枫木胶合板制成的。这款椅子的承重能力甚至也从结构折叠的折纸技术中汲取了灵感，从而产生看起来轻盈但高度稳定的外观。

**轻慢椅**，2008 年

埃尔万·布劳莱克

罗南·布劳莱克

维特拉（2008 年至今）

见第 300 页

自 2000 年起，罗南·布劳莱克和埃尔万·布劳莱克开始与维特拉合作，当时他们设计了该公司成功的办公家具系统乔恩（Joyn）。2006 年，布劳莱克兄弟设计了轻慢椅。这把椅子坚固的金属框架配有锥形腿和宽大的扶手椅。这种结构配有高强度的针织吊带罩，从而打造出舒适、符

合人体工程学的扶手椅，具有轻盈的视觉效果。椅子的框架有抛光铝或巧克力色粉末涂层可供选择，而针织网有 5 种颜色的组合可供选择。

**钢木椅**, 2008 年
埃尔万·布劳莱克
罗南·布劳莱克
意大利家具品牌玛吉斯（2008 年至今）
见第 123 页

由于法国设计师罗南·布劳莱克和埃尔万·布劳莱克与意大利制造商玛吉斯之间的合作，设计团队拥有了制造钢木椅之类产品的制造能力。钢木椅用坚硬、经抛光的钢和经专业加工的木材混合精心制作而成，椅子的最终轮廓是用冲压工艺一点点打造出来的。用选择的材料来命名的这把椅子注定会老化，变得越来越旧，制作它的木材展现了人们舒适使用这把椅子的痕迹。

**缝线椅**, 2008 年
亚当·古德鲁姆
意大利家具品牌卡佩里尼（2008 年至今）
见第 81 页

凭借屡获殊荣的缝线椅，澳大利亚工业设计师亚当·古德鲁姆想要打造一款与众不同的折叠椅，即一种可以完全折叠平的椅子。这把缝线椅完全用激光切割的铝制成，带有抛光漆面，有多个铰链，可以折叠缩小到只有 15 毫米厚。这把椅子有多种鲜艳的颜色，并有彩色版本可供选择，这是对传统折叠椅的全新诠释，既俏皮又实用。

然而，事实上是他的夏娃椅（Eve Chair，于 2004 年获得孟买蓝宝石设计发现奖）引起了卡佩里尼的关注，随后卡佩里尼就将缝线椅投入生产。

**叠座**, 2008 年
原研哉
限量版
见第 330 页

原研哉的设计理念源于对过去和现在的敏感。原研哉 2008 年设计的叠座是为 "六位设计师制作的自用家具"（Furniture for One's Own Use Produced by Six Designers）展览而设计的，融入了日本的文化和物质传统。与此同时，这把椅子的功能成为这种类型椅子的一种抽象概念。它摒弃了如椅腿、扶手和椅座等传统元素，只保留了一个骨架弯曲的木框架，这个框架轻微的弯曲提供了椅背的支撑。因此，无腿的叠座被简化为一种富有表现力的形式，在这种情况下，虚空可能比结构具有更大的价值，这反映了原研哉对虚空作为设计和作为哲学理念的兴趣。

**热带风暴椅**, 2008 年
帕特里夏·乌尔基奥拉
莫罗索（2008 年至今）
见第 109 页

源于设计师早期为同一家意大利制造商设计的以花瓣为灵感的 Antibodi 系列，帕特里夏·乌尔基奥拉用热塑性聚合物绳索或人造皮革编织物来伪装她的热带风暴椅类似的多面钢管框架。

这把椅子铅笔线条般的外观既是图形又是雕塑，它创造了一种虚实交替的图案。这把椅子根据使用材料的不同而具有不同的个性；它在这位生于西班牙的米兰设计师明亮、多彩、三股线的组合中显得俏皮，而在双层编织单色调中则拥有精致的特色，皮革则赋予了它优雅。这把椅子的管状钢框架采用不锈钢或各种颜色的粉末涂层，因此适用于室外。

**都铎王朝椅**, 2008 年

亚米·海因

英国家具品牌 Established & Sons（2008 年至今）

见第 328 页

乍一看也许有点难以理解，亚米·海因从 16 世纪英国君主亨利八世那里汲取了这款餐椅的灵感，将它们想象成他的六位妻子向国王致敬。所以这把椅子镀金钢制成的抛光腿具有华丽的外观和感觉，并采用镀铬或金色金属饰面，装饰采用柔软的黑色或白色皮革。即使是菱形或叶子图案的细致缝制也源自 16 世纪的绗缝传统。可选的扶手用粉末涂层钢制成，为一个系列中的每把椅子提供充分的多样性，让这些椅子拥有独特的个性，就像原来的王后们本身。

**❷❶❶❾**

**10 单元系统椅**, 2009 年

坂茂

阿泰克公司（2009 年至今）

见第 454 页

日本建筑师坂茂在其整个职业生涯都致力于创造具有社会意识的设计。坂茂为阿泰克公司设计的 10 单元系统椅首次亮相于 2009 年米兰国际家居用品展会，这把椅子使用了自然灾害时建造临时住房的纸管结构形式。10 单元系统椅不仅是一把单独的椅子，还是一个由 L 形组件和绑定元件组成的模块化系统，可以用多种方式组合成椅子、凳子、桌子和其他类型的家具。这些部件用耐用、防潮的纸塑复合材料制成，可以轻松地组装和拆卸。10 单元系统椅标志着从纯粹将设计视为消费品和奢侈品的生产，转向更全面地考虑产品的生命周期及其对社会和自然系统更广泛的影响。

**360 度椅**, 2009 年

康斯坦丁·格尔齐茨

意大利家具品牌玛吉斯（2009 年至今）

见第 140 页

这把半凳半椅的 360 度椅的灵感来自其德国设计师对他工作室助手座位位置的观察。康斯坦丁·格尔齐茨俏皮的设计并不适合长时间坐在键盘前的人，而是适合那些需要四处走动并采用不同姿势的工作者。在他的设想中，这把椅子可以用于沙龙和理发店，也可以由设计师和建筑师来使用。这把 360 度椅由聚氨酯制成的横杆组成，人们可以正坐、浅坐或倚靠在横杆上，并带有低椅背作为支撑。它带有脚轮的五星形粉末涂层的钢底座让这把椅子可以全方位移动，圆形压铸铝脚凳突显了这把椅子能朝各种方向旋转的能力。

**绳索椅**, 2009 年

nendo 建筑与设计工作室

佐藤大

日本家具品牌马鲁尼（2009 年至今）

见第 349 页

绳索椅精致轻盈的错觉来自它不可思议的纤薄框架，它看起来几乎无法承载任何实质性的重量。然而，在这种看似脆弱的外观背后隐藏着一个坚固的结构。它直径只有 15 毫米的椅腿用镂空的手工雕刻实木制成，并包裹着下面的金属框架。绳索椅为纽约艺术与设计博物馆的"鬼故事"（Ghost Stories）展览而设计，它被设想为对材料的艺术探索和对家具的情感共鸣，而不是作为一种大众消费的工业产品。绳索椅的制造过程强调了这种美学，因为熟练的工匠要花几个月的时间才能做出来一把椅子。

**食堂用餐椅**, 2009 年

克劳泽和卡彭特

埃德·卡彭特

安德烈·克劳泽

英国家具制造商 Very Good & Proper（2009 年至今）

见第 43 页

在 2009 年为英国一家连锁餐厅设计椅子的过程中，埃德·卡彭特和安德烈·克劳泽从 20 世纪 50 年代英国学校椅子简约优雅的形式中找到了灵感，这种椅子在第二次世界大战后的教育环境中几乎无处不在。卡彭特和克劳泽设计的食堂用餐椅用途广泛，其重量和视觉的外观都很轻盈，而且易于堆叠，因而适用于各种环境，而不仅是餐厅。椅子的框架用一根连续的钢管制成，并连接到 12 毫米厚的山毛榉木胶合板椅座和椅背上。可定制各种木饰面和颜色。

**霍迪尼椅**, 2009 年

史蒂芬·迪兹

德国家具品牌 e15（2009 年至今）

见第 388 页

2008 年，德国设计师史蒂芬·迪兹与 e15 合作打造了霍迪尼系列家具。无扶手单人椅和扶手椅一年之后推出。这些座椅用 4 毫米的橡木或胡桃木贴面胶合板制成，使用最常用于制作模型飞机的技术黏附在框架上。为了搭配实木框架，手工制作的薄胶合板用胶水而不是钉子或螺丝固定在一起。制造商提供了各种饰面的椅子，包括软垫版。

**无印良品索耐特 14 号椅**, 2009 年

詹姆斯·欧文

索耐特（2009 年至今）

见第 102 页

迈克·索耐特的 14 号椅设计于 1859 年，是最早利用工业革命期间开发的技术的产品之一，所以它生产成本低，但是运输效率高。14 号椅还保留了精雕细琢的外观，很多人都喜欢（甚至勒·柯布西耶在他的室内设计中也使用了这些椅子）。詹姆斯·欧文设计的改良版无印良品索耐特 14 号椅保留了 14 号椅闻名的轻盈和耐用特

征。它经典的形式得到进一步提炼：第二个曲木环被一块水平面板取代，它支撑着背部的弯曲框架。当这把椅子摆放在同一系列的餐桌旁边时，水平板条与桌面的线条融合起来，只能看到椅子的拱形椅背。

**奈良椅**，2009 年
安积伸
弗雷德里西亚家具（2009 年至今）
见第 236 页

安积伸 2009 年设计的这把椅子的名称指的是日本奈良，那里有数百只自由漫步的小鹿。这个细节体现在椅子的结构上，作为这把椅子椅背鹿角形状的一部分，这是安积伸设计的起点。椅背角的末端既可以当作非正式的衣架，又可以省去椅背的中心，从而减少不必要的材料浪费。椅背的角还提供了支撑背部肌肉和韧带的框架，而不会对脊椎施加过大的压力。为丹麦品牌弗雷德里西亚家具设计的奈良椅于 2010 年首次在米兰国际家居用品展会亮相，该系列还包括一张桌子和一个衣帽架。

**阴影椅**，2009 年
托德·布歇尔
莫罗索（2009 年至今）
见第 243 页

这把豪华扶手椅由塞内加尔工匠手工编织而成，使用了非洲常用来制作色彩鲜艳的渔网的聚乙烯线。这些线紧密地编织在一起，既能舒适地支撑人们的体重，也能防水。为了设计阴影椅及同系列家具阳光躺椅（Sunny Lounger），托德·布歇尔从 20 世纪 20 年代北欧海岸的海滨家具中汲取了灵感。阴影椅颇具特色的轮廓采用专业的手工编织而成，带有色彩斑斓的图案，既庄严又古怪，高椅背末端的曲线可兼作一把阳伞。每把椅子都是独一无二的。该系列产品自 2009 年首次推向市场以来一直由莫罗索公司生产。

**桌子、长凳和椅子**，2009 年
工业设施工作室
金姆·科林
萨姆·赫特
英国家具品牌 Established & Sons（2009 年至今）
见第 78 页

受到东京山手线红色长椅——它的粉红色区域鼓励第一位旅客坐下来分隔座位区——的启发，萨姆·赫特和吉姆·科林位于伦敦的工业设施设计工作室提出了用带有椅子的长凳来打造一个座位区。根据这种创意，桌子、长凳和椅子形成了一个灵活的功能矩阵。长凳用不同长度的天然蜡橡木板制成，而山毛榉曲木框架勾勒出椅子的轮廓，并带有凹拱的拱腹来提供一定的舒适度。虽然设计师承认其外观奇特，但仍建议在走廊、大堂和其他等候区使用这把椅子。

**植物堆叠椅**，2009 年
埃尔万·布劳莱克
罗南·布劳莱克
维特拉（2009 年至今）

见第 359 页

在 2004 年与维特拉合作打造了 Algue 椅，让人联想起天然藤蔓的分区系统，之后，罗南·布劳莱克和埃尔万·布劳莱克继续用植物堆叠椅探索有机的形式。这对法国兄弟的目标是打造一个坚固、稳定的框架，使其看起来就像从地里萌发而出一样。植物堆叠椅的四条腿逐渐形成肋拱，就像树枝一样穿在一起，形成一个不对称的半圆形座椅外壳。植物堆叠椅历时四年设计完成，在此期间，设计二人组对注塑技术进行了深入探索，从而使完全可回收的聚酰胺组件成为可能。这把椅子适用于室内和室外环境，最多可堆叠 3 把，有 6 种颜色可供选择，都与激发它灵感的自然植物有关。

## ❷❶❶❶

**布兰卡椅**，2010 年
工业设施工作室
金姆·科林
萨姆·赫特
意大利家具品牌 Mattiazzi（2010 年至今）
见第 424 页

"Branca" 在意大利语中意为"树枝"，暗示了这款来自英国工业设施工作室的扭转设计背后源自树木的灵感。布兰卡椅结合了使用 Mattiazzi 的机器人技术制造的复杂部件，包括八轴铣床，以及意大利木材专家的手工成型和精加工技术。尤其是后腿，是用一块支撑扶手、椅座和椅背的白蜡木自动成型的，连接处看起来是无缝的。

木材用天然蜡或彩色蜡处理表面，并配有 Rohi Novum 或羊毛织物的可拆卸软垫。布兰卡椅是对意大利工艺的致敬，是一件现代作品，舒适、轻便，且可堆叠到 3 把。

**副驾驶椅**，2010 年
阿斯格·索伯格
丹麦家具品牌 Dk3（2010 年至今）
见第 323 页

虽然阿斯格·索伯格没有接受过正规的设计教育，但事实证明这对这位年轻的丹麦设计师来说并不是一种挫折。索伯格把电脑当作主要工具，设计出令人回味的模型，然后再将它转换成三维原型。在索伯格为丹麦制造商 Dk3 设计的副驾驶椅的时尚外观背后，隐藏着对斯堪的纳维亚设计史的一系列巧妙的借鉴。这一点在椅子精湛的工艺和低调的外观上表现得尤为突出，它的价值远远大于各个部分的总和。自2010 年首次发行以来，副驾驶系列已经扩展出一系列不同材料和椅子类型。

**家庭椅**，2010 年
石上纯也
意大利家具品牌 Living Divani（2010 年至今）
见第 253 页

石上纯也 2010 年系列作品的五把钢椅中的每一把都有独特的形状和个性。这些椅子形式之间的细微差异也表明了从凳子到高背椅各个部分之间的功能差异。与此同时，这些椅子被一种总体美学结合在一起，这种美学赋予这个系列家族性的外观和名称。这种扭曲形式的轻型钢网椅是用计算机数控机床实现的，从而形成了俏皮的蜿蜒线条。这个系列是为意大利制造商 Living Divani 设计的，2010 年首次亮相于米兰国际家居用品展会。

**隐形椅**，2010 年
吉冈德仁
意大利家具品牌卡特尔〔2010 年〕
见第 241 页

1999 年，卡特尔以菲利普・斯塔克的玛丽椅（La Marie Chair）首次推出它的透明家具概念，10 年后，这家意大利制造商推出了这款更具概念性的原型设计。这把隐形椅是由对空灵有着浓厚兴趣的日本设计师吉冈德仁设计的系列家具之一。他的隐形系列家具包括桌子、沙发、长凳和这把扶手椅。吉冈德仁希望人们感到自己好像坐在空中，似乎在飘浮。这把椅子轻盈而坚固，它透明的一体式聚碳酸酯模制的厚度在设计作品中从未见过。

**大师椅**，2010 年
尤根尼・奎特莱特
菲利普・斯塔克
意大利家具品牌卡特尔〔2010 年至今〕
见第 505 页

菲利普・斯塔克与卡特尔的合作可以追溯到 20 世纪 80 年代。通过这样的伙伴关系，这位法国设计师设计了一系列他最广受赞誉的座椅，如 2002 年的路易幽灵椅。为了向三位标志性设计师致敬，斯塔克与加泰罗尼亚设计师尤根尼・奎特莱特合作设计了大师椅。大师椅的座椅椅背采用编织设计，融合了 20 世纪中期现代主义三件最知名设计的轮廓：阿尔内・雅各布森的 7 系列椅、埃罗・沙里宁的郁金香扶手椅，以及查尔斯・伊姆斯和蕾・伊姆斯的 DSR 椅。

**马苏里拉椅**，2010 年
山本达雄
Books〔2010 年至今〕
见第 96 页

日本设计师山本达雄从历史上一直是意大利人主要食材的著名奶酪马苏里拉中找到了马苏里拉椅整体有机形式的灵感。这把椅子由在 2 毫米厚的不锈钢框架上拉伸的织物构成，椅子光滑的质地呈现出坚固的外观，但仍然非常柔韧。作为山本达雄与设计师桥本淳合作的一部分，2010 年马苏里拉椅首次亮相于米兰国际家居用品展会。桥本淳在这次活动中还展出了他设计的网椅，其粗糙的表面与马苏里拉椅柔软的形式形成了鲜明的对比。

**网椅**，2010 年
桥本淳
桥本设计〔2010 年至今〕
见第 93 页

一个多世纪以来，设计师一直试图找到用廉价且易于制作的工业材料制造产品的方法。在延续这个传统的同时，为了打造一把视觉上令人印象深刻，并能提供舒适坐感体验的椅子，桥本淳尝试使用工业不锈钢网。桥本淳用相对简单的技术打造了用最低限度加工而成的网椅。为了打造椅子的独特外观，桥本淳折叠并切割了一张工业不锈钢网，然后用细铁丝把不锈钢网捆扎起来。在 2010 年米兰国际家具展上，这把椅子与山本达雄的马苏里拉椅同台亮相。

**旋转椅**，2010 年
托马斯·赫斯维克
意大利家具品牌玛吉斯（2010 年至今）
见第 238 页

英国设计师托马斯·赫斯维克通过探索旋转轮廓的可能性来创造足够的座位表面，从而设计了旋转椅。赫斯维克用旋转聚丙烯成型技术制作了旋转椅，因此这件家具更像雕塑而不是座椅。这把俏皮的椅子兼具概念性和实用性，让人联想到旋转陀螺。它可以直立放置，或倾斜到一侧暴露出座椅表面，可用于室外和室内；玛吉斯提供红色、白色、深紫色和煤灰色的版本。2012 年，库珀·休伊特 – 史密森尼设计博物馆（Cooper Hewitt, Smithsonian Design Museum）将这把椅子纳入永久收藏品。

# ②⓪①①

**大麻椅**，2011 年
沃纳·艾斯林格
原型设计

见第 156 页

大麻椅是德国设计师沃纳·艾斯林格和巴斯夫化学公司合作的结果。这把座椅是整体式座椅重新设计的版本，传统上使用强化塑料制成。为了打造轻巧、可堆叠的设计，艾斯林格借鉴了汽车行业的制造工艺，并结合了巴斯夫的环保材料技术。每把大麻椅都是用一体成型的材料制成的，即 70% 的天然纤维与巴斯夫的强化水性树脂 Acrodur。这把椅子首次亮相于 2011 年米兰文图拉兰布拉区的"诗歌发生"（Poetry Happens）展，并于同年展出于"生物形态：维特拉设计博物馆收藏的有机设计"（BioMorph – Organic design from Vitra Design Museum Collection）展。

**盗梦空间椅**，2011 年
薇薇安·邱
原型设计
见第 136 页

盗梦空间椅是由 10 把逐渐变小的白蜡木笔直框架的椅子组成。椅子的设计参考了 2010 年的电影《盗梦空间》，独特的视觉效果让这把椅子由此得名。生于美国的设计师薇薇安·邱在罗得岛设计学院就读本科期间，就产生了椅子中有椅子、拼图般的设计理念。每把座椅都有手工切割的切口和凹槽，它们能够契合地组装在一起，创造了一种非常简单的组装和拆卸方式。

**奥索椅**，2011 年
埃尔万·布劳莱克

罗南·布劳莱克

意大利家具品牌 Mattiazzi（2011 年至今）

见第 479 页

罗南·布劳莱克和埃尔万·布劳莱克与意大利家具品牌 Mattiazzi 合作设计了奥索椅。这家意大利家族制造商以在其产品中使用当地木材而闻名：这款布劳莱克椅就使用了橡木、枫木或榉木。这把椅子使用了太阳能驱动的高精密仪器和工艺，它的部件用优质材料精心雕刻而成，并用黑色、蓝色、绿色、深灰色、粉红色、白色或原木色装饰。然后，椅子用隐形接头组装，在四个平滑的木板之间创造了一种看似不可能的结合，但又牢固地固定在一起。椅腿也是单独制成的，但这些椅子设计背后的艺术性意味着这些接缝都被巧妙地隐藏起来了。

## 皮亚纳椅，2011 年

戴维·奇普菲尔德

阿莱西（2011 年至今）

见第 437 页

2011 年英国建筑师戴维·奇普菲尔德为意大利制造商阿莱西设计了皮亚纳椅。皮亚纳椅是一款简约的折叠椅，它重量轻且用途广泛。这把椅子有多种颜色可供选择，而且没有外露的五金件。奇普菲尔德设计的三个主要元素都固定在一个隐藏着精密机械装置的旋转轴上。皮亚纳椅可堆叠，而且易于运输，它可以完全折叠平放，可用于室外和室内。

## 菠萝椅，2011 年

亚米·海因

意大利家具品牌玛吉斯（2011 年至今）

见第 288 页

生于西班牙的亚米·海因既是艺术家也是设计师。这也许体现在他作品中明显的装饰性上。这款名为"菠萝椅"的椅子，具有茧状的外壳，它像菠萝一样被织成符合人体工程学的外形，在椅背顶部和椅座的地方有两个软靠垫。菠萝椅因其与众不同而用途广泛，可通过垫子的放置改变其可识别的形式，将其转换成系列中的其他家具；通过改变椅腿，能把舒适的椅子变成一把摇椅。

## 枯山水椅，2011 年

nendo 建筑与设计工作室

佐藤大

意大利家具品牌卡佩里尼（2011—2014 年）

见第 172 页

2011 年 nendo 建筑与设计工作室为意大利制造商卡佩里尼设计的这把椅子的灵感来自枯山水（日本岩石花园）的美学，其中岩石的位置暗示了枯山水中水的特性。层状鹅卵石的图案代替了水面的涟漪，而较大的岩石则象征着山脉和岛屿。枯山水椅还用 14 根钢管弯曲的曲线模仿了水的流动，这些钢管构成了这把椅子具有动态而紧凑的结构。这把椅子配有一个刻着线性图案的泡沫垫，这也与椅子流动的主题有关。

**提普顿椅**，2011 年

巴布尔与奥斯戈比公司

爱德华 • 巴布尔

杰 • 奥斯戈比

维特拉（2011 年至今）

见第 138 页

2008 年，伦敦皇家艺术学院委托英国设计师爱德华 • 巴布尔和杰 • 奥斯戈比为英国小镇提普顿的一所中学设计一款新椅子。借鉴世界领先的应用科学大学之一苏黎世联邦理工大学的人体工程学研究，设计师创造了前倾椅的概念。历时两年半，在设计了 30 个原型设计之后，提普顿椅于 2011 年发行。这款椅子的主要特点是简约、革命性的设计，它允许人们身体向前倾斜，这种姿势已经被证实可以增加身体的氧气循环并促进核心肌肉的活动。提普顿椅由单个模具制作而成，因而成为一件坚固、可回收的家具。

**豇豆椅**，2011 年

马蒂诺 • 甘珀

意大利家具品牌玛吉斯（2011 年至今）

见第 91 页

意大利设计师马蒂诺 • 甘珀因其项目"100 天100 把椅子"而闻名，在那个项目中，他每天设计一把新椅子，主要来自不同寻常的组合。豇豆椅让人想起那个项目的一些魅力。豇豆椅用折叠管制成，并配有用双注塑成型塑料制成的聚丙烯座椅。这就形成了用两种颜色的塑料编织而成的座位外观。这款椅子由像藤蔓一样相互缠

绕的管子构成。豇豆椅是设计师和玛吉斯首次合作的成果，继而启发了桌子的设计。该系列适用于室外。

# ❷⓿❶❷

**铝制椅**，2012 年

乔纳森 • 奥利瓦雷斯

诺尔（2012 年至今）

见第 385 页

《办公椅的分类》（*A Taxonomy of Office Chairs*，费顿出版社，2011 年）的作者——美国设计师乔纳森 • 奥利瓦雷斯用同样严格的要求设计了这款室内椅。这把椅子用压铸铝制成，轮廓优雅且外形纤细，不仅轻盈而且造型令人舒适。这把椅子的椅腿用环氧树脂和不锈钢紧固件固定在座椅外壳上，这样就能确保堆叠到 6 把高时不会刮伤椅身。椅子的榫头集成于外壳中，在椅身和挤压铝腿之间有一个巧妙的镂空，带有延伸的减震条可以分散椅子的重量。最后，这把椅子的耐用亚光饰面上被施以从实用的灰色到闪亮的酸橙色的粉末涂层。

**赛博格俱乐部椅**，2012 年

马塞尔 • 万德斯

意大利家具品牌玛吉斯（2012 年至今）

见第 133 页

来自荷兰博克斯特尔（Boxtel）的马塞尔 • 万德斯是一位拥有数千款产品的高产设计师。他的设计通常是与品牌合作的成果：赛博格俱乐部

椅代表了他与玛吉斯卓有成效的合作关系。赛博格俱乐部椅是万德斯对用机械部件和有机部件打造的有机体的诠释。这是赛博格系列椅中的一把，该系列椅将温暖的有机材料和耐用的抛光塑料等高科技材料相结合。赛博格俱乐部椅的框架用空气成型的聚碳酸酯制成，而椅背则用几何图案的柳条制成。这把椅子椅背的外壳让人回想起扶手椅的传统形式，让椅子明显与众不同的特征更具辨识度。

**朱诺椅**，2012 年
詹姆斯 • 欧文
意大利家具品牌 Arper（2012 年至今）
见第 363 页

2012 年朱诺椅诞生的背后是对技术进步的探索，因为设计师詹姆斯 • 欧文着手开发一种通过气体辅助注塑模具生产的单一形式的塑料椅。尽管他能娴熟地运用高科技，但在设计椅子的形式时，欧文发现自己回到了经典家具和传统的材料语言中。为了确保椅子既轻巧又耐用，依据木结构的经验，欧文把纤细的椅腿向椅子中心逐渐加宽，这有助于确保设计结构的合理。这种高科技和经典设计理念的融合，使这把为意大利制造商 Arper 设计的朱诺椅既适用于室内，也适用于室外，既适用于住宅，也适用于商业空间。

**美第奇躺椅**，2012 年
康斯坦丁 • 格尔齐茨
意大利家具品牌 Mattiazzi（2012 年至今）
见第 197 页

德国设计师康斯坦丁 • 格尔齐茨设计的美第奇躺椅是对经典阿迪朗达克椅的现代演绎，它的灵感来自赋予其形式的材料。木板以一定的角度连接在一起，这是向把树木转化为设计材料的过程致敬。由此产生的设计语言打造出了一把宽敞的躺椅，可供室内和室外使用。这把椅子用意大利文艺复兴时期不可或缺的赞助人美第奇家族来命名，用美国胡桃木、花旗松、白蜡木或经过热处理的白蜡木制成，配以各种高品质饰面。

**融化椅**，2012 年
nendo 建筑与设计工作室
佐藤大
新加坡家具品牌 K%（2012—2014 年）
意大利家具品牌 Desalto（2014 年至今）
见第 114 页

佐藤大的大部分家具设计都对材料特性、新技术和设计对象的情感共鸣做了大量实验，与此不同，融化椅是一个简约的设计。这把椅子简约的轮廓通过椅子后腿不间断流动的异想天开的线条变得生动起来。这条线向上形成弯曲的椅背，然后再向下形成椅子的前腿。这把椅子的名字源于它的结构元素，这些元素似乎都相互融合在一起，成为一种既实惠又富有表现力的特征。作为新加坡家具品牌 K% 的黑与黑（black & black）系列的一部分，2012 年，融化椅首次亮相于米兰国际家居用品展会。

**帕里什椅**，2012 年
康斯坦丁 • 格尔齐茨

电机设备公司（2012 年至今）

见第 448 页

康斯坦丁·格尔齐齐为纽约帕里什艺术博物馆的新馆设计了这把椅子，这座新馆是建筑师赫佐格（Herzog）和德梅隆（de Meuron）的作品。这是一座谷仓式建筑，内部装饰优雅，这启发了这位来自慕尼黑的设计师把自己的极简设计进行巧妙的变形，打造出适合在室内和室外使用的椅子。电机设备公司是一家以利用废旧材料为荣的美国公司。椅子的框架用管状再生铝制成，可堆叠两把。这种牵引式座椅用从塑料生产商那里收集的再生聚丙烯和在当地采伐的木材或室内装饰材料制成。在座椅下面有一个由六个连接点组成的被称为"心脏"的部件，它把这些元素固定在一起，提供了强大的整体框架结构。自此，电机设备公司开始全面生产休闲椅和无扶手单人椅版的帕里什椅。

## ❷❶❶❸

**孟买手编椅**，2013 年

青年公民设计

西昂·帕斯卡尔

限量版

见第 174 页

西昂·帕斯卡尔多年来一直沉浸在印度文化中，他设计了一系列把印度传统技术与现代风格融合在一起的物品和室内设计。在设计孟买手编椅时，帕斯卡尔充分利用了印度几个世纪以来的手工编织传统。然而，这位澳大利亚设计师并没

有利用这种技术设计使用昂贵材料制成的奢华设计，而是将其用于低廉而不起眼的塑料中，印度工匠直接将手工编织传统用在椅子的粉末涂层钢架上，形成结实的图形图案。这把椅子最初是为一家孟买画廊艺术阁楼及其办公室和咖啡馆而设计的，并配有手工制作的桌子。

**哥本哈根椅**，2013 年

埃尔万·布劳莱克

罗南·布劳莱克

丹麦家具品牌 Hay（2013—2016 年）

见第 204 页

2012 年丹麦家具品牌 Hay 找到罗南·布劳莱克和埃尔万·布劳莱克兄弟，为哥本哈根大学（南校区）的翻修设计家具。哥本哈根椅是设计师对丹麦教育机构用家具传统中要求座椅轻巧、多功能、经济、可堆叠的回应，但它设计独特且不使用塑料。这把椅子最独特的地方在于座椅处水平延伸的接缝。它把这两半部分连接到底座并连接上成角度的椅腿。2013 年这把椅子开始用于哥本哈根大学，并配有一系列与它美学语言相呼应的家具。

**无扶手单人吊索椅**，2013 年

贾斯珀·莫里森

意大利家具品牌 Mattiazzi（2013 年至今）

见第 324 页

英国设计师贾斯珀·莫里森用意大利语中的"吊索"（sling）一词命名了这把无扶手单人吊索椅。

这把椅子由一块在木制框架上摆动的帆布组成，可以折叠和水平堆叠。这是折叠式露营椅和其他设计的演变，比如来自阿根廷奥斯特拉尔集团的蝴蝶椅。为了使椅子更舒适，莫里森决定拆除前后的铝制横杆。意大利制造商 Mattiazzi 提供无扶手单人吊索椅的室外和室内版本。它还是一款同样可折叠的桌子的灵感来源。

**肯尼椅**，2013 年
伦敦 Raw Edges 设计工作室
谢伊·阿尔卡莱
雅艾尔·梅尔
莫罗索（2013 年至今）
见第 408 页

伦敦 Raw Edges 设计工作室的雅艾尔·梅尔和谢伊·阿尔卡莱从一个意想不到的来源，也就是一管牙膏的末端找到了肯尼椅外形的灵感。这把不同寻常的椅子由一个简约的橡木框架和一个茧状椅座与椅背组成，椅座和椅背用折叠成管状的长矩形丹麦纺织品牌克瓦德拉特的 Hallingdal 65 织物制成。椅子的条纹图案来自原始克瓦德拉特织物露出下面纬线散开的线。肯尼椅最初是为丹麦纺织公司克瓦德拉特设计的，后来由莫罗索制造，并于 2013 年在米兰国际家居用品展会展出。

**半径椅**，2013 年
工业设施工作室
金姆·科林
萨姆·赫特

意大利家具品牌 Mattiazzi（2013 年至今）
见第 223 页

继与意大利家具品牌 Mattiazzi 首次合作之后，工业设施工作室继续探索意大利木工专家的机器人技术以及他们的三足白蜡木或橡木椅凳的工艺。让人惊讶的是，半径椅将传统四足凳的前半部分与一条起支撑作用的后腿结合在一起。T 形椅背较薄，可以用来挂外套或包，它的形状反映在椅腿顶部和底部的支撑上。座椅是开放式的，可以适应各种体型的人。半径椅在视觉和重量上都是轻盈的，没有任何金属配件。有椅子和凳子两种高度，白蜡木版可选择各种秋叶的色彩，可选配织物或皮革椅饰。

**褶裥扶手椅**，2013 年
印加·桑佩
法国家具品牌 Ligne Roset（2013 年至今）
见第 51 页

凭借这把异想天开、不对称的扶手椅，印加·桑佩将其简单框架的高大立柱与起伏的羽绒被结合在一起，形成了严谨的直线和温馨的曲线，它紧凑的形式适合在公寓中使用。这把椅子顶部的软垫下面没有硬边，其单边扶手既可以放在左边，也可以放在右边，让人们可以采用更多的姿态安坐。褶裥指的是一种将织物折叠或打褶的缝纫技术，在这把椅子中反映在绗缝的椅饰上。扶手椅的椅座和椅背上两个钢框架加固了扶手椅的实心山毛榉结构和支脚：通过椅座上 Pullmaflex 悬架上的聚酯泡沫塑料垫和椅背覆盖着聚酯绗缝的弹簧钢格栅为人们提供舒适感。

**联合国躺椅**，2013 年

赫拉·约格利乌斯

维特拉（2013 年）

见第 468 页

联合国纽约总部创立 60 年后，赫拉·约格利乌斯加入了一个团队，建筑师雷姆·库哈斯也在其中，重新设计了宽敞的北代表休息室，同时保留了这个房间最初的斯堪的纳维亚美学。这位荷兰设计师设计了两件轻便且可移动的家具，即球面桌（Sphere Table）和这把椅子。休息室可用于各种非正式讨论，因此椅子可以快速布置和灵活摆放。椅腿用深色木材和涂有粉末的钢材制成，前椅腿带有轮子。最初的编织纺织品椅饰采用联合国标志性的蓝色，配有皮革臂章，背部还有一个便于移动的皮革把手。在联合国躺椅推出一年后，约格利乌斯为维特拉批量生产的 East River 模型修改了这把躺椅的设计。

**❷❶❹**

**拥抱椅**，2014 年

亚米·海因

丹麦家具品牌 &tradition（2014 年至今）

见第 87 页

拥抱椅是西班牙艺术家兼设计师亚米·海因和丹麦制造商之间的合作，结合了地中海的俏皮和北欧的拘谨，椅座的轻盈与坚固的底座相得益彰。它一体成型的泡沫塑料椅座具有高椅背和从外壳延伸出来的扶手，灵活的曲线可以根据各种体型进行调整。亚米·海因受一幅张开双臂的男人画像的启发设计了这把椅子，而这把椅子也因此得名。饰面包括克瓦德拉特羊毛和皮革，而椅腿最初是染色或涂着白油的橡木。自推出以来，这把椅子又增加了钢管或更适合办公室使用的铸铝旋转底座可选配，施以抛光或黑色粉末涂层。

**❷❶❺**

**小鹿斑比椅**，2015 年

泽田武志

丹麦家具品牌 elements optimal（2015 年至今）

见第 280 页

在 2015 年设计小鹿斑比椅时，日本设计师泽田武志从迪士尼著名动画角色的形象中找到了灵感。然而，对物体的情感共鸣非常感兴趣的泽田武志决定不能从字面来诠释鹿的形式，而是呈现了一系列视觉线索让儿童发挥自己的想象力。这把小巧的椅子有一个带有斑点的毛皮椅座，椅座放在蹄状的椅腿上面，再加一个鹿角形状的椅背。在小鹿斑比椅获得成功之后，泽田武志又设计了两款凳子，类似于牛和羊的形状。

**圆筒椅背扶手椅**，2015 年

奥田慎

Waka Waka 设计工作室 （2015 年至今）

见第 492 页

在 Waka Waka 设计工作室这个有点不寻常的名字背后是生于日本的设计师奥田慎的作品。自

2007 年以来，奥田慎一直在他位于洛杉矶的工作室设计并以手工制作作品。他的圆筒椅背扶手椅是对形式的一种探索；它干净、笔直的线条与圆柱形椅背搭配，在这把椅子近乎图形化的特征之上，赋予它立体感。对于椅子的结构和颜色，奥田慎同时借鉴了包豪斯和孟菲斯风格，但这两种截然不同的影响在椅子的大胆形式中获得了平衡。与他的许多其他作品一样，圆筒椅背扶手椅用波罗的海桦木胶合板制成，在使用这种胶合板时，奥田慎体现了其美学和功能特征。

**现代巴西豆摇椅**，2015 年

罗德里戈 • 西芒

制造商 Marcondes Serralheria / Funilaria Esperanca（2015 年）

见第 131 页

巴西设计师罗德里戈 • 西芒对传统摇椅的时尚改良是通过弯曲不同类型的再生巴西木材形成的：粉红色的多脉白坚木、巴西胡桃木和肉桂木。西芒先使用木制原型，然后将它用来研究如何使椅子具有连续的表面，且没有零件或接头，就像他设计的太阳椅（Sol Chair）一样。西芒也关注到不同的人体工程学和平衡性。这把椅子后来被开发成一种涂有乙烯基亚光汽车漆的单一钢板制成的椅子，从而更适用于室内。与木制椅相比，钢椅的制作更简单，使用寿命更长。

**旅行者户外扶手椅**，2015 年

斯蒂芬 • 伯克斯

法国家具品牌罗奇堡（2015 年至今）

见第 327 页

为了庆祝法国室内设计公司罗奇堡成立 40 周年，斯蒂芬 • 伯克斯设计了一对色彩鲜艳的座椅庆祝旅行这个主题，鼓励人们通过沉思探索世界。事实上，这位美国工业设计师设计了两件独立的作品来反映这家公司每个合作伙伴的不同背景。旅行者户外扶手椅用斯堪的纳维亚风格的手工编织皮革绳编织而成，覆盖在漆铝框架上，配有皮革覆盖的靠垫，椅子上方可选拱形的顶篷。美国版是用染色白蜡木和华丽的皮革带制成，配有填充聚酯薄片和记忆泡沫塑料的毛绒垫。

## ❷❶❻

**亚麻椅**，2016 年

克里斯蒂安 • 梅因德斯玛

荷兰家具品牌 Label Breed（2016 年至今）

见第 369 页

亚麻椅是荷兰艺术家兼设计师克里斯蒂安 • 梅因德斯玛和荷兰专门生产天然纤维产品的荷兰公司 Enkev 合作的成果。梅因德斯玛和 Enkev 共同打造了一款可生物降解的椅子，这把椅子用亚麻编织而成，上面覆盖着干针毡亚麻，并用聚乳酸纤维强化。这把轻便的椅子是用一整张创新材料切割成型的，从而能最大限度地减少材料的浪费。2016 年推出的亚麻椅不仅获得了当年荷兰设计奖的产品类奖项，还获得了未来最有前途设计的"未来奖"。

**轻木椅**, 2016 年

贾斯珀·莫里森

日本家具品牌马鲁尼（2016 年至今）

见第 73 页

贾斯珀·莫里森设计的轻木椅令人叹为观止的简约，源自它结合了英国设计和将传统日本木制品与尖端技术相融合的制造商。顾名思义，莫里森寻求一种轻盈的结构，在各种聚氨酯饰面下，使用素朴的枫木、橡木或白蜡木制作椅子的木制构件，包括细长的椅腿和狭窄弯曲的椅背。这把座椅有多种方案，最轻的是结构部分可见的白色网眼，其次是向震颤派家具致敬的合成织带，与裸露的木材形成对比。更传统的饰面或皮革提供了额外的舒适感，且易于拆卸清洗。该系列还包括凳子、餐桌和后来添加的轻木扶手椅，扶手与框架的其他部分一样纤细。

**米拉椅**, 2016 年

亚米·海因

意大利家具品牌玛吉斯（2016 年至今）

见第 383 页

西班牙设计师亚米·海因的第一件塑料产品是为玛吉斯设计的骨骼堆叠椅（skeletal stacking chair），它唤起了加泰罗尼亚现代主义的弹性和动态形式。对于米拉椅的设计，海因采用了这家意大利公司开创性的气体辅助注塑成型技术，在高压下把氮气注入闭合模具中来形成腔体，从而用最少的材料（此处是聚丙烯和玻璃纤维）打造一个轻盈的框架。米拉椅弯曲的椅

背由纤细的环状支撑和扶手组成，支撑和扶手把椅腿连接到座椅下方。米拉椅适用于室外，其表面如丝般柔滑，有多种颜色可供选择，椅座和椅背可选配软靠垫。

**Saiba 无扶手单人椅**, 2016 年

深泽直人

盖革（2016 年至今）

见第 404 页

深泽直人的 Saiba 无扶手单人椅的设计历时三年。由于连家具制造商赫曼米勒自己的员工也想要一款更适合女性坐在电脑前工作时使用的椅子，于是对这把椅子做了最终的调整。为了满足这种诉求，这把椅子的椅背顶部被调整得更窄。Saiba 无扶手单人椅配有带一个无可挑剔的定制内饰的桶形椅座。与这位日本设计师"非凡的常态"（exceptional normalcy）或"平凡至极"设计理念相一致，Saiba 无扶手单人椅有中高椅背或高椅背可供选择，可作为四星底座和脚垫的固定高度休闲椅，或是配五星底座和脚轮的可调节高度老板椅。

**T1 椅**, 2016 年

贾斯珀·莫里森

日本家具品牌马鲁尼（2016 年至今）

见第 31 页

这把木椅简约、轻盈、俏皮，用彩色金属杆支撑着椅背，它充分利用了马鲁尼的三维加工技术。椅座、椅腿和椅背用实心的枫木或白蜡木制成，

并有一层透明的聚氨酯涂层。椅座和椅背用能提供一些活动空间来提高舒适性的弹簧钢条连接着。与木制元素形成对照，这把椅子的 S 形涂以黑色、绿色或红色的粉末涂层，为原本常见的家具形态增添了新鲜感。这把椅子还有一个黑色枫木的版本，搭配涂有相同颜色的钢。T1 椅延续了莫里森与这家日本制造商卓有成效的关系，后来增加了有两种高度的酒吧凳和配套的桌子。

**特龙库椅**，2016 年
工业设施工作室
金姆·科林
萨姆·赫特
意大利家具品牌 Mattiazzi（2016 年至今）
见第 411 页

特龙库椅延续了工业设施工作室与位于乌迪内的木材专家 Mattiazzi 的成功合作关系。特龙库椅标志着其基于实木的基本特征背离了早期布兰卡椅光滑柔软的风格。外观的简约掩盖了它的面板结构与精湛的工艺。这把椅子用细长的销钉将灰白蜡木板连接在一起，三块白蜡木板围绕一方形切口形成椅背，减轻了椅子的重量。与此同时，多彩的着色绘出木材的纹理，可选搭配织物面饰。这把椅子被设计成多功能椅，它可以用椅子外面的塑料连接器把倒角的后椅腿连接起来，并在定制的粉末涂层的金属推车上堆至10 把椅子高。

## ❷❶❼

**波罗的海桦木两件式椅**，2017 年
西蒙·勒孔特
洛杉矶新制造公司（2017 年至今）
见第 155 页

洛杉矶新制造公司专注于以实惠的价格制作受到 20 世纪中期现代风格启发的设计产品。波罗的海桦木两件式椅由西蒙·勒孔特所设计，遵循了那个时代的原则，它极简主义的细节和色彩的灵感来自蒙德里安的艺术。这把椅子是简约设计的经典，有两个交叉的部分，可以很容易地组装、拆卸和悬挂，从而实现极简主义式的存储。于 2017 年设计的这把休闲椅配有一整套壁挂式储物柜、花盆和边桌。

**滑动椅**，2017 年
美国 Snarkitecture 设计工作室
丹尼尔·阿尔沙姆
亚历克斯·穆斯顿
葡萄牙 UVA 公司（2017 年至今）
见第 399 页

美国 Snarkitecture 设计工作室得名于刘易斯·卡罗尔的诗《猎鲨记》（*The Hunting of The Snark*），成立于 2008 年，由布鲁克林的设计二人组亚历克斯·穆斯顿和丹尼尔·阿尔沙姆组成，他们共同审视艺术和建筑之间的界限。他们持续关注的主题之一是看起来破旧但仍非常实用的家具，正如滑动椅所展示的那样。滑动椅是葡萄牙 UVA 公司委托设计的，这是一家旨在通过

全球设计重振当地工艺技能的新兴设计公司。虽然这把椅子的白蜡木框架似乎在两个轴上下沉，即向后面和向一侧沉，但这是一种视错觉：椅子岿然不动。锥形的黑色大理石体量提供了稳定的坐面。虽然很滑稽，但每把椅子都由手工制作，带有手工编号和认证。